高等学校“十三五”规划教材

JIJIAN TOUZI KUAIJI

基建投资会计

主　编　杨利红

西北工业大学出版社

【内容简介】 本书遵循我国会计准则和现代企业会计制度，全面、系统、综合地介绍了基本建设单位会计以及施工企业会计核算的基本内容。全书包括基本建设单位会计和施工企业会计两部分。基本建设单位会计(第二至八章)，主要内容有基本建设资金来源的核算、基本建设资金使用的核算、交付使用资产和基建资金转销的核算以及基建收入、基建包干节余、留成收入的核算和基建会计报表的编制；施工企业会计(第九至十六章)，主要内容包括施工企业工资、材料、工程成本、工程价款结算的核算以及附属工业生产和辅助生产的核算、专项工程和临时设施的核算、施工企业财务报告等。

图书在版编目(CIP)数据

基建投资会计/杨利红主编. —西安：西北工业大学出版社，2016.6(2024.1 重印)
ISBN 978-7-5612-4919-2

Ⅰ.①基… Ⅱ.①杨… Ⅲ.①基本建设会计 Ⅳ.①F285

中国版本图书馆 CIP 数据核字(2016)第 154079 号

出版发行：西北工业大学出版社
通信地址：西安市友谊西路 127 号 邮编：710072
电　　话：(029)88493844 88491757
网　　址：www.nwpup.com
印 刷 者：西安五星印刷有限公司
开　　本：787 mm×1 092 mm 1/16
印　　张：19.75
字　　数：506 千字
版　　次：2016 年 6 月第 1 版 2024 年 1 月第 2 次印刷
定　　价：68.00 元

前　言

西安科技大学管理学院会计学专业于1998年开设“基建与施工会计”课程。起初，由于一直找不到合适的教材，所以使用《基本建设单位投资会计》与《施工企业会计》两本教材。一门课程使用两本教材存在诸多不便：首先，课时有限，无法对两本教材的全部内容进行详细讲解；其次，两本书出自不同作者，思路及讲授方法有所差别，且缺乏对基本建设单位会计与施工企业会计异同的介绍，给学生学习造成困难；再次，两本教材存在部分重复内容，无形中增加了学生的经济负担。

2004年，开始在会计学专业试用“基建与施工会计”讲义，以期解决上述问题。该讲义将基本建设单位和施工企业的会计业务核算内容合二为一，避免出现使用两本教材存在重复部分的情况，同时对两本教材中缺少的部分内容进行了补充完善。该讲义紧密结合基本建设单位和施工企业生产经营活动的特点，以其会计工作中的主要经济业务为主要内容，全面、系统地阐述了基本建设单位和施工企业会计的基本理论和核算方法，符合会计学专业、财务管理专业对基建与施工企业会计课程教学大纲的基本要求，指导意义较为明确。

经过几年的试用，现将讲义内容整理出版。本书具有以下特色：

1. 实用性强

鉴于会计学专业和财务管理专业学生，在开设该门课程以前已学习过财务会计，本书从经济、实用、方便的角度出发，将相同的内容删减，并重点突出施工企业与基本建设单位的行业特点。

2. 内容新颖

本书遵照最新出台的《企业会计准则》，在新准则的要求下，对原教材中的内容进行修改，使会计实务与最新准则相配套。

3. 易于教学

本书在内容安排、体系设计等方面以笔者多年的教学经验为基础，通过不断地总结、改进，能够适应面向会计学专业的教学需求。结合教学特点，本书在每章开始指明了学习要点，为学生指出了应理解和掌握的内容以及学习的重点、难点；每章配合内容设置大量例题以及课堂讨论，便于学生课前预习和课堂讨论，培养学生解决实际问题的能力；每章结束设有课后练习题，便于学生巩固所学的理论知识。

本书由西安科技大学管理学院杨利红担任主编，具体编写分工如下：第二至九章、第十二至十四章由杨利红编写；第一章由西安科技大学管理学院丑晓玲编写；第十和十一章由西安科技大学管理学院黄维模编写。此外，西安科技大学管理学院黎睿、褚梦琪、贺淑红、许敏、冯思雨、王文俊、梁小甜承担了本书内容的文字录入以及核对工作，对他们的辛勤付出表示感谢。

本书可作为高等学校财经类专业本科、建筑类高等专科学校、高等职业技术学院、成人高校的会计与财务管理专业、建筑经济管理专业等相关专业的教学用书，也可作为基建单位与施工企业财会人员的参考读物。

由于水平有限，加之经济改革中新情况和新问题不断涌现，书中欠妥之处在所难免，恳请读者批评指正，以便日后修改和完善。

编　者

2016 年 5 月

目　　录

第一章 总 论

重点：基本建设单位资金运动的特点

难点：基本建设单位会计的特殊性

掌握：基本建设单位会计的概念、基本建设单位会计的内容

第一节 基本建设概述

一、投资、固定资产投资、基本建设投资

(一)投资的概念

投资是一定投资主体为了获取预期的收益或特定目的，投入资金或其他经济资源，用以不断转化为实物资产、智力资产或金融资产的经济活动。这里，投资包含以下几个要点：①投入的资金或其他资源，包括资金、土地与矿产、生产设备、材料与燃料、人力、技术等资源；②投资是一定主体的经济行为和过程，包括资金的筹措、引进、投向及投资预测、决策、计划、实施、调控等活动；③投资的目的是获取一定的效益；④投资可能获取的效益是预期效益，是不确定的，且与所承担的风险成比例；⑤投资所形成的资本有多种形式，一般包括实物资本、智力资本和金融资本等形式。

(二)投资的分类

根据投入的要素不同，投资可分为固定资产投资、流动资产投资、智力资产投资和金融资产投资四类。固定资产投资通常是指用于构建新的固定资产或更新改造原有的固定资产的投资，分为基本建设投资、更新改造投资、房地产开发投资和其他固定资产投资四类。流动资产投资通常指企业用于购买、储存劳动对象以及占用在生产过程和流通过程的在产品、产成品等周期资金的投资。这两者都是经营性项目投资不可缺少的组成部分，统称为实物资产投资。智力资产投资的概念是20世纪60年代初舒尔茨在提出人力资本投资的基础上进一步拓展而来的。他发现人力资本投资报酬率，不论在任何时候、任何国家，都比实物资产投资报酬率高。由于信息技术等高科技的迅猛发展，智力资产分为人才资产、知识产权资产、市场资产和基础结构资产四类。人才资产包括体现在劳动力身上的群体技能、创造力、解决问题能力、领导能力、企业管理技能等，主要用于教育、文化、卫生和健康投资；知识产权资产包括技能、专利权、

商标权、土地使用权、著作权、非专利技术;市场资产包括各种品牌、对他们信赖的长期客户、备用存货、销售渠道、专利专营合同协议等与市场相关的无形资产潜力;基础结构资产包括企业文化、评估风险的方式、管理销售队伍的方法、市场或客户数据库等,使企业得以运行的那些技术、工作方式和程序。金融资产投资是指购买股票、债券等各种证券品种的经济活动。构成国民经济的物质系统是实物投资,任何投资收益的最终来源是实物投资,金融资产投资的最终使用也均转化为实物投资。

(三)投资、固定资产投资、基本建设投资的关系

为了保证社会再生产的顺利进行和发展,必须进行固定资产再生产。固定资产及其部分物资不断被消耗掉,又不断被重新生产出来、不断更新和不断扩大,这一连续不断的过程就叫作固定资产再生产。如果生产能力或效益是在原有规模得到补偿的基础上不断进行的,那叫作固定资产简单再生产。简单再生产要通过重置投资,使原有价值量得到补偿,其资金来源是折旧基金。但是在实际再生产过程中,当固定资产的物质补偿与价值补偿不同时,折旧基金不仅具有补偿基金的属性,还具有积累基金的属性。如果生产能力或效益是在扩大基础上不断进行的,则叫作固定资产扩大再生产。扩大再生产必须增加净投资才能实现,净投资资金来源是国民收入中的积累基金。为了保证固定资产日常运转和使用,必须进行日常保养和中小修理,它们虽然也带有一定程度的补偿成分,但只是一种追加性质的生产费用,不属于固定资产简单再生产。

固定资产经过较长时间使用磨损后,就必须进行大量更换零件和主要部件的大修理。固定资产大修理是固定资产局部简单再生产,但它不属于固定资产投资,而是按照自行制定的大修理计划由企业自行提取、管理和安排,这是实现固定资产再生产的第一条途径。固定资产经过长期磨损,它的基本部分已不能继续使用时,必须重新投资,进行原有固定资产的更新和替换,称作固定资产更新。凡利用企业基本折旧基金、国家更新改造预算拨款、企业自有资金、国内外技术改造贷款等资金,对现有企业、事业单位原有设施进行技术改造和固定资产更新以及相应配套的辅助生产、生活福利设施等工程和有关工作属于固定资产更新改造,为固定资产简单再生产和实现以内涵为主的扩大再生产。固定资产更新改造有三种类型:一是简单更新;二是在价值不变的条件下,在新的技术基础上的更新改造;三是追加净投资的技术更新,其支出列入更新改造投资计划。这是实现固定资产再生产的第二条途径。固定资产再生产还有第三条最重要的途径即基本建设,这主要是通过新建、扩建外延扩大再生产形式来实现的。凡利用国家预算内的基建拨款、自筹资金、国内外基本建设贷款以及其他专项资金进行的,以扩大生产能力或新增工程效益为主要目的的新建、扩建工程及其有关工作,属于基本建设。另外,如新增建筑面积超过原有面积的30%,土建工作量超过项目资金总额20%的更新改造也作为基本建设。可见,现行计划、统计制度规定基本建设是指以扩大生产能力或工程效益为主要目的的工程建设及有关工作,更新改造和大修理均不纳入。虽然更新改造与基本建设性质有所不同,但两者同为固定资产再生产的投资支出,因此必须将更新改造投资与基本建设投资一起列入统一的固定资产投资计划进行综合平衡,才能确定一定时期内全社会固定资产投资规模。

综上所述,投资、实物资产投资、固定资产投资、基本建设投资、更新改造投资及固定资产再生产等的相互关系如图1-1所示。

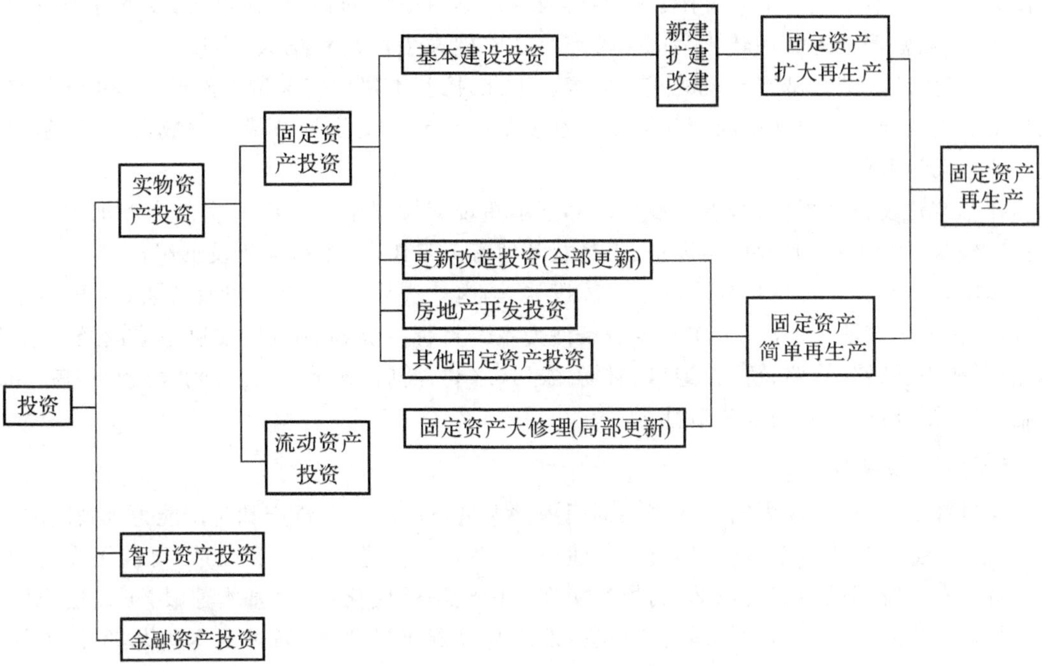

图 1-1 投资与固定资产再生产的关系

二、基本建设的概念及其意义

(一)基本建设的概念

"基本建设"一词引自苏联。最早提出基本建设的概念是以大修理对立形式——新企业建设而出现的。因为从 1925 年起,苏联固定资产再生产的主要形式不再是恢复性质的大修理工程,而是新建设工程,新建设投资占总投资的比例上升到 67.4%。为什么要给"建设"加上"基本"这个定语,这是因为这里所指的建设主要是指固定资产建设,以区别于流动资产建设。苏联最初提出的基本建设概念,是指固定资产的建设及其投资,其含义包括基本建设和更新改造两个部分。由于基本建设有固有的含义,既包括旧的固定资产更新,又包括固定资产的新增和扩大,这样,我们就可以得到一个关于基本建设的概念:基本建设是固定资产的再生产活动,即建造和购置固定资产的经济活动。这个经济活动过程,不仅包括物质生产过程(建造)和流通过程(购置),也包括对投资和资源优化配置过程,即它是由投资配置、基本建设生产和基本建设交换三个环节构成,其中投资配置是主导环节。因为没有投资配置,也就没有生产和交换活动;同时投资配置的量、质、结构,资源配置的平衡决定基本建设生产和交换的规模、质量和结构以及整个基本建设项目的经济效益。

在我国社会主义市场经济条件下,基本建设投资配置仍需在国家统一计划下进行。为此,从 1982 年起,国家决定把国民经济计划中的基本建设计划改为固定资产投资计划,把基本建设投资和更新改造投资全部纳入统一的固定资产投资计划之中,并赋予科学的经济含义,以此来反映国家投入固定资产再生产资金的总量。安排基建投资计划时,一定要使基建投资总需求和总供给相一致,也要使基建投资需求结构和供给结构相一致,坚持财政、金融、物资、外汇的四大平衡，不搞基建投资超分配。基本建设生产是将一定的物质，如材料、设备等通过建筑安装施工、运输保管等劳动转化为固定资产。基本建设生产消费量大、周期长，一经建成后很难返工，其生产环节是基本建设的重要内容。因此，搞基本建设应该量力而行。基本建设交换是指零星购置建筑材料和中间产品以及工程项目的点交。交换环节最后完成，标志着基本建设一个运动过程的结束。

在基本建设投资配置、基本建设生产和基本建设交换三个环节中发生的为增加固定资产进行的建筑安装工程、购置机器设备、工具及其他有关工作，叫作基本建设工作。

基本建设是指建设单位利用国家预算拨款、国内外贷款、自筹资金以及其他专项资金进行投资，以扩大生产能力、改善工作和生活条件为主要目标的新建、扩建、改建等建设经济活动。如工厂、矿山、铁路、公路、桥梁、港口、机场、农田、水利、商店、住宅、办公用房、学校、医院、市政基础设施、园林绿化、通信等建造性工程。

（二）基本建设的意义

通过基本建设，可以为国民经济各部门提供大量新增的固定资产和生产能力，为社会主义扩大再生产提供物质技术基础；通过基本建设，对现有企业进行更新和改造，可以用先进的技术装备工农业及国民经济其他部门，加快实现国民经济现代化；通过基本建设，可以适应知识经济与全球化发展，促进我国高新技术迅猛发展与投资布局合理；通过基本建设，可以大规模开发中西部，重点建设一大批基础设施、基础工业和资源开发型项目，大量吸纳中西部地区劳动力；通过基本建设，可以提供更多、更好的物质文化福利设施，丰富和提高人民物质文化生活水平。由上可见，有计划地进行基本建设，对于加快实现社会主义现代化建设步伐，促进国民经济稳步、健康、持续地发展，优化产业结构、协调地区经济、抑制通货膨胀和防止通货紧缩，提高人民物质文化生活水平，增强我国的国防力量，应对知识经济时代的竞争和实现可持续发展战略都具有非常重要的战略意义。

第二节　基本建设分类

为了加强基本建设管理，正确地评估和考核基本建设工作业绩，更好地控制和调节基本建设规模，对基本建设应采用不同方法进行分类。

一、按建设项目性质分类

基本建设是由一个个基本建设项目（简称建设项目）组成的。所谓建设项目，是指按照一个总体设计进行施工的基本建设工程。例如，一个工厂、一个农场、一个医院、一个学校或独立的工程，都是一个建设项目。建设项目按其性质，又可分为新建、扩建、改建和恢复项目四种。

（1）新建项目：指从无到有，平地起家开始建设的项目。有的建设项目原有基础很小，经扩大建设规模后，其新增的固定资产价值超过原有固定资产价值3倍以上，也算作新建项目。新建项目对国民经济的发展，尤其是对新兴工业部门的建立，具有决定性作用。

（2）扩建项目：指现有企业、事业单位为扩大原有产品的生产能力（效益），或为增加新的产品生产能力，而增建主要生产车间（工程）的项目。扩建方法具有投资少、工期短、收效快的优点。

（3）改建项目：指现有企业、事业单位为提高生产效益，提高产品质量或改变产品方向，对原有设施、工艺进行技术改造的项目。有的企业为平衡生产能力增建一些辅助、附属车间，也属改建项目。改建的方法在多数情况下是和改革工艺、采用新技术、进行技术改造相结合来进行的，这是挖掘生产潜力的重要措施。

(4)恢复项目：指企业、事业单位因地震、水灾等自然灾害或战争等原因，原有固定资产全部或部分报废，以后又按原有规模重新建立恢复起来的项目。

单纯购置单位，因其只有设备、工器具的购置活动，不兴工动料，故不按建设项目性质划分。

一个建设项目通常由一个或几个单项工程组成，单项工程也叫工程项目，是建设项目的组成部分，有独立的设计文件，建成后可以独立发挥设计文件所规定的生产能力或效益。工业项目的单项工程一般是指各个基本生产车间、办公楼、食堂、医院、住宅等；非生产项目的单项工程，是指诸如一个学校的教学楼、图书馆、实验室、学生宿舍等。单位工程是单项工程的组成部分，是指具有单独设计，可以独立组织施工、单独作为成本对象的工程。例如，车间是一个单项工程，也可分为厂房、设备安装、电气照明等单位工程。分部工程又是单位工程的组成部分，是指单位工程中某些性质相近，并且使用材料与度量又相同的施工工程，如厂房单位工程又可分土方、打桩、砖石、混凝土、木结构等分部工程。分项工程是分部工程的组成部分，如土方分部工程又可分成填土、挖土、运土等分项工程，其划分方法基本上和分部工程相同，只是更加具体细致而已。

二、按投资额构成分类

基本建设投资额是以货币形式表现的基本建设工作量，它是反映基建规模、建设进度、比例关系、使用方向的综合性指标。基本建设投资额又有计划投资额和实际投资额之分，会计上核算的是实际投资额。用实际投资额与计划投资额对比，可以考核计划投资额的完成情况。

为了加强基本建设投资管理，对基建投资实际完成情况进行核算和审查，以及寻求不同时期客观存在的投资各要素最优比例，以组成最合理的投资构成，产生最佳投资效果，按照投资额构成的不同工作内容，可分为建筑安装工程投资、设备工器具投资和其他基本建设投资三部分。

(一)建筑安装工程投资

建筑安装工程投资，简称建安工程投资，包括建筑工程投资和设备安装工程投资，这两部分投资必须兴工动料，通过施工活动才能实现。建筑安装工程投资是基本建设投资额的重要组成部分。

1. 建筑工程投资

(1)各种房屋(如厂房、仓库、办公室、住宅、商店、学校、俱乐部、食堂、车库、招待所等)和构筑物(如烟囱、水塔、水池等)，列入建筑工程预算内的暖气、卫生、通风、照明、煤气等土建设备价值及其设备装设、油饰工程，各种管道(如蒸汽、压缩空气、石油、给水及排水等管道)，电力，电信电缆导线的敷设工程投资。

(2)设备的基础、支柱、工作台、梯子等建筑工程，炼铁炉、炼焦炉、蒸汽炉等各种窑炉的砌筑工程，金属结构工程投资。

(3)为施工而进行的建筑场地布置，原有建筑物和障碍物的拆除，土地平整，设计中规定为施工而进行的工程地质勘探，以及工程完工后建筑场地的清理和绿化工作等投资。

(4)矿井开凿,露天矿剥离工程,石油、天然气钻井工程(不包括生产矿山用生产费用进行的矿井、坑道的整理延伸与探矿工程),以及铁路、公路、桥梁工程投资。

(5)水利工程,如水库、堤坝、灌渠等工程投资。

(6)防空、地下建筑等特殊工程投资。

2.设备安装工程投资

(1)生产、动力、起重、运输、传动和医疗、实验等各种需要安装设备的装配、装置工程,与设备相连的工作台、梯子、栏杆的装设工程,被安装设备的绝缘、防腐、保温、油漆等工程投资。

(2)为测定安装工程质量,对单体设备、系统设备进行单机试运和系统联动无负荷试运工作的投资(投料试车则应计入待摊投资)。

(二)设备、工具、器具投资

设备、工具、器具投资,简称设备投资,它是指购置或自制达到固定资产标准的设备、工具、器具的价值,以及新建单位和扩建单位的新建车间,按照设计和计划要求购置或自制的达不到固定资产标准的工具、器具价值(不包括办公生活用家具、器具及为可行性研究购置的固定资产)。

设备可分为需要安装设备和不需要安装设备两种。

工具、器具,是指生产和维修用的工具,试验室、化验室用的计量、分析、保温、烘干用的各种仪器,机械厂翻砂用的模型、锻模、热处理箱、工具台等。

(三)其他基本建设投资

其他基本建设投资,是指不包括建筑安装工程投资和设备、工器具投资的其他各项基本建设投资。其中包括以下各项:

(1)应直接计入交付使用资产价值的“其他投资”,如房屋、新建单位办公生活用家具购置费,为进行可行性研究购置的固定资产、基本畜禽、林木支出、无形资产、递延资产等投资支出。

(2)应分摊计入交付使用资产价值的“待摊投资”,如建设单位管理费、土地征用及迁移补偿费、勘察设计费、研究实验费、可行性研究费、临时设施费、负荷联合试车费、包干节余、坏账损失、借款利息、合同公证费及工程质量监测费、企业债券利息、土地使用税、汇兑损益、国外借款手续费及承诺费、施工机构转移费、报废工程损失、耕地占用税、土地复垦及补偿费、固定资产损失、器材处理亏损、设备盘亏及毁损、调整器材调拨价格折价、企业债券发行费等,进口成套设备的建设单位还有设备检验费、延期付款利息、国外设计及技术资料费、出国联络费、外国技术人员费等投资支出。

(3)不计入交付使用资产价值按规定计算投资完成额的应转给其他单位的“转出投资”,如非经营性项目为项目配套而建成,产权不归属本单位的专用设施投资,包括专用铁路线、专用公路、专用通信设施、送变电站、地下管道、专用码头等。

(4)不计入交付使用资产价值按规定计算投资完成额需要单独报请有关部门核销的“待核销基建支出”,如非经营性项目发生的江河清障、航道清淤、飞播造林、补助群众造林、水土保持、城市绿化、取消项目的可行性研究费以及项目整体报废的净损失。

对基本建设投资额按不同的工作内容分类,首先,可以考查三种投资在整个投资中各自所占的比重。一般来讲,在生产性固定资产的投资构成中,设备、工具、器具投资是核心部分,这是由于它们标志着生产能力的高低,其余两个部分只是建成和发挥生产能力的必要条件,所以应该适当增大设备工器具投资比重。在消费性固定资产中，最主要部分是建筑安装工程投资，应该适当增大这部分投资比重，相应缩减其他两项投资比重。其次，把建筑安装工程投资和设备投资单独列出，确定建筑安装工程量和设备采购工作量，便于组织施工和组织设备材料供应。最后，通过对基本建设投资额的分类，可以反映基本建设部门与国民经济其他部门的联系，便于组织计划平衡。

会计核算上按照基本建设投资额支出的不同性质和工作内容，分别设置"建筑安装工程投资""设备投资""其他投资""待摊投资""待核销基建支出"和"转出投资"6个科目，用来核算和考核基本建设投资完成额和基本建设投资计划的执行情况。

三、按不同产业的投资活动分类

根据不同产业的投资活动的社会经济效益和市场需求，可以划分为公益性项目投资、基础性项目投资和竞争性项目投资三大类别。

(1)公益性项目投资，包括科学、文化、教育、卫生、体育、环保、广播、电视等事业设施、公安、检察、法院、司法等政权机关的建设项目和政府机关、社会团体办公设施，国防设施建设项目。社会公益性项目投资社会效益最高而经济效益最低，由政府统筹安排，吸收各界资金。除了特别重要的项目和必须由中央政府安排投资项目，由中央政府承担外，绝大部分公益性项目按受益范围由所在地方政府承担投资。

(2)基础性项目投资，包括农、林、牧、渔、水利、气象、能源、交通、邮电通信业、地质普查和勘探业的重大基础设施、重大基础产业和高新技术产业等投资。这些行业的经济效益和社会效益介于公益性项目投资和竞争性项目投资之间，其投资兼有营利性和公益性双重特征。基础性项目大部分属于政策性投融资范围，主要由政府集中必要的财力物力，通过经济实体进行投资，投资资金来自财政收入与政策性贷款。为此，我国1994年成立的三家政策性银行——国家开发银行、进出口银行和农业开发银行，从某种意义上来说，就是要消除农业、水利、交通、能源等基础产业的"瓶颈"，保证采用超前性、长期性、倾斜性和优惠性政策对基础产业的重点投资，使我国在21世纪跃居世界经济大国之一。基础性项目投资一般以政府投资为主，发动和吸引各方投资参加，尤其是鼓励以大型骨干企业为主进行投资，有的项目也可以吸引外商直接投资。

(3)竞争性项目投资，包括工业、建筑业、商业、仓储业、房产公用服务咨询和金融保险等行业的投资。竞争性项目投资以企业为基本投资主体，尤其包括大量的加工工业企业，主要向市场融资，一般通过商业银行进行间接融资，也可以通过发行企业投资债券、股票和联合投资方式进行直接融资，政府将逐步退出该类投资。

四、按建设阶段分类

按建设阶段不同，建设项目可划分为筹建项目、施工项目、收尾项目、竣工项目和停缓建项目五大类。通过这种分类，可以明确每个建设阶段的管理重点和目标要求，实现对建设项目的过程管理，提高管理效率和效益。

(1)筹建项目是指尚未正式开工，只是进行勘察设计、征地拆迁、场地平整等为建设做准备工作的项目。

(2)施工项目是指本年正式进行建筑安装施工活动的建设项目，包括本年新开工的项目、以前年度开工跨入本年继续施工的续建项目、本年建成投产的项目和以前年度全部停缓建在本年恢复施工的项目。

(3)收尾项目是指以前年度已经全部建成投产，但尚有少量不影响正常生产或使用的辅助工程或非生产性工程在报告期继续施工的项目。

(4)竣工项目是指整个建设项目按设计文件规定的主体工程和辅助、附属工程全部建成，并已正式验收移交生产或使用部门的项目。建设项目的全部竣工是建设项目建设过程全部结束的标志。

(5)停缓建项目是指在建设过程中，受外部环境、法律规范约束或项目管理原因，停止建设或暂缓建设的项目。受季节性影响暂停施工的不属于停缓建项目。

第三节　基本建设程序

基本建设工作涉及面广，内外协作配合的环节多，建设周期较长，建设过程中各项工作存在着一种内在的固有的先后次序。人们在充分认识客观规律的基础上，制定出基本建设整个过程包括各个环节、各个步骤、各项工作必须遵循的先后顺序，称为基本建设程序。这个程序是不可违反的，否则就会给国家人力、物力、财力造成巨大的浪费，给国民经济带来不可估量的损失。

一、基本建设程序的内容

基本建设程序，一般可分为八个循序渐进的步骤进行。各步骤的工作是有机联系的，前一步骤工作为后一步骤工作创造了条件，后一步骤的工作要以前一步骤工作成果为依据，不能跨越前一步骤而去进行后一步骤的工作，且每个步骤都有自己的具体工作内容。

(一)项目建议书

项目建议书是由各部门、各地区、各企业根据国民经济和社会发展的长远规划、行业规划、地区规划等要求，对确定拟建的项目，经过调查，预测、分析，向国家或上级主管部门提出的项目建议。项目建议书应包括以下主要内容：①说明建设项目提出的必要性和依据；引进技术和进口设备的，还要说明国内外技术差距和概况以及进口的理由。②说明产品方案、拟建规模和建设地点的初步设想。③资源情况、建设条件、协作关系和引进国别、厂商的初步分析。④投资估算和筹措资金的设想；利用外资项目的，还要说明利用外资的可能性，以及偿还贷款能力的大体预算。⑤项目的进度安排。⑥对经济效果和社会效益的初步估计。

项目建议书经审查批准后，即纳入前期工作计划。凡列入长期计划的项目，均应具有批准的项目建议书。

(二)可行性研究

可行性研究对一项建设工程的成败具有决定性意义，是进行基本建设投资时首先要严格把住的一道关口。它最初始于1902年美国航行事业为了改善航道，评价水域资源工程项目。20世纪30年代美国开发田纳西河流域就运用此方法，后为国际上通用。20世纪80年代引入我国，并取得良好效果。可行性研究的任务是根据国民经济中长期规划和地区规划、行业规划的要求，对拟建的工程项目的基本条件，从技术上和经济上进行全面调查和分析研究，确定技术上是否可行、经济上是否合理、建设上是否可能，并做多方案比较，从中选择最佳的方案作为项目决策的主要依据。为了避免和减少建设项目决策的失误，提高投资决策科学化和民主化，更好地发挥基本建设投资的综合效益，必须保质保量，切实做好建设项目的可行性研究，它是建设项目投资决策、编制设计文件、筹集建设资金、向银行申请贷款、商谈协议合同和对建设项目的投资建设全过程进行事后评价的重要依据。

工业项目的可行性研究，一般应用具有以下主要内容：①项目提出的背景，投资的必要性和经济意义。②产品需求预测和拟建规模。③资源、原材料、燃料及公用设施情况。④建厂条件和厂址方案，包括建厂的地理位置、气象、水文、地质、地形条件和社会经济现状、交通、运输及水、电、气的现状和发展趋势。⑤设计方案。⑥环境保护。⑦企业组织的劳动定员和人员培训估计数。⑧实施进度建议。⑨投资估算和资金筹措。⑩社会及投资效果评价。

可行性研究报告的编制可由建设单位自己进行，也可委托投资咨询公司或设计单位进行。国家重点项目和重要的大型项目的可行性研究报告，要经国际投资咨询公司评估，然后才能进行投资决策。国家规定，投资估算和初步设计概算的出入不得大于10%，超过10%的，将对项目重新进行决策。负责可行性研究的单位，更客观、公正地进行工作。负责可行性研究单位的行政、技术、经济负责人，应在提出的可行性研究报告中签字，并对可行性研究报告的可靠性、准确性承担责任。

联合国工业发展组织（UNIDO）出版的《工业项目评价手册》《项目经济分析》，世界银行出版的《项目估价指南》，都是国际融资的指导性资料，并为世界各国所接受。我国在国际融资项目的申报中，要注意项目可行性报告必须与国际规则接轨，要按照国际规则的要求来编制和表达。据联合国工业发展组织国际投资资源办公室资料显示，我国每年有90%以上的申报项目因可行性报告不可行，与国际融资失之交臂，实在令人痛惜。究其原因：一是政府、企业和城市应对国际融资能力严重欠缺；二是缺乏基础统计数据，没有信息数据库的有力支持；三是对国际规则缺乏理解和表达；四是讲不清楚市场前景和有效的风险评估。这不仅使我国特别是西部地区失去了经济发展的良机，也严重影响国外投资者的耐心和信心。

建设项目的可行性研究报告被批准，并列入预备项目后，就可向规划部门提出建设用地规划许可证的申请，这是征用、调拨土地的首要条件。建设用地申请经审核批准后，建设单位应迅速通过设计招标或委托方式，确定设计单位承担编制初步设计（或扩大初步设计）。

（三）基本建设设计

基本建设设计是建设项目决策后编制的建设蓝图和具体实施方案，也是进行施工准备和组织施工所依据的文件。建设项目的设计一般按初步设计（或扩大初步设计）和施工图设计两个阶段进行。重大和特殊的建设项目，中间还要增加技术设计阶段，即为三阶段设计，在技术设计阶段还需加编修正总概算。

初步设计是在指定地点和规定建设年限内进一步确定建设项目技术上的可靠性和经济上的合理性，并确定主要技术方案、建设总造价和主要技术经济指标。初步设计是可行性研究的继续和具体体现。工业项目初步设计包括设计指导思想、建设规模、产品方案、总体布置、工艺流程、设备造型、主要设备清单和材料用量、劳动定员、主要技术经济指标、主要建筑物和构筑物、公用辅助设施、综合利用、“三废”治理、生活区建设、占地面积和征地数量、建设工期、总概算等文字说明和图纸。编制初步设计时不能突破批准的可行性研究中三个主要控制指标，即总投资、建设规模、建筑面积，如有突破要征得原批准机关的同意。初步设计被批准后，建设单位应通过主管部门申请列入年度固定资产投资计划。

施工图设计是根据批准的初步设计和技术设计，对所设计的工程加以形象化和具体化的施工详细图纸。施工图一般应包括平面图，建筑物和构筑物详图、公用设施图、工艺流程详图、设备详图、施工说明书和设计预算。

(四)基本建设计划

初步设计和总概算经过批准后，建设单位可根据设计概算、建设工期以及上级主管部门下达的年度投资控制指标，编制年度基本建设计划。年度基本建设计划是由基本建设投资计划、基本建设项目计划和新增固定资产及生产能力计划等表格和文字说明两部分组成，它是国家规定建设单位计划年度应完成的基本建设任务的文件。只有列入批准的年度基本建设计划，工程年度投资、设备、材料、施工力量才有保证。年度基本建设计划批准以后，还要编制基本建设财务计划和物资供应、劳动工资等计划。财务计划是建设单位为完成年度基建计划而制定年度各项财务收支活动的综合性文件，是建设银行贷款的依据，也是加强建设单位财务管理和经济核算的重要依据。年度基建财务计划的财务用款数要根据基本建设计划的投资额加上"新增为以后年度储备"(为以后年度建设而提前储备设备、材料的资金)减去"动员内部资源"(利用上年结余的设备、材料以及清理债权和对外处理多余器材回收资金)的余额来确定。

(五)设备订货和施工准备

初步设计经过批准以后，可以进行设备订货和施工准备。根据初步设计所附设备清单，按照设备成套公司表式及设备目录办理设备分交清册，进一步核实设备类型、数量，明确供应渠道，作为设备订货依据。大型专用设备和特殊材料要预先安排，供需双方签订合同，互相承担经济责任。施工准备包括征地拆迁、编制施工组织设计和施工图预算，做到施工力量、设计图纸、材料、设备、施工机械、工程内容的落实。

建设项目的项目建议书、可行性研究、勘察设计、设备预安排和施工准备等项开工前的工作，都属于基本建设前期工作，是整个建设过程的重要组成部分之一。前期工作质量的高低，对整个项目的成败和发展前途具有决定意义。长期以来，我们在基本建设中往往把主要精力集中在施工建设上，对前期工作较为忽略，不少项目前期工作没有做好就仓促上马，造成重大的损失浪费。种种事实告诉我们，前期工作没有搞好，后期工作也不可能搞好，即使施工搞好了，前期工作所犯的失误，到了后期也很难补救。就当前来看，前期工作的主要内容应切实搞好项目建议书、可行性研究和初步设计这三个方面的工作，其中首要关键是抓好可行性研究。可行性研究好比是建设过程的"龙头"，抓好了可行性研究，整个建设项目的全部工作都可以带动起来。

(六)施工建设

施工准备一切就绪之后，由建设单位会同施工单位共同提出开工报告，经批准后，就可以进行建筑安装施工活动。施工是设计和计划的具体实现，也是基本建设的中期工作。设计之后，施工就成为决定性环节。在施工中要做到合理施工、均衡施工、文明施工，要严格按照设计要求和施工验收规范进行施工，确保工程质量。在工程后期抓紧收尾，抓紧不合格工程返修。目前我国基本建设工程的施工方式主要有以下四种：

(1)出包方式：指建设单位把建筑安装工程委托施工企业去进行施工的一种施工方式。采取这种方式，建设单位和施工企业的关系，是通过双方签订施工合同或工程协议书来确定的。施工企业完全按照施工合同规定进行施工生产，直至全部工程完工为止，有关工程价款结算按照施工图预算或合同规定进行。目前大多数建设单位实行出包方式。为了在建筑业内打破垄断，摒弃行业或地方保护主义，加强对建筑市场管理，以公开、公平、合理竞争机制指导当前的建筑市场，真正实行优胜劣汰，促使施工企业在技术上和管理上功夫，国家规定凡是新上马的出包工程都要推行招标承包制。新颁布的《中华人民共和国招投标法》和《中华人民共和国建筑法》等有关政策、法律、法规，强调勘察、设计、监理及与工程建设有关的重要设备、材料采购实行招标的必要性和重要性，促使和规范建设单位及有关单位严格按招投标规定的程序办理。建设单位公开招揽施工企业称为"招标"，愿意承包的施工企业根据招标要求和建设内容开出承包价格和承包方案，称为"投标"。招标单位届时召集所有投标者当众开标、议标、评标，最后由价格合理、工期较短、技术水平先进、装备条件及信誉较好的投标者获准承包，称为"中标"。实践证明，各项目建设单位只要严格遵守招投标的法律、法规，依法办事，就能大大加快建设进度，降低工程造价和提高投资效率，防止工程建设承发包过程中"暗箱操作"、权钱交易、行贿受贿等经济犯罪案件发生，减少国家和单位资金的损失和浪费。

(2)自营方式：指建设单位自己组织施工力量进行施工建设的一种施工方式。由于这种方式容易造成人力、物力、财力浪费，不利于积累建设经验和工作教训，所以通常在工程量不太大和不便于出包的情况下才被采用。

(3)统建方式：指由统建部门负责统一组织建设的一种施工方式。主要是对住宅、中小学、商业服务网点等工程采取统一规划、统一设计、统一建设。参加统建的各个建设单位，将投资一次拨交统建部门，工程完工后由统建部门统一分配。

(4)共建方式：指一项建设工程由受益的几个建设单位，按照事先商定的比例，共同投资、联合兴建的一种施工方式。采取这种方式的工程多系厂外工程(如铁路专用线等)，工程建成投产后，产权一般归参加投资的单位共同所有，但也有的将产权移交当地专业部门去管理。

(七)生产准备

建设单位在进行施工建设的同时，还要按照建设项目或主要单项工程的生产技术特点，有计划地做好生产准备工作，以保证工程一竣工便可立即投产。生产准备工作内容包括：①招收和培训生产人员；②落实原材料、协作产品、燃料、动力、运输等协作配合条件；③组织工具、器具、备品、备件的生产和购置；④组建强有力的生产指挥机构。

(八)竣工验收、交付使用

竣工验收是国家全面考核建设工程的成果、检查设计和施工质量的重要环节，必须严格按照竣工验收制度和设计文件及时对竣工工程进行验收，以确保工程质量和固定资产及时使用。竣工决算是竣工验收报告的重要组成部分，它综合反映竣工建设项目的建设成果和财务情况。竣工验收阶段的工作包括工程交工验收，移交生产单位使用，编制竣工决算，处理剩余物资和资金，结束全部基本建设工作。

根据以上8个步骤，基本建设程序大致如图1-2所示。

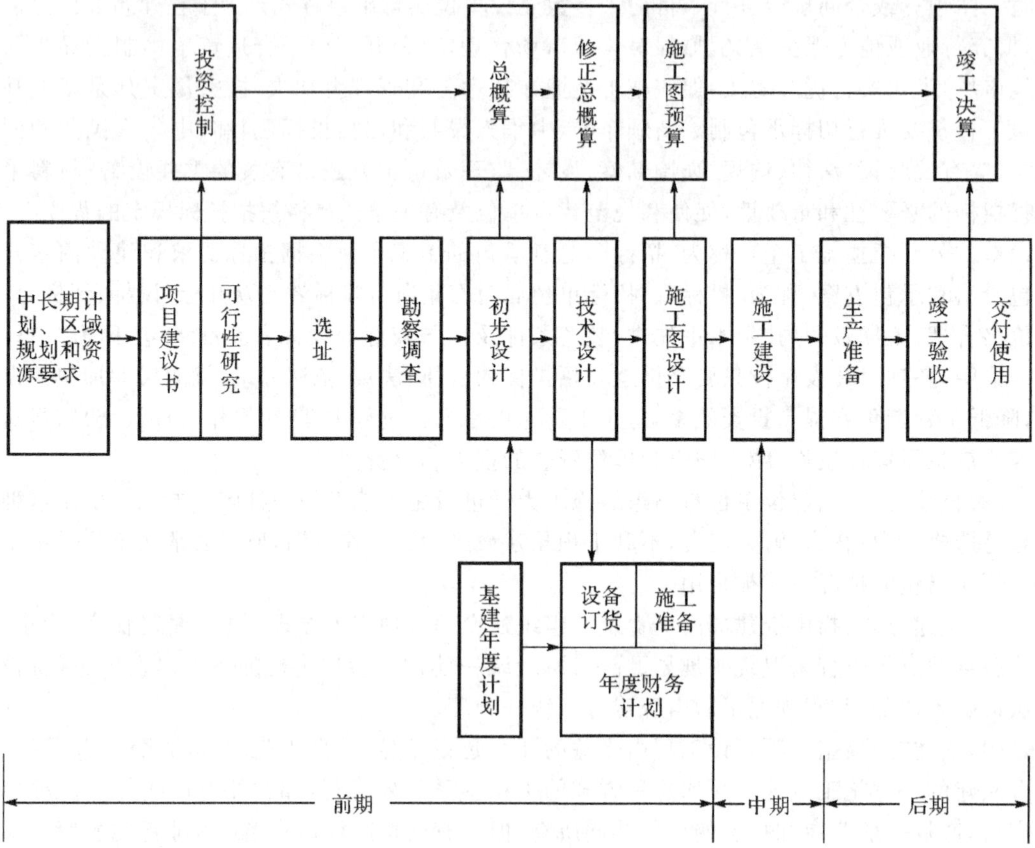

图 1－2　基本建设程序

二、基本建设程序的必要性

基本建设程序是在长期的建设实践中从正反两方面积累出来的经验。基本建设程序又是基本建设客观规律的反映。首先，它反映了基本建设的自然规律。建设项目确定以后，勘察、设计、施工都必须依次进行，环环紧扣，当然不排斥中间有些工作可以合理地交错进行。但是，先计划，后建设；先勘察，后设计；先设计，后施工；先验收，后投产这个规律无论如何是不能违背的。其次，它体现了按计划办事的要求。基本建设各个环节、各个步骤和各项工作都要按计划办事，确定项目和选点时，要以国家中长期计划和地区规划为依据，编制设计文件要以可行性研究为依据，年度计划批准后，才能施工，工程竣工验收后，还要考核是否达到计划规定的目标和效果。最后，基本建设程序反映了自觉利用价值规律，如可行性研究要搞成本和盈利预测，必须要有投资控制数，设计要编制概算，施工要编制预算，竣工要编制决算等，并强调决算不能超预算，预算不能超总概算。

随着经济体制改革的不断深化和中国加入世界贸易组织，投融资体制改革日趋深入。一方面，投资决策权已下放，政府角色已从“教练员”转到“裁判员”，行政审批制改为事后备案制，基本建设审批环节大大简化，申请人不必重复申请；另一方面，在实际工作中不按基本建设程序办事的现象还是十分严重，许多工程和建设项目不遵照基本建设程序自行其是，结果搞成了

"半拉子工程""烂尾工程"。为了提高投资效果,减少投资损失和杜绝惨祸的发生,必须加强项目责任制和经营性项目资本金制度,确保国有资产终极所有权,建立起更严格的、科学的投资决策制度,实行建设监理制度和财务监理制度;应制定基本建设程序法,对违反者追究责任,保障基本建设按程序进行。

第四节　基本建设单位会计

一、基本建设单位概述

基本建设单位是全面负责和组织实施基本建设计划的基层单位,它在行政上具有独立的组织形式,经济上实行独立核算。建设单位的主要任务就是根据国家批准的基本建设计划和设计概算文件,在国家批准的投资范围内,按期、保质、保量地完成基本建设任务,它要承担从建设项目筹建到建成投产的全部经济责任。建设单位不仅包括经营性建设项目(如工业企业、交通企业等),还包括非经营性项目(如行政事业单位)。

基本建设单位会计,是基本建设经济管理的重要组成部分。它以货币为主要计量单位,对基本建设投资全过程进行连续、系统、全面、综合的反映和监督,借以总结经验教训,不断改进管理,提高投资效益。因此,建设单位会计的对象,简单说就是建设单位会计所要反映和监督的内容,即建设单位的资金及其资金运动。

资金来源和资金运用是同一资金的两个方面,资金来源表现为资金的取得形成,即资金来自何处,怎样形成;资金运用表现为资金的分布使用和资金存在的形态,即资金用在何处,怎样分布。有一定的资金来源,必定有一定的资金运用;有一定的资金运用,也必定有一定的资金来源。

二、基本建设单位的资金来源

基本建设单位为了按期完成国家批准的基本建设任务,必须从各个方面及供应渠道取得相应数量的资金来源。目前,建设单位主要有以下几个方面的资金来源:

1. 基本建设拨款

这是建设单位使用后不需要归还原拨款单位的资金来源。它又可分为预算内拨款和预算外拨款两种。预算内拨款是指列入国家财政预算支出,由各级财政部门无偿拨给建设单位的基本建设款项。具体来说,它有两种拨款方式:一是用资金划拨方式拨入款项,包括基本建设基金拨款、本年度预算拨款、下年度预算拨款和本年基建维护费拨款;二是用资金转账方式拨入的预算拨款,包括进口设备转账拨款和器材转账拨款。预算外拨款是指不列入国家财政预算内而用于基本建设的拨款,包括自筹资金拨款、煤代油专用基金拨款、其他拨款和财政贴息资金拨款。自筹资金拨款按筹集单位的不同,又可分地方财政自筹资金拨款、主管部门自筹资金拨款和行政事业单位自筹资金拨款三种。

2. 基本建设借款

这是建设单位按照国家规定的条件和程序向银行或其他方面借入,使用后需要还本付息的基本建设有偿性资金来源。它分为中长期的基建投资借款和临时周转性其他借款两种。基建投资借款,主要有拨改贷投资借款、国家开发银行投资借款、国家专业投资公司委托借款、部门统借基建基金借款、部门基建基金借款、特种拨改贷投资借款、建设银行投资借款、煤代油投资借款、国外借款和其他投资借款。其他借款主要有国内储备借款和周转借款两种。

3.基本建设项目资本

它是指国家专业投资公司以及其他部门、单位以参股、控股等投资形式直接投资建设单位的基本建设资金，投资方可以从合资、联营的资产组合中获得按参股比例的收益或利益。

4.企业债券资金

它是生产企业拨给建设单位的通过发行企业债券所筹集的基本建设资金来源。主要有重点企业债券资金和其他企业债券资金两种。

5.结算中形成的资金

这是建设单位由于发生往来结算业务而获得的临时性资金来源。如应付器材款、应付工程款、应付工资、应付有偿调入器材及工程款、其他应付款、应付票据以及各种应交款项。

6.留成收入

它是指建设单位按规定从实现的基建收入和基建包干节余中提取的留归建设单位使用的各种留成收入。

7.上级拨入资金

它是指建设单位收到投资单位(主管部门或企业)拨入的以及从其他渠道取得的供组织和管理基建活动的资金。

建设单位的资金来源，如图 1－3 所示。

三、建设单位的资金运用

建设单位取得的资金来源，必然有计划地以各种具体的形态，存在于资金运动的各个阶段中。建设单位的资金运用，主要有以下几种形态：

(1)货币资金：指表现为货币形态方面的各种资金，如现金、银行存款等。

(2)储备资金：指表现为物资储备形态的各种资金，如库存设备、库存材料等。

(3)结算资金：指结算过程中各种应收与预付款，如预付备料款、预付工程款、应收有偿调出器材及工程款、其他应收款等。

(4)在建资金：指基本建设过程中，已构成投资完成额，但尚未交付使用的在建工程占用资金，如建筑安装工程投资、设备投资、待摊投资、其他投资、待核销基建支出、转出投资等。

(5)建成资金：指已经竣工并办理验收交接手续的各项固定资产和流动资产所占用的资金，如交付使用资产等。

(6)转销资金：指非经营性建设项目在建设过程中发生的按规定不计入交付使用资产而转出或核销的投资支出。

(7)应收生产单位资金：指实行基本建设投资借款的建设单位将交付使用资产转给生产单位后应由生产单位偿清借款所占用的资金，如应收生产单位投资借款等。

(8)固定资金：指建设单位在基建过程中运用在自用固定资产上的资金，固定资金的实物形态是固定资产。

(9)有价证券：指建设单位在基本建设过程中购入的国库券、企业债券、基金等有价证券的资金。

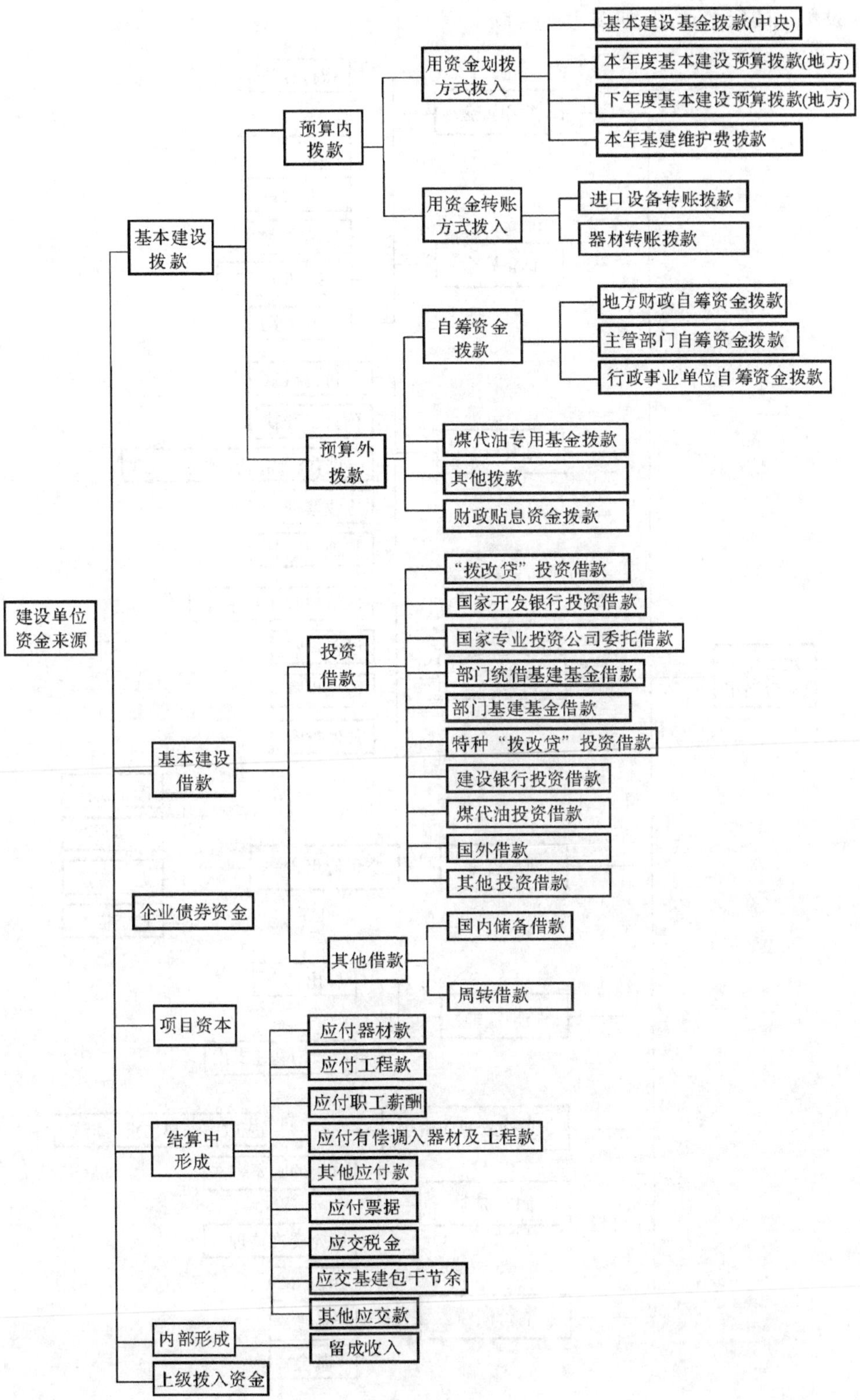

图 1-3　建设单位资金来源

建设单位的资金运用,如图 1-4 所示。

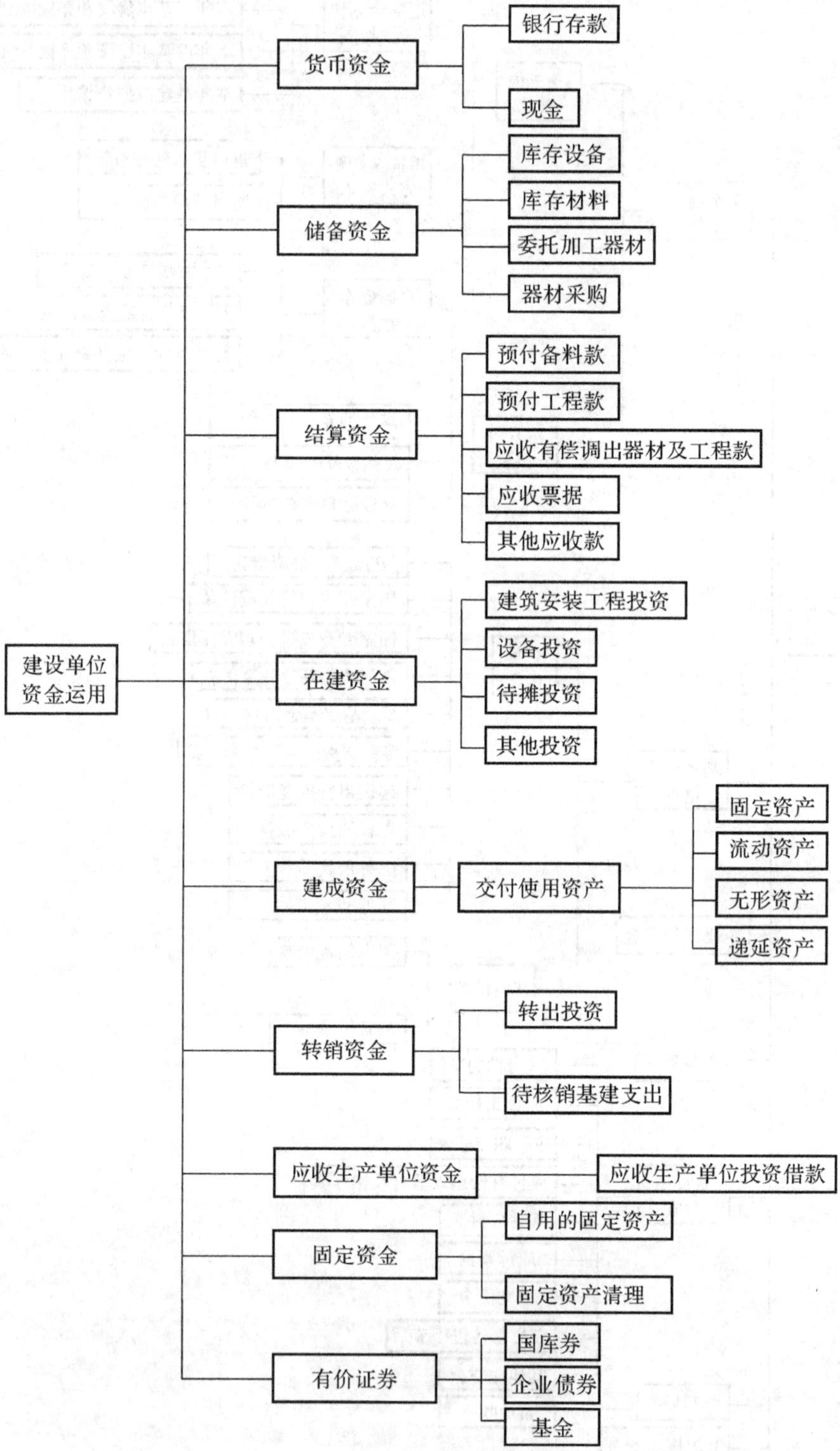

图 1-4 建设单位资金运用

四、建设单位会计的内容

前已指出，建设单位会计的对象，是建设单位的资金和资金运动。建设单位的资金是建设单位各种财产物资的货币表现，而以货币表现的基本建设过程中发生的经济活动，就是建设单位的资金运动，也就是建设单位所要反映和监督的内容。

首先，建设单位会计是反映、核算和管理基本建设投资过程的一种专业会计。为了加强基本建设管理，正确反映基本建设投资的执行情况，建设单位会计必须严格执行国家对基本建设投资和其他各项费用划分的规定，凡是生产过程中的更新改造基金支出、大修理支出、现行生产费用、水利、农林、交通及援外经费的开支均不能由基本建设投资开支，这些不能属于建设单位会计核算的内容。

其次，基本建设投资过程包括投资取得、投资使用和投资完成及转销三个阶段。基本建设资金顺次通过投资取得、投资使用和投资完成及转销三个阶段而完成全过程及其所引起的资金增减变动，是建设单位会计的主要内容。在投资取得阶段，建设单位从财政拨入、银行借入以及取得项目资本、企业债券资金等基本建设资金后，形成银行存款、现金等货币资金形态，这是基本建设资金运动的起点。在投资使用阶段，建设单位将货币资金做如下处理：①用于采购和储备需要安装设备和材料，这时货币资金转化成为储备资金，当这部分需要安装设备和材料交付建筑安装公司进行安装和使用后，这部分资金又从储备资金形态转化为在建资金形态的建筑安装工程投资和设备投资；②以预付备料款或预付工程款方式支付给承包的施工企业，这部分货币资金转化为结算资金，建设单位同施工企业办理完工工程价款结算后，这部分结算资金又转化为在建资金形态的建筑安装工程投资；③支付不需要安装设备、工资或其他基本建设投资支出，这部分货币资金转化为在建资金。投资使用阶段是基本建设过程的中心环节，也是完成基本建设任务的关键阶段。在投资完成及转销阶段，当工程结束向生产使用单位办理交接手续时，在建资金转化为建成资金的交付使用资产。下年年初建立新账时，拨款来源的建设单位，根据应冲转的交付使用资产同基建拨款冲销转账，从而结束投资全过程，资金随即退出建设单位。如为投资借款资金来源的建设单位，除将交付使用资产冲销后，还必须等到借款全部还清后，资金运动方才结束。

五、建设单位会计的特点

（一）基本建设单位会计资金运动的特点

基本建设投资过程包括投资取得、投资使用和投资完成及转销三个阶段。资金运动的具体过程如图 1－5 所示。在基本建设投资过程中所形成的留成收入和上级拨入资金及其使用，也是建设单位会计的内容。

从图 1－5 可以看出，建设单位资金运动具有自身的显著特点，主要表现在：

（1）建设单位的资金运动具有时间性和暂时性。建设单位资金在按照规定批准冲销或由生产单位偿还投资借款后就退出，相应的组织机构也随之撤销，人员分流，而新的建设项目立项，又有新的人员加入，所以是有始有终，呈直线型进行一次运动即告结束，并不发生周转。而工业企业和施工企业的经营资金是不断周转循环运动的。

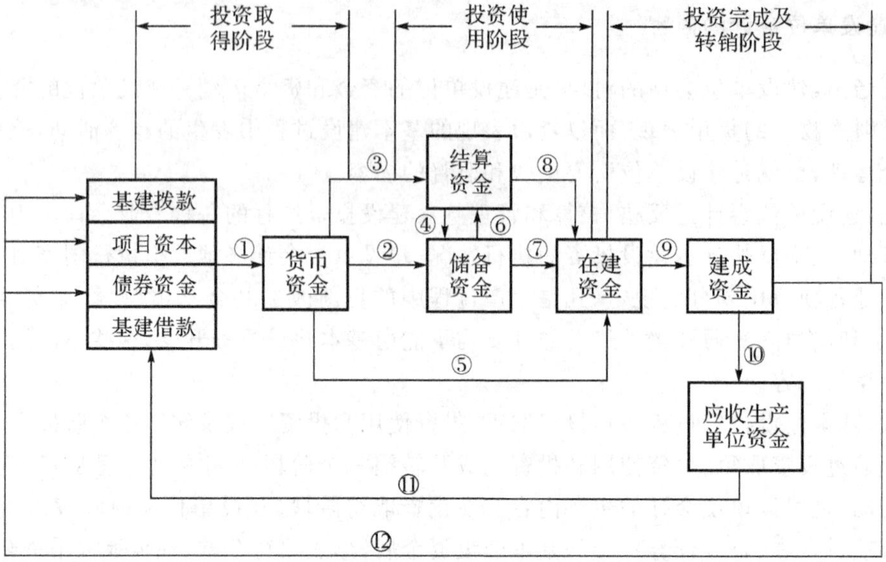

图 1-5　基本建设资金运动示意图

图 1-5 中各序号代表的经济活动如下：

①建设单位取得基本建设资金来源；②购买需要安装设备和材料；③预付大型设备款；④大型设备制造完毕，办理设备价款结算；⑤购买不需要安装设备、工资以及支付其他基本建设投资费用；⑥将储备材料拨给施工企业抵作预付备料款；⑦将需要安装设备和材料交付安装公司进行安装和使用；⑧与施工企业办理工程价款结算；⑨办理竣工工程交付使用手续；⑩基建投资借款单位结转应向生产单位收取的投资借款；⑪偿还基建投资借款本息，转销资金来源；⑫按规定程序转销，基建资金退出。

(2)基本建设工程具有用途单一和地点固定的特点，只能单件生产。每一项基建工程都是一项单项工程，具备不同的使用价值，且在不 的地点施工。每项工程所需资金也是分别有不同的资金来源渠道，各自进行资金的核算。因此，资金供给不具有连续性。

(3)建设单位资金运动的显著特点是周期较长，一般小型项目需 2～3 年，大中型项目需 4～5年，有的甚至更长。而在这个较长的时期内不提供任何有效用的产品，因此，如何加快工程进度、缩短建设周期，实为提高投资效益的有效途径。

(4)建设领域内的基建资金只起垫支作用，不起增值作用，在建设过程中开始投入的资金和最后退出的资金数额是相等的。而生产企业的经营资金，最后收回的资金额通常大于开始垫支的资金额，这就是工人在生产过程中创造的，通过销售而实现的盈利。

(二)基本建设单位会计的特殊性

基本建设单位会计与企业会计、行政事业单位会计等一般的专业会计相比有其特殊性。

1. 会计主体特殊性

企业、行政事业单位的会计主体一般为法人单位，而基本建设单位的会计主体则是一个独立会计核算的建设项目，反映和监督投资建设项目的资金来源、运用和形成项目资产情况。

2. 会计分期特殊性

企业、行政事业单位的会计分期一般以一个会计年度为会计分期，是以时间作为分期标准的；基本建设单位的会计分期则以一个投资项目的竣工期限为会计分期，以项目的空间作为分期标准的，对于总体规划、分期投资的项目，可以按分期投资项目作为一个会计分期处理。

3. 会计等式特殊性

企业会计的基本等式为“资产＝负债＋所有者权益”和“收入－费用＝利润”，反映的是一个企业的财务状况和经营成果；行政事业单位会计的基本等式为“资产＝负债＋净资产”和“收入－费用＝结余”，反映的是一个行政事业单位的经费收支和财务状况。

基本建设单位会计要反映一个投资项目的资金来源、资金运用以及形成的资产和资金结余情况。因此，基本建设单位会计基本等式可以用以下两个等式表示：

$$资金来源＝资金占用 \tag{1-1}$$

$$资金来源－资金使用＝资金结余 \tag{1-2}$$

式(1－1)反映项目资金从哪里取得，形成哪些资产或资金分布在哪个空间里，处于怎样的状态；式(1－2)反映项目所取得资金和使用情况，即筹集了多少资金，已经使用了多少，还剩下多少可用资金。

4. 会计处理与财务管理紧密结合

基本建设单位会计核算必须遵守基本建设财务管理规定，特别在政府性投资项目里表现得更为明显。财政部专门制定了《基本建设财务管理规定》，规定了基本建设项目的管理内容和开支标准，成本费用的处理办法，竣工财务决算的编制和审批要求等，做到会计处理与财务管理紧密结合。

讨论：

1. 建设单位会计相比较其他行业会计，它的主要任务是什么？

2. 基建会计和工业会计的区别是什么？

六、基本建设单位会计的任务

基本建设单位会计是建设单位经营管理的重要组成部分，它运用建设单位会计所特有的方法，对基本建设资金取得、使用和完成及转销全过程进行全面、正确、及时地反映和考核，从而有效保证基本建设计划的完成和投资效果的充分发挥。其主要任务简述如下：

(1)认真贯彻党和国家关于基本建设的各项方针和政策，严格遵守基本建设各项规章制度。在核算工作中，同一切违反国家财政制度和财经纪律的行为做斗争，确保建设资金不受损失。诚信为本，操守为重。

(2)按照国家有关财务会计制度规定，认真做好记账、算账、报账、用账工作，全面、正确、及时反映建设资金使用情况。遵守准则，不做假账。

(3)在调查研究基础上，经常开展投资使用效果分析，全面、正确、及时考核基本建设计划、基建财务计划和概预算执行情况，建立合理有效的财务考核指标和考核体系，强化建设资金使用的考核和分析，揭露问题，发现薄弱环节，及时采取有效措施，促进建设单位全面完成国家建设计划。

(4)合理支配使用建设资金，不断降低建设成本，促进建设单位在各环节厉行节约，全面提高基本建设投资效益。

(5)反映和监督基本建设物资管理和使用情况，保证社会主义财产完整和安全。

资料查找：
基本建设单位的会计制度和工业企业会计制度的区别。

课后练习题

一、判断题

1. 固定资产投资的全部更新和局部更新就是基本建设投资。（ ）

2. 按建设项目性质分，基本建设可分为新建项目、扩建项目、改建项目和恢复项目。（ ）

3. 基本建设程序的内容有基本建设设计、基本建设计划、设备订货和施工准备、施工建设，生产准备，竣工验收、交付使用，可行性研究，项目建议书。（ ）

4. 建设单位资金来源有基本建设拨款、企业债券资金，基本建设借款，结算中形成，内部形成，上级拨入资金。（ ）

5. 建设单位资金占用有货币资金、结算资金。（ ）

二、简答题

1. 试述固定资产再生产、更新改造投资、基本建设投资、固定资产投资的内容及它们之间的相互关系。

2. 什么是基本建设？它有哪些重要的战略意义？

3. 什么是基本建设投资额？它由哪些内容构成？

4. 基本建设程序的内容是什么？为什么必须按基本建设程序办事？

5. 建设单位的资金占用和资金来源主要包括哪些内容？

6. 试说明建设单位资金运动的主要内容及特点。

7. 建设单位会计的主要任务是什么？

第二章　基本建设项目资金来源的核算

重点/难点：基本建设预算拨款、基本建设投资借款的核算

建设项目的资金来源是指项目的建设资金从哪些渠道取得。筹资满足项目建设所需要的资金是基本建设财务管理的首要任务。目前，基本建设项目的资金来源主要有基建拨款、基建借款、联营拨款、发行债券等。依法筹集和合理使用建设资金，充分发挥基建投资的最大效益，实现基本建设财务管理目标，必须要做好基本建设资金来源的会计核算工作。

第一节　资金来源及管理要求

基本建设资金来源的多样性，与建设项目的性质以及投资主体的不同有着直接联系。社会公益性建设项目资金以国家公共财政预算拨款为主，各级政府作为投资人，负责建设项目资金的筹集、使用和管理；生产经营建设项目以业主投资和负债为主，项目的出资人叫业主，承担建设项目资金的筹资、使用和管理。对于社会公益性建设项目与生产经营性项目的资金来源和管理，要遵从“依法、合理、效益”的原则，筹集、使用和管理好建设资金。

一、社会公益性建设项目的资金来源和管理要求

社会公益性建设项目是指建设单位为满足社会公共需要而投资建设的项目，其投资项目所形成的全部资产绝大部分出于非生产经营领域，具有消费的非排斥性和投资的非营利性特点。

(一)资金来源

财政拨款的建设资金按照财政部《关于解释〈基本建设财务管理规定〉执行中有关问题的通知》(财建〔2003〕724 号)的解释是指从财政预算内和预算外取得基本建设投资资金，具体包括以下各项内容：

(1)财政预算内基本建设资金；

(2)财政预算内其他各项支出中用于基本建设项目投资的资金；

(3)纳入预算管理的专项建设资金中用于基本建设项目投资的资金；

(4)财政预算外资金中用于基本建设项目投资的资金；

(5)其他财政性基本建设资金。

(二)管理要求

社会公益性建设项目是以政府投资为主体的，在资金的管理上要求做好以下几个方面的工作：

(1)按照现行国家分级财政管理体制要求，确定投资主体，明确各级政府在投资立项、筹

资、实施建设和拨款等环节上的责任，以确保资金供应和有效使用。

(2)按照投资的"成本-效益"原则，确定基建财务管理目标。

(3)遵守基本建设投资管理规范，抓住立项概算、施工预算、支付结算、竣工决算的管理环节，做好基建财务的日常管理。

(4)认真贯彻执行项目资金"专款专用"原则，完善内部控制制度，建立以货币资金和投资支出为核心的内部会计控制制度，保证建设资金的合法使用和安全高效。

(5)建设完整的会计核算体系，正确反映建设项目的资金来源和运用情况，监督资金的使用，提供完整的基建项目财务信息，做好项目竣工财务决算，确定投资项目所形成的资产价值。

二、生产经营性建设项目的资金来源和管理要求

生产经营性建设项目是指建设单位以盈利为目标而投资建设的项目。其投资形成的资产绝大部分处于生产经营领域，具有实用的排他性和营利性特点。

(一)资金来源

以营利性为投资目标的生产经营性建设项目，在市场经济条件下，投资主体多元化，出资方式多样化。按照《中华人民共和国公司法》(以下简称《公司法》)等有关规定，公司股份以出资人标准划分为国有股、法人股、个人股、外资股等，各出资人的出资方式可以用货币、实物、知识产权、土地等，因此，生产经营建设项目的资金来源有出资人按照国家规定出资的项目资本金、向金融机构的借款、发行债券和增发股票取得的资金、企业利润、国家补贴、接受捐赠等资金。

(二)管理要求

生产经营性建设项目投资以盈利为目的，出资人按股份方式投资全部或部分建设资金，当投资人出资部分资金情况下，通常以向金融借款、发行债券等方式筹集资金，投资涉及股东利益和债权人的利益。在建设资金的管理上要求做好以下方面的工作：

(1)以章程、协议为准则，规范项目资金管理。新建的生产经营性建设项目，并在建成投产后作为独立法人经营的，必须订立投产协议和章程，按照《公司法》等规定，办理企业注册登记。

(2)按照投资的"成本-效益"原则，加强项目的可行性研究，基建财务管理要以降低成本和提高投产效益为目标，重点做好建设资金的合理筹集和节约使用，降低资金成本；同时做好投资与收益的分析研究，选择最佳的投资方案，争取投资效益的最大化。

(3)遵守基本建设投资管理规范，抓住立项概算、施工预算、支付结算、竣工决算的管理环节，做好基建财务的日常管理。

(4)建立完整的会计核算体系，正确反映建设项目的资金来源和运用情况，监督资金的使用，提供完整的基建项目财务信息，做好项目竣工财务决算，确定投资项目所形成的生产价值。

第二节　预算内基本建设拨款的核算

一、基本建设预算拨款资金管理方式的沿革

按照现行制度规定，国家对文教、卫生、科研、党政机关等行政事业单位非经营性的建设项目实行基本建设预算拨款。基本建设预算拨款资金的管理方式先后主要有四种：限额管理方

式、资金转账管理方式、资金划拨管理方式和国库集中支付管理方式。

(一)限额管理方式

1994 年前国家对本年度预算拨款和下年度预算拨款一直采取限额拨款、限额管理的方式，基本建设资金由各级财政负责管理并实施财政监督，过去预算拨款的限额管理是由建设银行统一负责办理。建设银行在办理拨款和建设单位在支用拨款时，应坚持现行基本建设财务制度规定的按计划拨款(用款)、按预算拨款(用款)、按基本建设程序拨款(用款)、按工程进度拨款(用款)的“四按”原则，这是从多年实践工作中积累出来并已被证明为行之有效的经验。

基本建设拨款限额，是指一定时期内建设单位可以向建设银行支用国家预算拨款的最高额度。建设单位只能在拨款限额范围内，通过建设银行经办行，支用国家预算资金。存入建设银行拨款户内尚未支用的拨款限额并不构成建设单位的实有资金，它仅是建设单位一种潜在预算拨款资金来源。

随着建设银行成为国有商业银行，从 1994 年 11 月 1 日起，财政部门已收回原委托建设银行代行的财政职能，为了做好预算拨款的财政监督管理工作，财政部重新成立了基建财务司。财政部与建设银行之间的关系，变成一种委托与被委托的关系。凡列入年度投资计划的预算拨款，建设银行应根据核定的用款计划，具体办理建设项目的资金拨付，并配合财政部门对资金使用实施监督。

(二)资金转账管理方式

资金转账管理方式，是指建设单位上级主管部门以实物形式下拨给建设单位，用以调剂和平衡所属各建设单位预算内拨款的一种方式。它采用实物抵作当年的基建拨款，通过转账的形式实现的预算内拨款，建设单位收到的是器材物资，主要有“本年进口设备转账拨款”和“本年器材转账拨款”。

(三)资金划拨管理方式

从 1998 年 1 月 1 日起，预算内拨款方式由资金划拨替代了原来的限额管理。所谓资金划拨方式，是指建设单位收到的预拨款是货币资金，而不是拨款限额指标。建设单位收到的基本建设货币资金应存入规定的银行，开设专户，并接受银行对货币资金来源是否合法的审查。但其实质仍是一种国库分散支付方式。

(四)国库集中支付管理方式

国库集中支付方式，是将政府性财政资金全部集中到国库单一账户，并规定所有的财政支出必须由国库直接支付。这里所指的财政性资金包括财政预算内资金、纳入财政预算管理的政府性基金、纳入财政专户管理的预算外资金和其他财政性资金。2001 年起我国开始实行财政国库管理制度改革，要求试点单位的财政性资金通过国库单一账户体系存储、支付和清算。在这种管理方式下，财政资金的使用由各部门(单位)根据细化的预算自主决定，由财政部门核准后准予支出。财政资金将由国库单一账户直接拨付给商品或劳务供应商，而不必经过支出单位进行转账结算。为便于各部门(单位)小额零散支出的需要，财政部门可为预算单位设立当日清算的流动账户。

国库集中支付方式的优越性体现在以下三个方面：

(1)预算支出过程真正与财政监督相结合，财政部门可以依赖各支出部门的财务会计资料进行审查监督，及时发现和制止过程中的违纪违法行为。

(2)资金集中支付和存储,大大提高了财政资金的使用效率。

(3)及时反映财政资金运用的信息,全面了解整个财政资金的运转状况。

资料查找:

预算拨款的沿革。

二、预算内拨款的资金来源

预算内拨款,是指列入国家预算支出,由各级财政拨给建设单位资金。它包括本年预算拨款、基建基金拨款、预收下年度预算拨款、进口设备转账拨款、器材转账拨款和本年基建维护费拨款。预算内拨款范围仅限于非经营性项目(行政事业单位)。预算内拨款目前主要有两种不同的拨款管理方式:一种是用资金划拨方式拨入的预算内拨款,包括本年预算拨款、基建基金拨款、预收下年度预算拨款和本年基建维护费拨款;另一种是用资金转账方式拨入预算内拨款,包括本年进口设备转账拨款和本年器材转账拨款。

(一)用资金划拨方式拨入的预算内拨款

1.本年预算拨款

这是指从本年度地方预算中用资金划拨方式拨入的用于完成本年度基本建设计划各项支出的基本建设资金(地方级非经营性项目)。地方各主管部门负责管理的非经营性项目所需要的基本建设资金,由地方级预算拨款解决,纳入地方财政预算的地方机动财力用于基本建设资金也作为本年度预算拨款。地方的机动财力主要有上年财政预算结余、当年财政超收分成和地方预备费,以及地方预算外某些专项资金,城市房地产税、城市公房租金收入、农业税附加等。至于没有纳入地方财政预算的地方机动财力用于基本建设资金,应作为地方财政自筹资金拨款。1988 年的投资体制改革中,中央财政安排的基本建设资金实行基本建设基金制,中央财政安排的预算内拨款改为基建基金拨款,而地方财政大都没有实行基建基金制。因此,目前被称为本年预算拨款的仅限于地方财政安排的预算内拨款。

2.基建基金拨款

这是指中央各主管部门负责安排和直接管理的非经营建设项目所需的基本建设资金(中央级非经营性项目),中央各主管部门负责管理的非经营性项目所需要的基本建设资金,理应由中央级预算拨款解决。但由于 1988 年我国开始建立基本建设基金制后,中央预算拨款改由非经营性的基本建设基金拨款,从而形成了基建基金拨款。因此,目前被称为本年基建基金拨款的仅限于中央级非经营性的投资项目。

3.预收下年度预算拨款

这是指采用资金划拨方式从地方财政预算拨款中在本年度提前预拨给建设单位,用于完成下年度投资中需要在本年内提前安排的各项支出的基本建设资金。一般水利部门、高等院校的基建项目有这种政策优惠情况。它是本年预算拨款的一种转化形式。

4.本年基建维护费拨款

这是指经批准的停、缓建建设单位从财政拨入用于停、缓建项目的维护费拨款。

(二)用资金转账方式拨入的预算内拨款

1.本年进口设备转账拨款

这是指国家用财政统借统还的外债，从国外进口设备，拨给建设单位。因为统借统还的外债由国家财政承担债务，建设单位并不承担还贷责任，对建设单位来说等于是一种以实物形态拨入的预算内拨款。

2.本年器材转账拨款

这是指主管部门从本系统其他建设单位中将需要安装设备、材料通过转账方式调拨给建设单位，抵作基本建设拨款的一种拨款。它也是一种以实物形态拨入的预算内拨款。

讨论：

对比基本单位建设资金来源和工业企业的不同。

三、预算内拨款的核算

在会计核算中，对于预算内拨款和预算外拨款，虽然它们取得的资金渠道不同，管理方式也不同，但它们都属于无偿性的基本建设资金来源，使用后不需要归还，所以，统一在"基建拨款"(属于资金来源科目)总科目进行核算。但为了核算和监督各种不同的预算内拨款的增减变动和结存情况，在"基建拨款"科目下需要设置"本年预算拨款""预收下年度预算拨款""本年基建基金拨款""本年维护费拨款""本年进口设备转账拨款"和"本年器材转账拨款"六个明细科目。现分别说明以上各明细科目和"银行存款"科目。

(一)"基建拨款——本年预算拨款"科目

它用来核算本年内由地方预算拨入的基本建设拨款(见图2-1)。其账户登记内容和账务处理方法如下：

借　　基建拨款——本年预算拨款	贷
下年年初建立新账时，将上年度预算拨款结转"基建拨款——以前年度拨款"	1.收到地方财政拨入的本年预算拨款数额("银行存款") 2.因计划调整退回拨款数额("银行存款"用红字) 3.下年初，结转上年度"预收下年度预算拨款"数额("基建拨款——预收下年度预算拨款")
	余额：年终为拨入而尚未结转的本年预算拨款

图2-1　基建拨款——本年预算拨款

【例2-1】　建设单位收到地方财政拨入本年预算拨款200 000元。应做如下会计分录：

借：银行存款——预算拨款户　　200 000

　　贷：基建拨款——本年预算拨款　　200 000

【例2-2】　建设单位接上级通知，由于计划调整，退回地方财政拨入本年预算拨款50 000元。用红字(以□表示)做如下会计分录：

借:银行存款——预算拨款户 50 000

贷:基建拨款——本年预算拨款 50 000

【例 2-3】 建设单位从预算拨款户支付购买设备的价款 26 000 元。应做如下会计分录:

借:器材采购——设备采购 26 000

贷:银行存款——预算拨款户 26 000

【例 2-4】 建设单位从拨款户支付施工企业备料款 11 500 元。应做如下会计分录:

借:预付备料款——××施工企业 11 500

贷:银行存款——预算拨款户 11 500

【例 2-5】 签发现金支票 1 张,从预算拨款户提取现金 2 000 元,备作零星开支。应做如下会计分录:

借:库存现金 2 000

贷:银行存款——预算拨款户 2 000

【例 2-6】 2014 年 9 月 1 日,根据海州市人民政府决定,成立海州市体育中心指挥部,负责体育中心项目基本建设的前期准备和建设工作,由海州市体育局拨款 500 000 元作为项目建设前期费用,已经收到拨款,存入中国建设银行海州市支行营业部。

借:银行存款——预算拨款 500 000

贷:基建拨款——本年预算拨款 500 000

【例 2-7】 2014 年 12 月 1 日,海州市体育中心建设指挥部收到开户的中国建设银行海州支行营业部转来的财政预算拨款通知单,游泳馆项目建设资金预算内拨款 5 000 000 元。

借:银行存款—预算拨款 5 000 000

贷:基建拨款—预算内拨款 5 000 000

【例 2-8】 下年初建立新账时,将"基建拨款——本年预算拨款"科目的上年末贷方余额 150 000 元予以结转。应做如下会计分录:

借:基建拨款——本年预算拨款 150 000

贷:基建拨款——以前年度拨款——预算拨款 150 000

(二)"银行存款"科目(属于资金占用科目)

它用来核算和监督建设单位按规定存在银行的各种款项,根据银行存款来源和用途不同,建设单位可设置明细科目,并按存款明细账设置"银行存款日记账"进行明细核算(见图2-2)。一般可设置以下账户:

(1)预算拨款户:用来核算地方财政拨入的预算拨款资金存款。本存款户的使用要接受财政部门的监督,并按规定用途使用,资金不得转移到其他存款账户中。

(2)基建基金户:核算主管部门拨入的基本建设基金的存款。

(3)待转自筹资金户:核算未经批准使用的自筹资金存款的存入和转出使用情况。

(4)自筹资金户:核算经批准转入使用的自筹基建资金而开立的存款账户。

(5)采购资金户:核算建设单位按规定汇往外地银行备用的采购器材的用款。预算拨款单位的账户管理要求,应与预算拨款户相同。

(6)基建资金户:核算汇存异地零星配套工程建设用的预算拨款。

(7)债券资金户:核算生产企业拨入的企业债券资金而开立的存款账户。

(8)参股资金户：核算国家开发投资公司或其他单位投入的参股资金的存款户。

(9)煤代油专用基金户：核算主管部门拨给建设单位用于完成压油任务专用基金的收付情况。

(10)借入资金户：核算从银行借入资金而开立的存款户。

(11)清理资金户：核算建设项目停建或工程竣工、处理库存物资以及清理往来账户等收入款项。本账户的存款，按规定只能用于清偿投资借款和上交财政或主管部门，不得挪作他用。

(12)其他资金户：核算除以上各种存款之外其他存放在银行的款项。

(13)贴息资金户：核算建设银行补贴利息的账户。

借　　　　银行存款	贷
1.预存建行自筹资金（“基建拨款——待转自筹资金拨款”） 2.从拨款户汇存外地基建资金户、采购资金户 3.销售及处理器材收入存入清理资金户（“库存设备”“库存材料”）	1.支付各种货款（“器材采购”等） 2.上交基建结余资金（“基建拨款——本年交回结余资金”） 3.年终将基建资金户、采购资金户余额转回拨款户 4.提现（“库存现金”）
余额：反映存在银行的存款实有数	

图 2-2　银行存款

【例 2-9】　建设单位从建行基建拨款户汇拨异地零星工程用款 10 000 元，采购器材用款 6 000 元，在外地银行开立基建资金户和采购资金户。应做如下会计分录：

借：银行存款——基建资金户　　　10 000
　　　　　　——采购资金户　　　6 000
贷：银行存款——预算拨款户　　　16 000

【例 2-10】　异地工程报销从基建资金户支用的建设单位各项管理费 8 500 元。应做如下会计分录：

借：待摊投资——建设单位管理费　　　8 500
　贷：银行存款——基建资金户　　　8 500

【例 2-11】从外地采购资金户中，支付材料款 4 000 元。应做如下会计分录：

借：器材采购——材料采购　　　4 000
　贷：银行存款——采购资金户　　　4 000

【例 2-12】　工程竣工对外处理多余 A 材料，收入 600 元，存入清理资金户。该材料计划成本 588 元，材料成本差异 12 元。应做如下会计分录：

借：银行存款——清理资金户　　　600
　贷：库存材料——A 材料　　　588
　　材料成本差异——A 材料　　　12

【例 2-13】　将汇存外地的基建资金户余额 1 500 元，采购资金户余额 2 000 元，退回原来拨款户。应做如下会计分录：

借：银行存款——预算拨款户　　　3 500
　贷：银行存款——基建资金户　　　1 500
　　　　　　——采购资金户　　　2 000

(三)"基建拨款——预收下年度预算拨款"科目

它用来核算和监督从地方财政预算拨入的下年度基本建设预算拨款(见图2-3)。

借	基建拨款——预收下年度预算拨款 贷
下年年初建立新账时,将本年度"基建拨款——预收下年度预算拨款"余额结转"基建拨款——本年预算拨款"	收到财政预拨的下年度拨款("银行存款——预算拨款户")
	余额:年终为拨入而尚未结转的下年度预算拨款(下年初建新账结转后无余额)

图2-3 基建拨款——预收下年度预算拨款

【例2-14】 建设单位收到主管部门拨入下年度预算拨款50 000元。应做如下会计分录:

借:银行存款——预算拨款户 50 000

贷:基建拨款——预收下年度预算拨款 50 000

【例2-15】 根据委托收款结算凭证,由下年度预算拨款户支付某单位材料款10 000元。应做如下会计分录:

借:器材采购——材料采购 10 000

贷:银行存款——预算拨款户 10 000

【例2-16】 下年初建立新账时,将"基建拨款——预收下年度预算拨款"科目的上年末贷方余额50 000元予以结转。应做如下会计分录:

借:基建拨款——预收下年度预算拨款 50 000

贷:基建拨款——本年预算拨款 50 000

(四)"基建拨款——本年基建基金拨款"科目

它用来核算和监督本年中央级非经营性建设单位,由上级主管部门拨入的基本建设基金拨款(见图2-4)。

借	基建拨款——本年基建基金拨款 贷
下年初建立新账时,将本年度贷方余额,全部结转"基建拨款——以前年度拨款"	收到主管部门拨入的基本建设基金拨款("银行存款——基建基金户")
	余额:年终为拨入尚未结转的本年基建基金拨款(下年度建新账结转后无余额)

图2-4 基建拨款——本年基建基金拨款

【例2-17】 某中央级非经营性建设单位,收到建设银行通知,上级主管部门拨入的基本建设基金拨款100 000元。应做如下会计分录:

借:银行存款——基建基金户 100 000

贷:基建拨款——本年基建基金拨款 100 000

【例2-18】 签发转账支票1张,从基金拨款户中支付应付某承包单位工程款30 000元。应做如下会计分录:

借:应付工程款——某单位　　30 000
　　贷:银行存款——基建基金户　　30 000

【例 2-19】 下年初建立新账时,将"基建拨款——本年基建基金拨款"科目的上年末余额予以结转。应做如下会计分录:

借:基建拨款——本年基建基金拨款　　100 000
　　贷:基建拨款——以前年度拨款——预算拨款　　100 000

(五)"基建拨款——本年进口设备转账拨款"科目

它用来核算本年内由主管部门以转账方式拨入的进口成套设备(包括列入合同的进口安装材料、备品备件等)的价款和有关七项费用(见图 2-5)。进口设备转账拨款构成的内容包括:①器材买价(清算价加进口加成费);②国外运杂费(国外运费、保险费、银行手续费、关税、增值税);③专利费;④技术保密费;⑤设备检验费;⑥延期付款利息;⑦国外设计及技术资料费;⑧出国联络费;⑨外国技术人员费。其中:①、②项构成进口设备的采购成本,计入"器材采购——进口设备"科目;③～⑨项是随同进口设备发生的有关七项费用:③、④项是不计入设备成本,应作为无形资产计入"其他投资——无形资产"科目;⑤～⑨按规定作为费用计入"待摊投资"科目,最后要分摊计入交付使用资产价值。如果进口设备价款和有关费用是由建设单位直接与中国技术进口总公司办理付款结算,则不在本明细科目核算。

借　　　　基建拨款——本年进口设备转账拨款	贷
下年初建立新账时,将本年度贷方余额结转"基建拨款——以前年度拨款"科目贷方	收到主管部门转账拨入进口设备(进口材料、备件)价款和有关费用("器材采购""待摊投资""其他投资")
	余额:年终为拨入而尚未结转的本年进口设备转账拨款 (下年初建新账结转后无余额)

图 2-5　基建拨款——本年进口设备转账拨款

【例 2-20】 收到主管部门转来"进口设备转账拨款账单"和有关发票账单,通知办理提货验收和转账手续,本次到货设备买价及国外运杂费共计 800 000 元,国外设计及技术资料费 23 000 元,专利费 2 000 元。应做如下会计分录:

借:器材采购——进口设备　　800 000
　　待摊投资——其他待摊投资　　23 000
　　其他投资——无形资产　　2 000
　　贷:基建拨款——本年进口设备转账拨款　　825 000

(六)"基建拨款——本年器材转账拨款"科目

它用来核算本年内同一系统内的各建设单位之间,通过主管部门无偿调拨需要安装设备和材料(见图 2-6)。转账调入的设备和材料,不属于器材采购业务,不需要通过"器材采购"科目核算,而是直接增加调入单位的"库存设备"和"库存材料",如属器材有偿调拨,则不通过本明细科目核算。

借　基建拨款——本年器材转账拨款	贷
1. 转账拨出需要安装设备、材料实际成本（“库存设备”“库存材料”“材料成本差异”） 2. 下年初建新账时将本年度贷方余额结转“基建拨款——以前年度拨款”科目贷方	1. 收到上级转账拨入需要安装设备、材料的实际成本（“库存设备”“库存材料”“材料成本差异”） 2. 下年初将本年度借方余额结转“基建拨款——以前年度拨款”科目借方
余额：年终为拨出而尚未结转本年器材转账拨款	余额：年终为拨入而尚未结转本年器材转账拨款 （下年度建新账结转后无余额）

图 2-6　基建拨款——本年器材转账拨款

【例 2-21】　甲建设单位收到上级从乙建设单位转账拨入的需要安装设备 5 000 元，主要材料 2 000 元（计划成本 1 900 元），甲单位根据物资调拨凭证和设备、材料入库凭证。应做如下会计分录：

借：库存设备　　5 000
　　库存材料　　1 900
　　材料成本差异　　100
　　贷：基建拨款——本年器材转账拨款　　7 000

转账拨出需要安装设备和材料，不作为器材销售，不需要通过“待摊投资——器材处理亏损”科目核算，而是借记调出单位的“基建拨款——本年器材转账拨款”科目直接作为冲减处理。

【例 2-22】　根据上面资料，乙单位应根据物资调拨凭证和设备材料出库凭证。应做如下会计分录：

借：基建拨款——本年器材转账拨款　　7 000
　　贷：库存设备　　5 000
　　　　库存材料　　1 900
　　　　材料成本差异　　100

不需要安装设备与需要安装设备不同，它在入库时计入“设备投资——不需要安装设备”科目，并已计算过投资完成额，因此在调入时，应作为移入未完工程处理，不得通过“基建拨款——本年器材转账拨款”科目核算，拨入单位借记“设备投资——不需要安装设备”科目，贷记“基建拨款——本年其他拨款”科目。拨出单位反方向作账务处理。

（七）“基建拨款——本年基建维护费拨款”科目

它用来核算本年内从财政拨入用于停、缓建项目维护费用的拨款（见图 2-7）。

借　基建拨款——本年基建维护费拨款	贷
下年度建立新账时，将本年度维护费拨款结转“基建拨款——以前年度拨款”	收到拨入的本年度停、缓建维护费拨款
	余额：年终为拨入而尚未结转的本年维护费拨款 （下年初建新账结转后无余额）

图 2-7　基建拨款——本年基建维护费拨款

【例 2-23】　某停、缓建项目因工程维护的需要，向财政申请本年维护费拨款，经财政部门核算下拨维护费拨款 60 000 元。应做如下会计分录：

借:银行存款——维护费资金户　　60 000

　贷:基建拨款——本年基建维护费拨款　　60 000

第三节　预算外基本建设拨款的核算

一、预算外拨款的资金来源

预算外拨款，是指预算内拨款之外的自筹资金拨款、专项拨款和其他拨款。为了发挥各地方、各部门、各行政事业单位的积极性，在国家规定的基本建设投资规模控制指标范围及原则内，用地方、部门和事业单位的自筹资金拨款、专项拨款和其他拨款进行基本建设，也是基本建设拨款重要资金来源。用预算外资金作为基本建设投资，国家要进行宏观调控，严格按照基本建设程序报批，纳入基本建设计划，严禁用预算外资金搞计划外工程项目；财政、银行部门要认真审查资金来源是否正当合理；经批准纳入基本建设的预算外资金，必须专户存入规定银行，并接受财政部门审查。

1. 自筹资金拨款

这是指经批准由建设单位自行筹集，从财政部门、主管部门和行政事业单位拨给建设单位的基本建设资金。其资金来源有三个：

(1)来自国家财政。财政分税制改革前，主要指地方财政从地方机动财力中采用资金管理方式拨给建设单位的资金。实行分税制改革后，各级财政安排拨给建设单位但未列入预算内基建支出的基本建设资金，要在自筹资金拨款中单独反映。

(2)主管部门用集中使用的自有资金转作基建拨款的资金。

(3)行政事业单位经批准将预算外资金和自有资金转作基建拨款的资金。

2. 专项拨款

这是指由主管部门拨入具有指定用途的基本建设资金，如煤代油专用基金拨款、国债专项资金拨款、专项建设基金拨款等。

3. 其他拨款

这是指除上述拨款以外的其他基本建设拨款。主要包括其他单位无偿移交的未完工程，与其他单位共同兴建工程而由其他单位拨入的基建资金，其他单位、团体或个人无偿捐赠用于基本建设的资金或物资。

二、预算外拨款的核算

为了核算各类预算外拨款和基建拨款交回以及冲销，会计核算上还要在“基建拨款”科目下增设“待转自筹资金拨款”“本年自筹资金拨款”“本年煤代油专用基金拨款”“本年其他拨款”“本年交回结余资金”“本年财政贴息资金拨款”和“以前年度拨款”明细科目。现分别说明这七个明细科目的账户结构和核算方法。

(一)“基建拨款——待转自筹资金拨款”科目

用来核算建设单位按规定预存建设银行等待批准后结转使用的自筹基建资金拨款，见图 2－8。

借	基建拨款——待转自筹资金拨款 贷
将预存建设银行贷方余额按批准数转入"基建拨款——本年自筹资金拨款"	1. 收到地方财政拨入并预存建设银行的自筹资金 2. 收到上级主管部门拨入并预存建设银行的自筹资金 3. 收到事业单位拨入并预存建设银行的自筹资金 4. 退回多余的自筹资金(用红字登记)
	余额:预存建设银行尚未批准结转使用的自筹资金拨款

图 2-8 基建拨款——待转自筹资金拨款

用自筹资金进行基本建设,必须严格遵守国家有关方针、政策和规定,贯彻"先审后存,专户存储,先存后批,先批后用"的原则。一切用于自筹基本建设的资金,首先必须经过同级财政部门审查同意,资金送交建设银行专户存储,并接受建设银行的拨款监督。为了严格控制预算外基本建设投资规模,保证国家重点建设,自筹资金必须提前存入建设银行,存入的待转自筹资金要经过批准才能转出使用,预存在建设银行的自筹资金在"基建拨款——待转自筹资金拨款"明细科目核算。由于提前存入建行的待转自筹资金存款并未参与本年基本建设资金周转过程,为了正确反映年末基建结余资金情况,本年结余资金在计算资金来源时,不包括"基建拨款——待转自筹资金拨款"部分。自筹资金必须纳入国家的基本建设计划,列入计划的自筹资金项目不得突破投资指标,按批准数支用自筹资金。

【例 2-24】 7月1日收到行政事业单位拨入自筹资金 100 000 元,按规定在建设银行开立待转自筹资金户。应做如下会计分录:

借:银行存款——待转自筹资金户　　100 000

　贷:基建拨款——待转自筹资金拨款　　100 000

【例 2-25】 下年年初建立新账时,结转本年度预存建设银行自筹资金,经批准同意转入下年度使用 80 000 元。应做如下会计分录:

借:银行存款——自筹资金户　　80 000

　贷:银行存款——待转自筹资金户　　80 000

借:基建拨款——待转自筹资金拨款　　80 000

　贷:基建拨款——本年自筹资金拨款　　80 000

(二)"基建拨款——本年自筹资金拨款"科目

用来核算从地方财政部门、主管部门、行政事业单位和本单位专用基金拨入,经批准从待转自筹资金转入本年使用的自筹资金(见图 2-9)。

借	基建拨款——本年自筹资金拨款 贷
下年初建立新账时,将本年度贷方余额全数结转"基建拨款——以前年度拨款"	1. 年初经批准转入本年使用的自筹资金("基建拨款——待转自筹资金拨款") 2. 退回当年拨入自筹资金("银行存款",用红字)
	余额:年终为拨入而尚未结转的本年自筹资金拨款(下年初建新账结转后无余额)

图 2-9 基建拨款——本年自筹资金拨款

【例 2-26】 建设单位用自筹资金支付建筑公司应付工程款 20 000 元。应做如下会计分录：

借：应付工程款——建筑公司　　20 000

　贷：银行存款——自筹资金户　　20 000

【例 2 - 27】　用自筹资金建设的职工住房当年已经完成，将多余的自筹资金 30 000 元，退回原拨出单位。应做如下会计分录：

借：银行存款——自筹资金户　　30 000

　贷：基建拨款——本年自筹资金拨款　　30 000

【例 2 - 28】　从自筹资金户支付勘察设计费 25 000 元。应做如下会计分录：

借：待摊投资——勘察设计费　　25 000

　贷：银行存款——自筹资金户　　25 000

【例 2 - 29】　接到建设银行通知，本期自筹资金存款利息收入计 340 元，已转入自筹资金户，冲减工程成本。应做如下会计分录：

借：银行存款——自筹资金户　　340

　贷：待摊投资——借款利息　　340

【例 2 - 30】　2014 年 12 月 23 日，海州市体育中心建设指挥部收到开户的中国建设银行海州支行营业部转来的自筹财政预算拨款通知单，游泳馆项目建设资金预算外拨款7 000 000 元。

借：银行存款—自筹资金户　　7 000 000

　贷：基建拨款——本年自筹资金拨款　　7 000 000

(三)"基建拨款——本年煤代油专用基金拨款"科目

用来核算本年内主管部门拨给建设单位用于为完成压油任务而进行能源交通建设的一种专项拨款(见图 2 - 10)。

借　　基建拨款——本年煤代油专用基金拨款	贷
下年初建立新账时，将本年度贷方余额，全部结转"基建拨款——以前年度拨款"	收到主管部门拨入煤代油专用基金拨款 ("银行存款——煤代油专用基金户")
	余额：年终为拨入而尚未结转本年煤代油专用基金拨款 (下年度建新账时结转后无余额)

图 2 - 10　基建拨款——本年煤代油专用基金拨款

【例 2 - 31】　收到建设银行通知，上级主管部门拨来煤代油专用基金拨款 300 000 元。应做如下会计分录：

借：银行存款——煤代油专用基金户　　300 000

　贷：基建拨款——本年煤代油专用基金拨款　　300 000

【例 2 - 32】　购入烧煤工业锅炉 1 台，买价和运杂费共计 160 000 元。应做如下会计分录：

借:器材采购——设备采购　　160 000
　　贷:银行存款——煤代油专用基金户　　160 000

【例 2-33】 签发转账支票 1 张,支付某安装公司安装工业锅炉的工程款 78 000 元。应做如下会计分录:

借:应付工程款——某设备安装公司　　78 000
　　贷:银行存款——煤代油专用基金户　　78 000

(四)"基建拨款——本年其他拨款"科目

用以核算和监督本年内拨入的从其他单位无偿移交来的或交出的未完工程(包括转账拨入不需要安装设备、工器具),与其他单位共建工程而从其他单位拨入的或拨出的基建资金,其他单位、团体、个人无偿捐赠或捐出的用于基本建设资金或物资等(见图 2-11)。

借　　基建拨款——本年其他拨款	贷
1. 转出其他单位移交的未完工程("建筑安装工程投资"等) 2. 转出其他单位拨来的共建工程资金("银行存款") 3. 无偿捐给其他单位、团体、个人的资金或物资("银行存款""库存设备") 4. 下年初建新账时,将本年度贷方余额全部结转"基建拨款——以前年度拨款"	1. 接受其他单位移交的未完工程("建筑安装工程投资"等) 2. 收到其他单位拨来的共建工程资金("银行存款") 3. 收到其他单位、团体、个人无偿捐赠资金或物资("银行存款"、"库存设备") 4. 下年初建新账时,将本年度借方余额全部结转"基建拨款——以前年度拨款"
余额:年终为拨出而尚未结转本年其他拨款(下年初建新账结转后无余额)	余额:年终为拨入而尚未结转本年其他拨款(下年初建新账结转后无余额)

图 2-11　基建拨款——本年其他拨款

【例 2-34】 收到其他单位无偿移交本单位继续施工的未完建筑工程投资 40 000 元及其应负担的待摊投资 800 元。应做如下会计分录:

借:建筑安装工程投资——建筑工程投资　　40 000
　　待摊投资——其他待摊投资　　800
　　贷:基建拨款——本年其他拨款　　40 800

【例 2-35】 收到上级主管部门从本系统其他建设单位转账拨入的不需要安装设备 1 台,实际成本 10 000 元,生产和维修用工器具 2 台,实际成本共计 300 元,应做如下会计分录:

借:设备投资——不需要安装设备　　10 000
　　　　　　——工器具　　300
　　贷:基建拨款——本年其他拨款　　10 300

【例 2-36】 收到其他单位为共建办公大楼工程,以本单位为主办单位,收到外单位自筹基本建设资金 20 000 元。应做如下会计分录:

借:银行存款——自筹资金户　　20 000
　　贷:基建拨款——本年其他拨款　　20 000

上例会计分录中,对方拨来的如属基本建设预算拨款资金,则应借记"银行存款——基建资金户"科目。

【例 2－37】 筹建召开国际大型运动会需要修建体育馆工程，收到其他单位无偿捐赠基本建设资金 500 000 元，存入开户建行。应做如下会计分录：

借：银行存款——其他资金户　　500 000

　　贷：基建拨款——本年其他拨款　　500 000

【例 2－38】 2014 年 12 月 23 日，海州市体育中心建设指挥部收到开户的中国建设银行海州支行营业部转来的财政预算拨款通知单，海州市体育基金会对游泳馆项目捐赠 1 000 000元。

借：银行存款——其他资金户　　1 000 000

　　贷：基建拨款——其他拨款　　1 000 000

(五)"基建拨款——本年交回结余资金"科目

用来核算非经营性项目的建设单位本年内对国家投资形成的竣工结余资金进行分配和使用(见图 2－12)。

借　　基建拨款——本年交回结余资金	贷
1. 上缴财政基建结余资金 2. 上缴主管部门基建结余资金 3. 转作留成收入基建结余资金	下年度建立新账时，将本年度借方余额全部结转"基建拨款——以前年度拨款"
余额：年终为交回(分配)而尚未结转的本年交回资金(下年初建新账结转后无余额)	

图 2－12　基建拨款——本年交回结余资金

非经营性项目的结余资金，按投资来源比例分别用于归还贷款和进行分配。其中国家投资形成的结余资金，50%上缴同级财政部门；20%上缴主管部门，用于基本建设投资管理方面的支出；30%作为建设单位的留成收入。

对有财政性资金安排的地方基本建设项目，其竣工结余资金的分配与使用，要待财政部门对项目竣工财务决算审批后再按规定处理。

经营性项目的结余资金，相应转入生产经营企业的有关资产，不在本明细科目核算，按投资来源比例分别予以冲减"基建拨款""项目资本""项目资本公积""企业债券资金"等科目。

【例 2－39】 某非经营性项目竣工，清理过程中处理积压多余物资收回资金 56 000 元。其中需要安装设备 4 500 元，库存材料 1 500 元，收回应收款项 50 000 元，存入清理资金户。应做如下会计分录：

借：银行存款——清理资金户　　56 000

　　贷：库存设备　　4 500

　　　　库存材料　　1 500

　　　　其他应收款　　50 000

【例 2－40】 工程竣工清理物资和往来账款后，清理所得结余资金，该项目投资来源中，基建投资借款占 40%，国家投资占 60%，

(1)用于归还基建投资借款 22 400 元。应做如下会计分录：

借:基建投资借款　　22 400

　贷:银行存款——清理资金户　　22 400

(2)将国家投资形成的基建结余资金 33 600 元进行分配,其中上缴同级财政部门 16 800 元(50%),上缴主管部门 6 720 元(20%),转作建设单位留成收入 10 080 元(30%)。应做如下会计分录:

借:基建拨款——本年交回结余资金　　33 600

　贷:其他应交款——财政部门　　16 800

　　　　　　——主管部门　　6 720

　　留成收入　　10 080

(六)"基建拨款——本年财政贴息资金拨款"科目

用来核算按规定实行财政贴息办法的建设单位,由财政部门拨入的用于补贴基本建设银行贷款项目利息支付能力的一种专项基本建设拨款(见图 2-13)。经营性项目在建设期间的财政贴息资金,作冲减工程成本处理。

借　基建拨款——本年财政贴息资金拨款	贷
1.对已收到但未冲减工程成本的财政贴息资金进行调账("待摊投资——借款利息") 2.下年度建立新账时,将本年度财政贴息资金拨款余额结转"基建拨款——以前年度拨款"(财政贴息)	收到财政拨入的本年财政贴息资金拨款("银行存款")
	余额:年终为拨入尚未结转的本年财政贴息资金拨款(下年度建立新账结转后无余额)

图 2-13　基建拨款——本年财政贴息资金拨款

【例 2-41】 某财政贴息的基建投资借款单位,接到开户银行通知,本年已将应支付的计划规定建设期内的基建投资借款利息 55 000 元(其中包括能享受财政贴息 25 500 元)直接从基建投资借款中扣收。应做如下会计分录:

借:待摊投资——借款利息　　55 000

　贷:基建投资借款　　55 000

【例 2-42】 接到开户银行通知,收到财政拨入的贴息资金 25 500 元。应做如下会计分录:

借:银行存款——贴息资金户　　25 500

　贷:基建拨款——本年财政贴息资金拨款　　25 500

【例 2-43】 对已收到但未冲减工程成本的财政贴息资金 45 500 元进行调账,其中以前年度尚未冲减数 20 000 元。应做如下会计分录:

借:基建拨款——本年财政贴息资金拨款　　25 500

　　　　——以前年度拨款(财政贴息)　　20 000

　贷:待摊投资——借款利息　　45 500

【例 2-44】 用财政拨入的贴息资金 25 500 元归还基建投资借款。应做如下会计分录:

借：基建投资借款　　25 500

　　贷：银行存款——贴息资金户　　25 500

(七)"基建拨款——以前年度拨款"

用来核算以前年度拨入到本年尚未冲销的各种基本建设拨款(见图2-14)。不包括由于以前年度完成并交付使用的资产以前年度拨入款项。

借　　基建拨款——以前年度拨款	贷
下年度建立新账时 1."本年交回结余资金"转入 2."本年器材转账拨款"借方余额转入 3."本年其他拨款"借方余额转入 4."交付使用资产"转入 5.调整财政部门审批财务决算时，批准核销数同年初账面冲转数差额 批准数>冲转数(蓝字) 批准数<冲转数(红字)	下年度建立新账时 1."本年预算拨款"转入 2."本年基建基金拨款"转入 3."本年进口设备转账拨款"转入 4."本年煤代油专用基金拨款"转入 5."本年器材转账拨款"贷方余额转入 6."本年自筹资金拨款"转入 7."本年基建维护费拨款"转入 8."本年其他拨款"贷方余额转入 9."本年国债专项资金拨款"转入 10."本年专项建设基金拨款"转入 11."本年财政贴息资金拨款"转入
	余额：以前年度拨入而尚未核销基建拨款数

图2-14　基建拨款——以前年度拨款

它的核算方法，是在下年度建立新账时，将"基建拨款"科目所属的本年预算拨款、本年基建基金拨款、本年进口设备转账拨款、本年煤代油专用基金拨款、本年器材转账拨款、本年自筹资金拨款、本年基建维护费拨款、本年其他拨款、本年国债专项资金拨款、本年专项建设基金拨款和本年财政贴息资金拨款明细科目的上年贷方余额，全部转入本明细科目贷方；同时将本年交回结余资金、本年器材转账拨款、本年其他拨款明细科目的借方余额及交付使用资产借方余额全部转入本明细科目借方。本明细科目具体核算和使用举例说明，将在第六章拨款单位基建资金冲转时再详细阐述。

第四节　基本建设投资借款的核算

一、投资借款的资金来源

基本建设投资借款是建设单位按照规定，主要向建设银行、国家开发银行、其他银行或金融机构借入投资性的中长期借款，是有偿性的基本建设投资。20世纪80年代以后，基建投资借款的范围和种类有了很大发展。按照投资借款的资金来源，主要可以分为十类。

1."拨改贷"投资借款

这是指国家(包括中央和地方)财政安排的基本建设预算。这是国家从预算内基本建设投资中，拨出一定的数额，通过建设银行以贷款形式进行分配的投资借款。

我国基本建设投资过去长期实行财政无偿拨款的体制，由于建设资金无偿使用，建设单位既无外部压力又无内在动力，助长了资金使用上的积压浪费。为了改变这种情况，充分调动建设单位的主动性和积极性，加强投资使用的经济责任制，提高基本建设投资效益，从 1979 年起，试行了财政拨款改为银行贷款的办法。在几年试点的基础上，又在 1985 年全面实行了国家预算安排的基本建设投资由财政拨款改为银行贷款（拨改贷）。对于非生产经营项目以及由于价格不合理等因素投资后盈利低还款有困难的项目，经过审批机构的批准，可以部分或全部豁免本金和利息。经过一年的实践，发现这个“拨改贷”的做法，在某些方面尚欠成熟，条件也欠具备，还带了许多问题。鉴于“拨”和“贷”是两种不同的经济过程，各有其特定的含义和要求，有其存在的必要性和可能性。拨就应该是拨，贷就应该是贷，两者不应混同。所以自 1986 年起，对由国家预算安排的科学研究、学校行政单位等没有还款能力的建设项目，仍恢复拨款办法，即将“拨改贷”一分为二：一部分（非经营性项目的投资）实行拨款；另一部分（生产经营性项目的投资）实行贷款。

国家规定实行拨款范围的基本建设项目限于：

（1）国防科研项目；

（2）各级各类学校项目、医院、救护中心、卫生检疫站、没有直接收益的科研建设项目；

（3）由国家行政费开支、列入国家行政编制的机关办公楼和机关所属职工宿舍、食堂幼儿园、托儿所、培训中心的建设；

（4）由国家财政拨事业经费且没有经济收入的事业单位的建设；

（5）国家储备部门的仓库建设；

（6）防洪、排涝工程、市政工程、国防边防公路和边境县以下邮电通信工程；

（7）不实行收费办法的公路和独立公路大桥建设；

（8）其他非经济部门所属非经营性的、无还款能力的项目。

各部门、各地区无权自行扩大财政拨款建设的项目范围，凡不属于以上拨款范围内的建设项目，一律实行银行贷款。

基本建设投资之后所以要由财政拨款改为银行贷款，一是要求建设单位在搞建设时树立资金周转观念、利息观念和投入产出观念，促使建设单位从经济角度来管理和使用国家投资；二是可以把过去财政部门与建设单位的领拨款关系改为建设单位与建设银行的借贷关系，这样能够加强建设单位使用投资的责任感，按照规定的用途和数额使用资金，加强经济核算制；三是可以发挥建设银行监督、融通、调剂建设资金的作用，有利于考核投资效果，把建设银行办成一个真正的投资银行。

2. 国家开发银行投资借款

这是指建设单位从国家开发银行借入的投资借款，包括国家开发银行用软贷款安排的投资借款和用硬贷款安排的投资借款。“软贷款”，是指国家开发银行用国家预算划拨的基金安排的投资借款；而“硬贷款”，是指国家开发银行通过发行金融债券而筹措的资金用于基建项目的投资借款。

3. 国家专业投资公司委托借款

这是指从国家专业投资公司（能源、交通、原材料、机电、轻纺、农业、林业等）借入的经营性基本建设基金和发行建设债券安排的基本建设投资，委托建设银行发放的基本建设投资借款，包括基建基金委托借款和其他委托借款。

4.部门统借基建基金借款

这是指建设单位向主管部门借入的，由主管部门从财政统借的基建基金借款。

5.部门基建基金借款

这是指建设单位借入的由主管部门(邮电、交通、民航、林业)管理和安排的中央级经营性基本建设基金投资借款。

6.特种拨改贷投资借款

这是指建设单位为完成基本建设计划按规定从建设银行借入利用国家重点建设债券取得资金发放的投资借款。

7.建设银行投资借款

这是指从建设银行借入的基本建设投资借款，其实质是由银行存款转化的投资，借款回收资金归银行所有。

8.建设银行发放的委托借款和以信托资金发放的信托借款、委托借款

这是指中央和地方的财政、主管部门、人民银行和企业以专项资金委托建设银行按照指定用途或指定项目发放的基本建设投资借款。煤代油专用基金借款、信托借款也包括在内。委托借款要有足够的资金来源，不准用银行信贷资金垫付。

9.外资借款和中国银行外汇借款

这是指包括向外国银行、外国政府或国际金融机构(世界银行、亚洲开发银行等)以及中国银行借入的投资借款。

10.其他投资借款

这是指除上述投资借款以外的其他投资借款。

二、基本建设投资借款的程序和做法

(一)基本建设投资借款的原则和条件

基本建设投资借款，实行有借有还、谁借谁还的原则。根据现行贷款办法规定，贷款对象必须是具有还款能力和承担经济责任的企业和事业单位。新建企业应由新厂筹建设机构作为贷款对象，它应是投产以后负责生产的机构。改、扩建企业的贷款对象应是改、扩建企业。实行统一核算的专业公司、主管部门、管理局，可以实行统一借款、统一还款。国内合资企业的国家预算投资，由出资方负责借款和还款。国家计划的前期工作项目，由主管部门(或指定单位)负责借款和还款。

所有申请贷款的项目必须纳入国家五年和年度基本建设计划，具有批准的年度基本建设计划、项目建设书、可行性研究和初步设计文件。并且具备：①工艺已过关，产品有销路；②生产所需资源、原材料、燃料、动力、水源、运输等已经落实；③投资回收期计算准确可靠，能够按期还本付息；④建设用地和设备、材料、施工力量已有安排。如果不具备上述各项条件，即使已经列入年度基本建设计划的建设项目，也不能得到贷款。

(二)基本建设贷款的6个阶段

基本建设贷款各阶段工作之间有着内在的先后顺序，相互组成完整的基本建设贷款程序。多年来的实践证明，严格按照基本建设贷款程序办事，就能够有效调动建设单位和建设银行的主动性和积极性，推广经济合同制，健全经济责任制，从而有效地控制基本建设信贷规模。基

本建设贷款程序大体上可为6个阶段：

1. 可行性研究

经过对拟贷项目深入细致的可行性研究，如确认项目可行，新建企业可以在主管部门担保下，根据批准的可行性研究报告与贷款银行签订贷款协议书，进行基本建设的前期工作(如勘察设计工作)。

2. 提出贷款申请书

待初步设计批准后，借款单位可向贷款银行经办行提出贷款申请书。贷款申请书主要内容包括：建设项目名称、可行性研究报告、批准的总投资、概算总值、计划开工和投产日期、要求贷款期限、投产后预计每年能增加的固定资产折旧基金、新增加利润等。凡是单纯购置设备(如机车、轮船等)的建设单位，可以根据批准的年度计划，向经办行提出贷款申请书，办理贷款申请手续，签订贷款合同。

申请借款的大中型项目，在向国家计委报送可行性研究报告的同时，应将副本及已批复的项目建议书和借款申请书，送贷款银行总行和有关省、市、自治区、计划单列市分行，由贷款银行总行组织项目评估，国家计委在审批大中型贷款项目可行性研究报告时会签贷款银行总行。经项目评估确认后的大中型项目贷款，由总行出具贷款意向书，作为国家计委安排投资计划的依据。

3. 签订贷款合同与担保

借款单位收到批准的贷款申请书，即可与经办行签订贷款合同。贷款合同是规定贷款单位和贷款银行双方的权利、义务和经济责任的文件。一经签订，具有法律效力，任何一方违反合同，都应负担经济责任和法律责任。贷款合同的内容有贷款总额、用途、期限、利率及分年用款和还款计划、保证条款与违约责任等。

借款应有担保，借款单位可以由具有债务承担能力的第三方保证人提供代为偿还的担保，也可将产权属于自己的财产作为抵押，必要时可办理公证。

4. 核定年度贷款指标

借款单位在已签订贷款合同总金额范围内，根据建设进度的需要，编制基本建设贷款年度用款计划。建设单位根据建设银行签发的“年度贷款指标核定通知”，可在建设银行开立贷款户。借款单位支用贷款，实行指标管理，贷款指标如当年没有用完，其结余部分可以结转下年继续使用，其结转投资应纳入下年度基建计划，结转的贷款指标应相应抵顶下年度贷款指标。借款单位有异地工程用款，可以转拨或汇拨。

5. 贷款使用

借款单位根据需要可在贷款户内支用贷款，贷款银行对贷款的使用进行全面检查和监督。

6. 贷款还本付息

借款单位必须在合同规定的期限内还本付息，贷款期限应按照建设期和还款期合并计算。建设期是根据可行性研究和初步设计的规定并参照当地施工实际情况确定。还款期则根据建成投产后每年可用于还本付息的各项资金测算。重工业项目贷款期限不超过15年，一般项目不超过10年，小型零星项目不超过5年，贷款期限应在合同中写明。

为了促进生产建设发展，保证建设重点，进一步体现国家对投资项目进行鼓励和限制的政策，根据行业和产品市场需求的不同情况，“拨改贷”项目应实行差别利率。在实行差别利率的基础上，将实行浮动利率和调节利率。浮动利率是以现行利率为基础，根据各个不同时期国家投资方向、产品供需情况，规定一定的浮动幅度，贷款利率可以在规定幅度内上下浮动。调节利率是对行业内部不同产品的建设项目实行差别利率，有提高也有降低，相互之间进行适当调节。财政部门及企业委托贷款，指定贷款项目的，利率可由委托单位和借款单位双方协商，未指定项目的，执行固定资产贷款利率。信托贷款执行固定资产贷款利率，可在20%幅度内浮动。

借款单位在还款期内未还清的贷款，作为逾期贷款，逾期部分加收20%利息。贷款被挪用，贷款银行有权从借款单位存款中扣回全部或部分已发放的贷款，并对挪用部分加收50%利息。

三、基建投资借款的核算

为了及时核算和监督基本建设投资借款的支用、归还以及结转用基建设投资借款完成的各项基本建设支出的情况，建设单位应设置“基建投资借款”“应收生产单位投资借款”“待冲基建支出”“拨付所属投资借款”和“上级拨入投资借款”等投资借款建设单位专用的会计科目。

（一）“拨改贷”投资借款核算

1.“基建投资借款——拨改贷投资借款”科目

属于资金来源类科目，用来核算建设单位借入的由地方财政安排的“拨改贷”投资借款（见图2-15）。1988年以前借入的，尚未归还的中央预算安排的“拨改贷”投资借款也在本科目核算。

借　　基建投资借款——拨改贷投资借款　　贷

借	贷
1.建设期间用应交基建收入归还数（“应收生产单位投资借款”） 2.根据生产单位还款通知结转偿还数（“应收生产单位投资借款”） 3.用实现包干节余归还借款（“应收生产单位投资借款”） 4.工程竣工，用处理结余物资收入归还借款数（“银行存款——清理资金户”）	1.支付各项基建支出（“器材采购”等） 2.根据银行通知支付借款利息（“待摊投资——借款利息”）
	余额：借入而尚未归还的投资借款数

图2-15　基建投资借款——拨改贷投资借款

2.“应收生产单位投资借款”科目

属资金占用科目，用来核算建设单位应向生产单位收回的各项交付使用资产价值（见图2-16）。

借　　应收生产单位投资借款　　贷

借	贷
投资借款购建完成的交付使用资产按时通知生产单位入账（“待冲基建支出”）	1.收到生产单位归还的投资借款数（“基建投资借款”） 2.建设单位用基建收入归还借款数（“基建资借款”） 3.用基建包干节余归还借款数（“基建投资借款”）
余额：应向生产单位收取的基建投资借款数	

图2-16　应收生产单位投资借款

3.“待冲基建支出”科目

属资金来源科目，用来核算待冲销的已转至生产单位的交付使用资产价值(见图 2－17)。

借　　　　　　　　待冲基建支出　　　　　　　　贷

借	贷
下年初建立新账时，冲转交付使用资产	已转知生产单位的交付使用资产(“应收生产单位投资借款”)
	余额：年终为账面待冲数 (下年初建新账冲转后无余额)

图 2－17　待冲基建支出

现举例说明“拨改贷”投资借款会计核算的账务处理。

【例 2－45】 建设单位收到建设银行核定的“拨改贷”基建投资借款指标 2 500 000 元。通过设置“基建投资借款指标备查簿”进行登记，不必编制会计分录及正式入账。其格式见表 2－1。

表 2－1　基建投资借款指标备查簿

借款银行：中国建设银行上海市分行　　　　　　借款种类：“拨改贷”

20××年		凭证号数	摘　要	核定数	支用数	结余数
月	日					
1	4		建行核定投资借款指标	2 500 000		2 500 000

“拨改贷”投资借款、国家专业投资公司委托借款和煤代油专用基金借款都采用指标管理方式，实行随支随贷，按照实际支用贷款按年计收利息，只有在借款指标额度内实际支用投资借款时，才在“基建投资借款”科目贷方登记。

【例 2－46】 用“拨改贷”投资借款购买不需要安装设备款 500 000 元，预付施工企业备料款200 000元，预付工程款 100 000 元。应做如下会计分录：

借：器材采购——设备　　500 000
　　预付备料款——××单位　　200 000
　　预付工程款——××单位　　100 000
　贷：基建投资借款——“拨改贷”投资借款　　800 000

【例 2－47】 上述不需要安装设备验收入库，应将不需要安装设备采购成本 500 000 元，从“器材采购——设备”科目转入“设备投资”科目借方。应做如下会计分录：

借：设备投资——不需要安装设备　　500 000
　贷：器材采购——设备　　500 000

【例 2－48】 将不需要安装设备出库交付生产单位使用，除应将“设备投资”转入“交付使用资产”科目借方外，还要及时通知生产单位转账，同时借记“应收生产单位投资借款”，贷记“待冲基建支出”科目。应做如下会计分录：

借：交付使用资产　　500 000
　贷：设备投资——不需要安装设备　　500 000

借:应收生产单位投资借款——国内借款　500 000
　贷:待冲基建支出　500 000

【例 2-49】 在建设期间,建设单位用应交财政的基建收入偿还投资借款 7 800 元,并通知生产单位转账。应做如下会计分录:

借:应交基建收入　7 800
　贷:银行存款　7 800
借:基建投资借款——“拨改贷”投资借款　7 800
　贷:应收生产单位投资借款——国内借款　7 800

【例 2-50】 按照规定用实现基建包干节余归还基建投资借款 4 000 元,并通知生产单位转账。应做如下会计分录:

借:应交基建包干节余　4 000
　贷:银行存款　4 000
借:基建投资借款——“拨改贷”投资借款　4 000
　贷:应收生产单位投资借款——国内借款　4 000

【例 2-51】 工程项目竣工后,将处理剩余物资收回的资金 500 元归还借款。应做如下会计分录:

借:基建投资借款——“拨改贷”投资借款　500
　贷:银行存款——清理资金户　500

【例 2-52】 建设单位接到生产单位还款通知,已归还投资借款 1 000 000 元。应做如下会计分录:

借:基建投资借款——“拨改贷”投资借款　1 000 000
　贷:应收生产单位投资借款——国内借款　1 000 000

【例 2-53】 下年初建立新账时,冲转用基建投资借款完成的交付使用资产 500 000 元。应做如下会计分录;

借:待冲基建支出　500 000
　贷:交付使用资产　500 000

【例 2-54】 建设单位在计划规定建设期内发生的基建投资借款利息,按规定全部摊计交付使用资产价值,应借记“待摊投资”科目和贷记“基建投资借款”科目,可在借款户内扣收。如属于超过计划规定建设期的利息,按规定由借款单位(或上级主管部门)的自有资金归还,不得在“待摊投资”科目核算。

如收到建设银行计算利息清算,属于计划规定建设期内的拨改贷投资借款利息 5 000 元,已在借款户内垫付;超过计划规定建设期的拨改贷投资借款应付利息 2 000 元,已由建设单位用留存的基建收入支付,应分别做如下会计分录:

借:待摊投资——借款利息　5 000
　贷:基建投资借款——“拨改贷”投资借款　5 000
借:留成收入　2 000
　贷:基建投资借款——“拨改贷”投资借款　2 000
借:基建投资借款——“拨改贷”投资借款　2 000
　贷:银行存款　2 000

资料查找：

拨改贷投资借款的管理办法。

(二)国家开发银行投资借款的核算

1.“基建投资借款——国家开发银行投资借款”科目

用来核算建设单位从国家开发银行借入的基本建设投资借款。它属于资金来源类科目。国家开发银行是我国政策性金融机构，着重扶持国家支柱产业，支持国家进行宏观经济管理，不以营利为目的，发放政策性贷款。国家开发银行投资借款还要按软贷款和硬贷款分别设置明细账，进行明细分类核算。

2.“应收生产单位投资借款”科目

3.“待冲基建支出”科目

现举例说明国家开发银行投资借款会计核算的账务处理。

【例 2-55】 根据年度基本建设计划和借款合同，向国家开发银行借入基建投资借款 1 600 000元，转入存款户。应做如下会计分录：

借：银行存款——开行借入资金户　　1 600 000

　　贷：基建投资借款——国家开发银行投资借款　　1 600 000

【例 2-56】 用开行借入资金户支付需要安装设备 250 000 元，设备尚未到达。应做如下会计分录：

借：器材采购——设备采购　　250 000

　　贷：银行存款——开行借入资金户　　250 000

【例 2-57】 开出转账支票，支付给某培训中心委托培训特殊工种管理人员和生产工人的培训费 12 000 元。应做如下会计分录：

借：其他投资——递延资产　　12 000

　　贷：银行存款——开行借入资金户　　12 000

【例 2-58】 以开行借入资金支付投资咨询公司编制可行性研究报告费用 8 000 元。应做如下会计分录：

借：待摊投资——可行性研究费　　8 000

　　贷：银行存款——开行借入资金户　　8 000

【例 2-59】 以开行借入资金户支付土地征用及迁移补偿费 400 000 元，勘察设计费 40 000元。应做如下会计分录：

借：待摊投资——土地征用及迁移补偿费用　　400 000

　　　　　　——勘察设计费　　40 000

　　贷：银行存款——开行借入资金户　　440 000

【例 2-60】 签发转账支票 1 张，从开行借入资金户支付某建筑公司的本期已完工程价款 300 000 元。应做如下会计分录：

借：应付工程款——某建筑公司　　300 000

　　贷：银行存款——开行借入资金户　　300 000

【例 2-61】 收到开发银行付息通知，从借入资金户扣收计划规定建设期的投资借款利息 32 000 元。应做如下会计分录：

借：待摊投资——借款利息　　32 000

　　贷：银行存款——开行借入资金户　　32 000

【例 2-62】 用应交财政的基建收入偿还开发银行投资借款 50 000 元。应做如下会计分录：

借：应交基建收入　　50 000

　　贷：银行存款——开行借入资金户　　50 000

同时，通知生产单位转账。应做如下会计分录：

借：基建投资借款——国家开发银行投资借款　　50 000

　　贷：应收生产单位投资借款　　50 000

【例 2-63】 收到开发银行计息通知，本期借入资金余额存款利息收入为 5 500 元，已代为收账。应做如下会计分录：

借：银行存款——开行借入资金户　　5 500

　　贷：待摊投资——借款利息　　5 500

【例 2-64】 工程竣工后，用结余资金 32 000 元归还国家开发银行投资借款。应做如下会计分录：

借：基建投资借款——国家开发银行投资借款　　32 000

　　贷：银行存款——开行借入资金户　　32 000

(三)统借统还投资借款核算

“统借统还”基建投资借款，是指由主管部门(或专业公司、管理局)统一向银行借入后分配给所属建设单位使用，最后由主管部门负责统一偿还的基建投资借款。为了核算和监督统借统还基建投资借款的借入、分配、使用和偿还情况，主管部门和建设单位还应分别设置下列会计科目。

1.“拨付所属投资借款”科目

属资金占用科目，核算实行“统借统还”基建投资借款的主管部门(专业公司、管理局)拨付给所属建设单位的基建投资借款和分配的基建投资借款利息(见图 2-18)。

借　　　　拨付所属投资借款　　　　贷

1.拨付给所属建设单位投资借款(“银行存款”) 2.分配给所属建设单位投资借款利息(“待摊投资”)	1.收到所属交来归还借款的基建收入和包干节余(“银行存款”) 2.收到所属交来归还借款的存款利息(“银行存款”)
余额：拨付所属尚未归还的基建投资借款	

图 2-18　拨付所属投资借款

2.“上级拨入投资借款”科目

属资金来源科目，核算建设单位收到上级主管部门(专业公司、管理局)拨入“统借统还”的基建投资借款和分配的基建投资借款利息(见图 2-19)。

借	上级拨入投资借款 贷
1.用基建收入和包干节余归还投资借款 2.用投资借款的存款利息上交上级（“银行存款”）	1.收到上级拨入投资借款（“银行存款”） 2.收到上级分配来投资借款利息（“待摊投资”）
	余额：拨入而尚未归还的投资借款

图 2-19　上级拨入投资借款

现分别就主管部门和所属建设单位，举例说明“统借统还”基建投资借款会计核算的账务处理。

【例 2-65】 “统一借款、统一还款”的主管部门电管局，在核定的贷款指标额度内，按照规定借入建设银行基建投资借款 100 000 元，拨付给所属甲单位 30 000 元。

主管部门应做如下会计分录：

借：银行存款——“统借统还”资金户　　100 000
　　贷：基建投资借款——建设银行投资借款　　100 000
借：拨付所属投资借款——甲单位　　30 000
　　贷：银行存款——“统借统还”资金户　　30 000

如主管部门在统借时不是先存后拨，而是采取直接下拨方式，则不通过“银行存款”科目核算，可直接借记“拨付所属投资借款”科目，贷记“基建投资借款”科目。

所属甲单位收到上级拨入投资借款 30 000 元时，应做如下会计分录：

借：银行存款——“统借统还”资金户　　30 000
　　贷：上级拨入投资借款——电管局　　30 000

【例 2-66】 年末接到建设银行转来计划规定建设期应付利息 1 000 元，转拨所属甲单位分配利息 300 元。

主管部门应做如下会计分录：

借：待摊投资——借款利息　　1 000
　　贷：基建投资借款——建设银行投资借款　　1 000
借：拨付所属投资借款——甲单位　　300
　　贷：待摊投资——借款利息　　300

甲单位收到上级分配来基建投资借款利息 300 元时，应做如下会计分录：

借：待摊投资——借款利息　　300
　　贷：上级拨入投资借款——电管局　　300

【例 2-67】 电管局收到甲单位交付归还借款的基建收入 5 000 元和包干节余 3 000 元。

主管部门应做如下会计分录：

借：银行存款——“统借统还”资金户　　8 000
　　贷：拨付所属投资借款——甲单位　　8 000
借：基建投资借款——建设银行投资借款　　8 000
　　贷：银行存款——“统借统还”资金户　　8 000

甲单位应做如下会计分录：

借:应交基建收入 5 000
　　应交基建包干节余 3 000
　　贷:银行存款——“统借统还”资金户 8 000
借:上级拨入投资借款——电管局 8 000
　　贷:应收生产单位投资借款 8 000

第五节 基本建设其他借款的核算

建设单位在进行基本建设时,除了基建投资借款以外,可为下一年度工程储备设备或材料的需要,向建设银行申请借入国内储备借款;实行投资包干制的建设单位,由于建设进度提前,可向建设银行申请借入临时性周转借款,这些国内储备借款和周转借款,都在“其他借款”科目进行核算。其他借款和基建投资借款虽然同属基本建设借款,但它们是两种不同性质的借款。首先,基建投资借款是长期性借款,而其他借款是一种临时周转用的短期借款;其次,基建投资借款是由借款项目建成投产后以税后利润等来还本付息,而其他借款因为是属于已有资金来源并安排在计划内的建成项目,则由以后年度预算拨款或基建投资借款来还本付息;最后,基建投资借款是属于投资性质的借款,其他借款不能增加建设单位的投资总额。

一、国内储备借款的核算

(一)国内储备借款的有关规定

国内储备借款,是指建设单位为以后年度储备需要安装设备或材料,而向建设银行借入的一种临时性专用借款。

申请国内储备借款的建设项目,一般应具备以下条件:

(1)属于列入计划的建设项目;

(2)具有批准的建设文件所附的设备清单;

(3)已签订订货合同,当年到货,但不能安装的设备(包括大型专用设备制造的进度款);

(4)建设单位和主管部门在当年基建预算中无法平衡的。

国内储备借款实行指标管理,并按实际支用数计算利息,利率视资金来源不同而不同。同一建设项目的基建投资借款、国内储备借款和临时周转借款,按实际贷款数计算,不重复计算。地方项目要求最迟到下年6月底前偿还本息,中央级项目最迟不超过两年。建设单位支用的国内储备借款未按合同规定的用途使用,挤占挪用部分的罚息支出以及不按期归还借款而加付的利息,按规定应用建设单位的留成收入支付。

(二)国内储备借款的核算方法

为了核算和监督国内储备借款的借入、使用和偿还等情况,建设单位应设置“其他借款——国内储备借款”科目。

“其他借款——国内储备借款”科目属于资金来源科目,用来核算建设单位向建设银行借入的国内储备借款(见图2-20)。

借	其他借款——国内储备借款	贷
偿还的国内储备借款本息（“银行存款”）		为下年度储备需要安装设备的借款（“器材采购——设备采购”） 为下年度储备主要材料而借入款项（“器材采购——材料采购”） 应付国内储备借款的利息（“采购保管费”）
		余额：借入而尚未归还的国内储备借款本息

图 2-20　其他借款——国内储备借款

现举例说明国内储备借款会计核算的账务处理。

【例 2-68】 建设单位购入为下年度储备的需要安装设备 50 000 元，用国内储备借款支付。应做如下会计分录：

借：器材采购——设备采购　　50 000

　　贷：其他借款——国内储备借款　　50 000

【例 2-69】 接到建设银行计算利息清单，应支付国内储备借款利息 200 元，应先计入“采购保管费”科目的借方，然后直接计入有关设备材料采购成本。应做如下会计分录：

借：采购保管费——设备　　200

　　贷：其他借款——国内储备借款　　200

【例 2-70】 下年度用基建投资借款（或预算拨款）归还国内储备借款，本息共计 50 200 元。应做如下会计分录：

借：其他借款——国内储备借款　　50 200

　　贷：基建投资借款（或银行存款）　　50 200

二、周转借款的核算

（一）周转借款的有关规定

周转借款，是指实行基本建设投资包干责任制的建设单位，由于建设进度提前，年度基本建设借款或指标不足，而向建设银行借入的一种周转性专项借款。

申请临时周转借款的建设项目，应该具备以下条件：

（1）主管部门已与建设单位签订投资包干合同（协议）；

（2）建设进度加快，超额完成年度计划，确有物资保证的投资包干责任制的建设单位。

借款单位同经办行签订贷款合同（包括以贷款申请书代替合同的），在核定贷款指标额度内，开立周转借款户使用借款。

周转借款的期限一般为半年，最长不得超过一年。建设单位从支用贷款之日起，按照规定的贷款利率计付利息，其贷款本息用下年度的基本建设投资归还。

（二）周转借款的核算方法

为了核算和监督周转借款的借入、使用和偿还等情况，建设单位应设置“其他借款——周期借款”科目。

“其他借款——周转借款”科目属于资金来源科目，核算实行基本建设投资包干责任制的建设单位向银行借入的周转借款(见图 2-21)。

借　　其他借款——周转借款	贷
偿还的周转借款的本息("基建投资借款")	借入的周转借款("待摊投资"等科目) 应付周转借款利息("待摊投资——借款利息")
	余额:借入而尚未归还的周转借款本息

图 2-21　其他借款——周转借款

现举例说明周转借款会计核算的账务处理。

【例 2-71】　某实行投资包干责任制的建设单位,由于建设进度加快,年度投资不足,经建行审查同意,借入临时周转借款,支付筹建管理费用 45 000 元,支付主要材料的买价和运杂费 195 000 元。应做如下会计分录:

借:待摊投资——建设单位管理费　　45 000
　　器材采购——材料采购　　195 000
　　贷:其他借款——周转借款　　240 000

【例 2-72】　经建设银行审查同意,用周转借款偿还应付施工单位工程款 450 000 元。应做如下会计分录:

借:应付工程款　　450 000
　　贷:其他借款——周转借款　　450 000

【例 2-73】　接到建设银行计算的利息清单,应付计划规定建设期周转借款利息 7 650 元,在周转借款户中扣收。应做如下会计分录:

借:待摊投资——借款利息　　7 650
　　贷:其他借款——周转借款　　7 650

【例 2-74】　下年度建设单位用国家开发银行投资借款归还周转借款本金和利息。应做如下会计分录:

借:其他借款——周转借款　　697 650
　　贷:基建投资借款——国家开发银行投资借款　　697 650

在企业债券发行过程中,建设单位资金发生临时周转困难,按规定可向银行申请借入临时周转借款。

【例 2-75】　建设单位向银行申请借入 500 000 元转入存款。应做如下会计分录:

借:银行存款——借入资金户　　500 000
　　贷:其他借款——周转借款　　500 000

【例 2-76】　用借入资金存款支付购买器材款 280 000 元。应做如下会计分录:

借:器材采购　　280 000
　　贷:银行存款——借入资金户　　280 000

【例 2-77】　用企业债券资金归还临时借款 500 000 元。应做如下会计分录:

借:其他借款——周转借款　　500 000
　　贷:银行存款——债券资金户　　500 000

第六节　企业债券资金的核算

随着我国经济体制改革的深入发展，以股票、债券方式向社会筹资的经济活动得到迅猛发展。尤其是债券，它本身风险小，发行又不涉及所有制变更，较发行股票更简捷，筹资成本低，为筹资者和投资者双方乐意接受。这对活跃资金市场、开辟多种投资渠道、解决建设资金不足和促进企业间横向经济联系起到积极作用。企业债券资金是指具有法人资格的国有企业或公司，为了筹集基本建设资金按照法定程序面向社会发行，承担在指定时间内支付一定利息和偿还本金的基本建设资金。

一、企业债券资金的内容

当前按国家宏观调控重要程度划分，企业的企业债券资金主要有两种：

1.重点企业债券资金

这是指建设银行代理电力、冶金、有色金属和石油化工等部门所属国有企业（公司），向其他企事业单位发行，用于国家计划内重点建设的企业债券。它的审批和发行，皆优先于一般建设项目发行的企业债券。

2.一般企业债券资金

这是指重点企业以外的国有企业，经中国人民银行批准自行发行或委托金融机构代理发行，用于计划内固定资产投资的企业债券资金或建设债券资金。

企业债券主要品种有普通债券、贴现债券、保值债券以及公司债券等。

二、发行企业债券的条件和审批手续

企业债券和公司债券，就两者发行的条件、程序及还本付息的内容来看，并无实质性差异。硬要严加区分的话，企业债券适用于未改建成公司形式的具有法人资格的企业，执行《企业债券管理条例》的有关规定；而公司债券适用于《公司法》规定有权发行公司债券的公司，包括股份有限公司、国有独资公司和有限责任公司，执行《公司法》的有关规定。但都必须符合下列条件：

（1）股份有限公司的净资产不低于人民币 3 000 万元，有限责任公司的净资产不低于人民币 6 000 万元。

（2）累计债券总额不超过公司净资产的 40％。

（3）最近三年平均可分配利润足以支付公司债券 1 年的利息。

（4）筹集资金的投向符合国家产业政策。

（5）债券的利率不得高于银行相同期限居民储蓄存款利率的 40％。

（6）国务院规定的其他条件。

发行企业债券应办理如下手续：

（1）向计委和建委申请把拟建项目列入国家基本建设计划，计划外项目不准建设，更不能发行债券筹资。

（2）填写“发行债券审批书”一式五份，由企业加盖公章送上级主管部门签署意见后转送开户或归口银行签署初审意见，再送专业银行签署审查意见，最后由人民银行金融行政管理处审批核定。

审批书的主要内容如下：

(1)企业名称、地址、负责人姓名；

(2)企业性质、职工人数、工商登记证号、上级主管部门的名称；

(3)注册资金总额、实有资金总额、实有资金来源；

(4)拟发行企业债券总额、票面种类和金额、发行方向、发行期限、债券利率；

(5)企业经营业务范围；

(6)申请发行企业债券理由。此外，还应附送企业章程，拟建项目可行性报告，发行企业债券的章程办法，近期会计报表等有关文件。

三、企业债券资金核算方法

建设单位为了搞好企业债券资金的拨入、使用及冲销核算工作，应设置“企业债券资金”(属于资金来源科目)科目，用来核算和监督建设单位收到生产企业拨入用于基本建设的企业债券资金以及应付的债券利息(见图2－22)。本科目应分别设置“债券本金”和“债券利息”两个明细科目。

借　　　　企业债券资金	贷
1.工程全部竣工后，交回生产企业的企业债券资金形成的结余资金(“银行存款”等) 2.下年初建立新账时，冲转上年完成的交付使用资产	1.生产企业拨入的企业债券资金(“银行存款”) 2.计划规定建设期的企业债券利息(“待摊投资——企业债券利息”)
	余额：生产企业拨入而尚未冲转的企业债券资金

图2－22　企业债券资金

兹将企业债券资金会计核算的账务处理举例说明。

【例2－78】　建设单位收到生产企业拨入的企业债券资金900 000元，其中代理发行手续费20 000元，已由银行从发行债券资金中直接扣收。应做如下会计分录：

借：银行存款——债券资金户　　880 000
　　待摊投资——企业债券发行费　　20 000
　　贷：企业债券资金——债券本金　　900 000

如果上述代理发行手续费是由建设单位用收到的企业债券资金直接支付的，则应做如下会计分录：

借：银行存款——债券资金户　　900 000
　　贷：企业债券资金——债券本金　　900 000
借：待摊投资——企业债券发行费　　20 000
　　贷：银行存款——债券资金户　　20 000

【例2－79】　建设单位用债券资金购买器材250 000元，器材尚在途中。应做如下会计分录：

借：器材采购——材料采购　　250 000
　　贷：银行存款——债券资金户　　250 000

【例2－80】　建设单位用债券资金支付应由债券项目承担的商业网点和供电站费等配套

费 52 000 元。应做如下会计分录：

借：待摊投资——其他待摊投资 52 000
　贷：银行存款——债券资金户 52 000

【例 2-81】 建设单位用企业债券资金支付债券的设计、印刷、广告宣传费 10 000 元。应做如下会计分录：

借：待摊投资——企业债券发行费 10 000
　贷：银行存款——债券资金户 10 000

【例 2-82】 用债券资金预付施工企业工程款 450 000 元。应做如下会计分录：

借：预付工程款——××单位 450 000
　贷：银行存款——债券资金户 450 000

【例 2-83】 用债券资金投资兴建的工程竣工后，根据有关投资项目计算出交付使用资产的实际成本为 809 000 元。应做如下会计分录：

借：交付使用资产 809 000
　贷：建筑安装工程投资 809 000

【例 2-84】 用债券资金投资兴建的工程竣工后，根据生产企业转来通知，应计入债券工程成本的债券利息为 20 500 元。应做如下会计分录：

借：待摊投资——企业债券利息 20 500
　贷：企业债券资金——债券利息 20 500

【例 2-85】 收到建行计息的通知，本期债券资金的存款利息收入为 10 700 元。应做如下会计分录：

借：银行存款——债券资金户 10 700
　贷：待摊投资——企业债券利息 10 700

【例 2-86】 企业债券资金形成的结余资金为 111 500 元，其中债券资金存款 10 700 元、库存材料 100800 元，交回生产企业。应做如下会计分录：

借：企业债券资金——债券利息 10 700
　贷：银行存款——债券资金户 10 700
借：企业债券资金——债券本金 100 800
　贷：库存材料 100 800

【例 2-87】 下年初建立新账时，将上年度用企业债券资金完成的交付使用资产 809 000 元冲转企业债券资金。应做如下会计分录：

借：企业债券资金——债券利息 9 800
　　　　　　　——债券本金 799 200
　贷：交付使用资产 809 000

课后练习题

一、单项选择题（每小题 1 分，共 10 分）

1. 基本建设项目施工最常见的一种方式是（　　）。

A. 自营方式　　B. 出包方式　　C. 共建方式　　D. 统建方式

2. 基本建设单位要从事建设项目，必定要有一定的资金来源，自筹资金属(　　)。

A. 预算内拨款　　B. 预算外拨款　　C. 资金转账式拨款　　D. 定额管理式拨款

3. 收到社会某团体捐赠的建造图书馆的资金，建设单位应入账在银行存款下的(　　)。

A. 自筹资金户　　B. 基建资金户　　C. 借入资金户　　D. 其他资金户

4. 基建投资借款利息核算时，应由建设单位自有资金支付而不能计入工程建设成本的是(　　)。

A. 计划建设期内的借款利息　　B. 超计划建设期的借款利息

C. 还款期的借款利息　　D. 提前建成投产时的借款利息

5. 基建施工中使用的钢模板、脚手架等，应在(　　)科目中核算。

A. 机械配件　　B. 其他材料　　C. 周转材料　　D. 低值易耗品

6. 建设单位的设备在实际工作中一般都以(　　)计价。

A. 计划买价　　B. 计划成本　　C. 实际成本　　D. 实际买价

7. 建设单位所属不独立核算的施工单位医务人员计提的福利费应借记(　　)。

A. 待摊投资——建设单位管理费　　B. 待摊投资——其他待摊投资

C. 工程施工——人工费　　D. 工程施工——施工管理费

二、多项选择题(每小题2分，共20分)

1. 按建设项目投资额组成内容划分，基本建设可分为四种投资，其中(　　)在整个投资占较大比重。

A. 建筑工程投资　　B. 设备投资

C. 其他基本建设投资　　D. 预备费投资

2. 为了进行基本建设项目计算并确定工程造价，必须把基本建设项目整体划分为若干个(　　)。

A. 单项工程　　B. 单位工程　　C. 分部工程　　D. 分项工程

3. 采用资金划拨管理方式的拨款主要有(　　)。

A. 本年预算拨款　　B. 本年进口设备转账拨款

C. 本年基建基金拨款　　D. 自筹资金拨款

4. 进口器材的采购成本由(　　)组成。

A. 买价　　B. 国外运杂费

C. 设备检验费　　D. 国内运杂费和采购保管费

5. 对固定资产计价，根据不同情况可分别采用(　　)。

A. 市场价格　　B. 评估确认的价格　　C. 重置完全价值　　D. 协议约定的价格

6. 计入交付使用资产价值的投资的内容是(　　)。

A. 建筑安装工程投资　B. 设备投资　　C. 其他投资　　D. 待摊投资

7. 构成投资完成额的支出包括(　　)。

A. 全部基建支出　　B. 所有形成交付使用价值的支出

C. 转出投资　　D. 待核销基建支出

8. 经营性项目的建设资金来源于(　　)。

A. 投资借款　　B. 自筹资金　　C. 预算内拨款　　D. 预算外拨款

9. 建设项目的总承包单位，对下列内容中应进行包干的是（　　）。

A. 投资额　　B. 工期　　C. 设备材料供应　　D. 质量

10. 小型项目竣工决算，一般包括（　　）。

A. 竣工工程概况表　　B. 竣工决算总表

C. 交付使用资产总表　　D. 交付使用资产明细表

三、判断题

1. 用资金划拨方式拨入的预算内拨款：本年度预算拨款，基建基金拨款和预收下年度预算拨款。（　　）

2. 用资金转账方式拨入的预算内拨款包括：进口设备转账拨款，器材转账拨款和基建基金拨款。（　　）

3. 建设单位收到主管部门拨入下年度预算拨款 50 000 元。应做如下会计分录：

借：银行存款——预算拨款户　　50 000

　　贷：基建拨款——预收本年度预算拨款　　50 000（　　）

4. 下年年初建立新账时，结转本年度预存建设银行自筹资金，经批准同意转入下年度使用 80 000 元。应做如下会计分录：

借：银行存款——自筹资金户　　80 000

　　贷：银行存款——待转自筹资金户　　80 000（　　）

5. 在建设期间，建设单位用应交财政的基建收入偿还投资借款 7 800 元，并通知生产单位转账。应做如下会计分录：

借：应交基建收入　　7 800

　　贷：银行存款　　7 800

借：基建投资借款——“拨改贷”投资借款　　7800

　　贷：应收生产单位投资借款——国内借款　　7 800（　　）

6. 以开行借入资金支付投资咨询公司编制可行性研究报告费用 8 000 元。应做如下会计分录：

借：管理费用　　8 000

　　贷：银行存款——开行借入资金户　　8 000（　　）

7. 国内储备借款是指实行基本建设投资包干责任制的建设单位，由于建设进度提前，年度基本建设借款或指标不足，而向建设银行借入的一种周转性专项借款。（　　）

四、实务题

习题一

【目的】练习基本建设拨款核算。

【要求】编制必要的会计分录。

【资料】某建设单位在 20××年度发生了下列有关经济业务：

1. 1 月 2 日收到地方财政拨入的本年预算拨款 500 000 元，已专户存入银行。

2. 1 月 5 日由预算拨款户汇往外地采购用款 2 000 元，异地工程用款 13 000 元。

3.2 月 10 日从预算拨款户提取现金 22 000 元，以备发工资。

4.2 月 20 日从预算拨款户支付设备款 7 000 元。

5.2 月 28 日收到地方财政拨入的供下年基建使用的自筹资金 70 000 元，预存在建设银行。

6.3 月 5 日将地方财政拨入的自筹资金退回 15 000 元，已通过待转自筹资金户支付。

7.3 月 28 日收到上级拨入的煤代油专用基金 600 000 元。

8.5 月 5 日收到上级主管部门转来进口设备转账通知和有关发票账单：进口成套设备买价 800 000 元，国外运费 31 000 元，国外设计及技术资料费 50 000 元，出国联络费 80 000 元。

9.5 月 30 日收到上级主管部门从本系统转账拨入的需要安装设备价款 40 000 元。

10.6 月 2 日收到上级转账拨入不需要安装设备 1 台，实际价格 18 000 元，转账拨入钢材实际成本 41 000 元，计划价格 40 000 元，均已验收入库。

11.6 月 18 日接通知，转账拨给本系统其他单位钢材实际成本 5 000 元，计划价格 5 200元。

12.7 月 15 日收到主管部门拨入的本年基建基金拨款 250 000 元，已存入银行。

13.8 月 28 日经批准将待转自筹资金转入本年基建使用 55 000 元。

14.8 月 29 日转账拨出需要安装设备 1 台，实际成本 20 000 元，转账拨出不需要安装设备 2 台，实际成本 35 000 元。

15.9 月 20 日由于主办协作配合工程，收到其他单位拨入自筹资金 80 000 元，用于本年度计划的基建工程。

16.10 月 10 日收到其他单位移交本年度继续建设未完工程 180 000 元，其中建筑安装工程投资 90 000 元，设备投资 44 500 元，待摊投资 45 500 元。

17.11 月 31 日某工程竣工，结余一批材料对外销售，已存入银行 58 000 元。该批材料计划成本 60 000 元，实际成本 59 000 元。

18.下年初建立新账时，将上年基建拨款中的各本年拨款明细科目余额，全数结转“基建拨款——以前年度拨款”科目。

习题二

【目的】练习基建投资借款核算。

【要求】为下列各项经济业务编制会计分录。

【资料】某建设单位在 20××年度和下年初，共发生下列有关基建投资借款及其支用的经济业务：

1. 从国家开发银行借入基建投资借款 180 000 元，转入存款户。

2. 以借入资金户支付不需要安装设备 50 000 元，支付材料款 25 000 元，支付第五建筑公司已完工程款 34 000 元。

3. 上述不需要安装设备验收入库。

4. 将不需要安装设备移交生产单位使用，并通知生产单位及时转账。

5. 根据开发银行通知，应支付计划规定建设期的基建投资借款利息 9 000 元，其中因建设项目提前建成投产而实现的建设期内利息结余 2 000 元，按规定全部留给建设单位。

6. 根据规定用应交财政的基建收入 36 000 元偿还投资借款。

7. 工程竣工，将处理结余物资收回的资金 21 000 元偿还投资借款。

8. 接到开发银行通知,已扣收计划规定还款期的基建投资借款利息 10 000 元。

9. 上述全部贷款期利息共计 19 000 元,已由生产单位偿还。

10. 下年初建立新账时,将借款完成的交付使用资产予以冲销。

习题三

【目的】练习企业债券资金核算。

【要求】编制必要的会计分录。

【资料】某建设单位在 20××年度和下年初发生了下列有关企业债券资金及其支用的业务:

1.收到生产企业拨入的企业债券资金 352 000 元,存入建设银行分行。

2.用债券资金购买需要安装设备,价款 100 000 元。器材尚在途中。

3.用收到债券资金支付银行代理发行手续费 10 000 元,债券设计印刷费 5 000 元。

4.以债券资金支付属于其他投资性质费用 20 800 元,待摊投资性质费用 180 000 元。

5.用债券资金进行工程竣工后,根据建筑安装工程投资等投资科目计算出交付使用资产实际成本为 311 320 元。

6.债券工程竣工,根据生产企业转来通知,应计入债券工程成本的债券利息为 8 200 元。

7.收到建行计息通知,本期债券资金的存入利息收入为 4 280 元。

8.将企业债券形成的结余资金 44 600 元(其中银行存款 26 760 元,库存材料 17 840 元)交给生产企业。

9.下年初建立新账时,将上年度用企业债券资金完成的交付使用资产予以冲转。

五、简答题

1.什么是基本建设拨款?“基建拨款”科目应当设置哪些明细科目?怎样进行核算?

2.什么是预算内拨款和预算外拨款?各包括哪几种拨款?

3.拨款资金管理方式有哪几种?各有什么区别?

4.办理基本建设拨款的原则和依据是什么?

5.银行存款的明细科目有哪些?为什么要进行这样的设置?

6.按照现行制度规定,基建投资借款利息应怎样计算?建设单位怎样进行账务处理?

7.试说明基建贷款的程序和做法。

8.建设单位需具备哪些条件,才能向建设银行申请国内储备借款和其他借款?

9.基本建设投资借款和其他借款的主要区别在哪里?

10.企业债券资金的性质和内容是什么?建设单位怎样进行核算?

第三章 基本建设单位设备、材料和工资的核算

重点：设备、材料和工资核算的账务处理

掌握：建设单位设备、材料和工资的核算办法

第一节 设备的核算

一、设备的含义

建设单位的设备，是指根据基本建设投资计划，由建设单位取得的设施、工具和器具。凡购入一台设备大多要依次通过采购、入库、出库、安装、试车、验收和交付使用等活动，最后才能成为生产使用单位的固定资产及一小部分流动资产。

建设单位设备与工业企业设备的区别见表 3－1。

表 3－1 建设单位设备与工业企业设备的区别

项目 类别	建设单位设备	工业企业设备
经济性质	属于基本建设生产的劳动对象	属于生产过程中的劳动资料
资金来源及占用形式	构成基本建设资金中的设备储备资金(需要安装设备)和在建工程占用资金(不需要安装设备、工器具)	占用在固定资产上的固定资金
使用权归属对象	在完成构建过程后，随同其他交付使用资产一并移交给生产单位使用，后者则为自己生产需要使用资产，一并移交给生产单位使用	为自己生产需要使用而购置
管理和核算	视同材料来组织核算管理，只核算计入基建成本的设备采购成本，不得计提折旧	作为固定资产来核算和管理，按规定要计提折旧

设备是基本建设的重要物资，设备投资在基本建设投资总额中所占的比重较大。随着科学发展及技术进步，整个国家设备装备水平不断提高，设备比重还会持续上升。因此，加强和搞好设备核算与管理工作，对于顺利完成国家下达的建设任务，节约和合理使用建设资金，防止物资的积压和浪费，尽快发挥投资效果，形成更多的生产能力和经济效益都具有十分重要的意义。

二、设备的分类

(一)按照设备在基本建设中的工作内容分类

设备按工作内容可以分为需要安装设备、不需要安装设备和工器具三类。

(1)需要安装设备指必须将其整体或几个部位装配起来,安装在基础上或建筑物支架上才能使用的设备,如发电机、变压器、机床等。有的设备虽不需要设备基础,但是需要进行大量组装工作才能使用,如生产用电铲、门式吊、皮带运输机等,也应作为需要安装设备进行管理和核算。

(2)不需要安装设备指不必固定安装也不需要组装就可以使用的各种设备,如电焊机、汽车等。

(3)工器具指按设计规定为生产和维修用的各种器具,如试验、化验用的计量、分析、保温等各种仪器,机械厂翻砂用的模型和工具台等。这些工器具与不需要安装设备类似,一经购入不需要进行安装就具备交付使用条件,可以直接计算设备投资完成额。但若超过设计规定范围或投产后购入工器具,则均由生产流动资金开支。

(二)按照设备使用年限和单位价值分类

按使用年限和单位价值可以分为达到固定资产标准的设备、工器具和不够固定资产标准的设备、工器具两类。

通过基本建设全过程,办理了交付使用资产交接手续后,达到固定资产标准的设备及工器具,是作为固定资产移交给生产单位的,生产单位据以登记固定资产卡片,最终构成生产或使用单位的固定资产。达不到固定资产标准的设备、工器具,作为流动资产移交给生产单位,生产单位据以登记低值易耗品等卡片,最终构成生产或使用单位的流动资产。

(三)按照设备的供货来源分类

按供货来源可以分为国内采购设备、国外进口设备、委托加工设备和调拨来的设备四类。

除上述分类外,建设单位还可以按照设备用途分类,分为专用设备和通用设备两类;按照设备是否定型分类,分为标准设备和非标准设备两类;按照设备技术性能分类,分为机械设备和电气设备两类。

讨论:

1. 设备出库单通常一式几联?需要提供给哪几个部门?

2. 供应部门是否需要一联出库单?是随时提供给供应部门设备出库情况?还是月底一次报出设备收、发、存情况?

三、设备核算的账务处理

(一) 总分类核算

采购设备的实际成本,由以下内容构成。

1. 买价

买价包括原价、供销部门的手续费及增值税,直接计入各项设备的实际成本。

2. 运杂费

运杂费包括运到工地仓库前所发生的包装、运输、装卸及合理的运输损耗等费用。包装品的保证金或押金应在此费用中予以扣除，回收包装品收入冲减此项费用。设备运杂费，若能分清承担对象，可直接计入有关设备的实际成本；若不能分清负担对象的，应按设备重量或买价比例，分配计入各有关设备的实际成本。

3. 采购保管费

采购保管费包括设备供应部门及设备仓库为采购、验收、保管和收发各种设备而发生的各项费用，如设备供应部门和设备仓库人员的工资及工资附加费、办公费、差旅费、按月计提的折旧费、劳动保护费、自行组织设备检验试验费、设备储备借款利息、经批准保管过程中的合理损耗、仓库管理费等。

目前设备采购保管费发生时，先按费用归集，在采用年初确定的预定分配率，以设备的买价和运杂费之和为分摊标准进行计算，在每项设备验收入库时即分配采购保管费，以此加总计算设备的实际成本。其计算公式如下：

$$预定分配率=\frac{预计年度内全部采购保管费}{预计年度内全部采购设备买价和运杂费}\times 100\%$$

某项目设备入库时应分配采购保管费＝该项设备的买价和运杂费之和×预定分配率

为反映监督国内设备的采购成本及收发结存情况，划清设备储备资金与投资支出的界限，应设置以下会计科目进行核算：

(1)“器材采购”：本科目属于资金占用成本计算类科目，是用来核算建设单位购入各种设备和材料的采购成本。

“器材采购”科目下应设置“设备”“材料”“进口设备”“进口材料”等明细科目来分别核算国内设备、国内材料、进口设备、进口材料的实际采购成本（见图 3－1）。

借　　　　　　　　　器材采购	贷
1. 支付发票账单所列器材买价和运杂费 （“银行存款”等） 2. 入库时分配采购保管费 3. 月终，结转材料实际成本＜计划成本的差额 （“材料成本差异”）	1. 向供货单位、运输机构收取材料短缺或其他赔款 （“其他应收款”“应付器材款”） 2. 尚待查明处理的途中器材损耗数 （“待处理财产损失”） 3. 由于意外事故造成的采购器材非常损失数 （“其他投资”“待摊投资”） 4. 验收入库的设备实际成本 （“库存设备”“设备投资”） 5. 验收入库的材料计划成本 （“库存材料”） 6. 月终，结转材料实际成本＞计划成本的差额 （“材料成本差异”）
余额：贷款已付器材尚未到达或尚未验收入库的在途器材实际成本	

图 3－1　器材采购

(2)“采购保管费”：本科目属于资金占用费用归集分配类科目，用来核算建设单位的供应部门和仓库为采购、验收、保管和收发各种设备、材料而发生的各项费用(见图 3-2)。

在"采购保管费"科目下应设置"设备""材料"和"进口设备""进口材料"明细科目来分别核算国内设备、国内材料、进口器材所发生的采购保管费。

借　采购保管费	贷
1. 实际发生各项采购保管费 ("应付职工薪酬""库存材料""累计折旧"等) 2. 经批准转销采购器材途中无法收回超定额损耗 ("待处理财产损失")	1. 回收设备和材料的包装用品作价入账 ("库存材料") 2. 入库时分配采购保管费 ("器材采购") 3. 年终或工程竣工调整差额 ("建筑安装工程投资""设备投资")(实际数小于预定分配数的差额用红字)
余额:采购保管费实际数与预定分配的差额	

图 3-2　采购保管费

(3)"库存设备":本科目属于资金占用盘存类科目,用来核算建设单位库存的需要安装设备实际成本(见图 3-3)。

借　库存设备	贷
1. 验收入库需要安装设备的价值 ("器材采购") 2. 转账拨入及委托加工完成设备入库 3. 盘盈设备估价入账 ("待处理财产损失")	1. 设备出库、交付安装 ("设备投资——在安装设备") 2. 交付外单位委托加工设备及转账拨出设备 3. 年终,对已出库而不符合正式安装条件的设备办理假退库(红字) 4. 对外销售和处理多余积压设备 5. 盘亏及毁损设备价值 ("待处理财产损失")
余额:库存需要安装设备实际成本	

图 3-3　库存设备

(4)"应付器材款":本科目属于资金来源结算类科目,用来核算建设单位因购入器材所发生的应付供应单位的款项(见图 3-4)。

借　应付器材款	贷
1. 偿付供应单位的应付未付款项 2. 按规定预付给供应单位的大型设备款 3. 补付大型设备款应付与预付款之间的差额	1. 月底已入库而发票未到器材暂估价值 ("器材采购") 2. 下月初用红字冲回暂估价值 3. 应付大型设备款和劳务款
	余额:应付未付供应单位器材款及劳务款

图 3-4　应付器材款

(5)“设备投资”:本科目属于资金占用成本计算类科目,用来核算构成投资完成额的交付安装设备、验收入库不需要安装设备、工器具的实际成本。本科目应设置“在安装设备”“不需安装设备”和“工器具”三个明细科目进行核算。

(6)“应收有偿调出器材及工程款”:本科目属于资金占用结算类科目,用来核算建设单位按规定或经批准有偿调出器材及有偿转出未完工程发生的应收款项(见图3-5)。

本科目应设置“调出设备”“调出材料”“转出未完工程”三个明细科目进行核算。

借　　　　应收有偿调出器材及工程款	贷
按规定或经批准有偿调出器材及有偿转出未完工程发生的应收款项(“库存设备”“库存材料”“建筑安装工程投资”等)	收到调入单位归还的器材及工程款(“银行存款”)
余额:尚未收回的有偿调出器材及工程款	

图3-5　应收有偿调出器材及工程款

(7)“应付有偿调入器材及工程款”:本科目属于资金来源结算类科目,用来核算建设单位收到有偿调入设备、材料及有偿转入的未完工程而发生的应付款项(见图3-6)。

本科目应设置“调入设备”“调入材料”和“转入未完工程”三个明细科目进行核算。

借　　　　应付有偿调入器材及工程款	贷
归还的有偿调入器材及工程款(“银行存款”)	有偿调入设备、材料和有偿转入的未完工程而发生的应付账款(“库存设备”“库存材料”“建筑安装工程投资”等)
	余额:尚未归还的有偿调入器材及工程款

图3-6　应付有偿调入器材及工程款

【例3-1】　购入需要安装设备磨床一台,买价13 500元,供应单位代垫运费500元,设备买价和运杂费经设备供应部门审核后已从存款户支付。应做如下会计分录:

借:器材采购——设备采购　　14 000

　贷:银行存款　　14 000

设备入库时,先按预定分配率2.5%计算分配应负担的采购保管费350元。应做如下会计分录:

借:器材采购——设备采购　　350

　贷:采购保管费——设备　　350

并根据“设备入库单”,按该需要安装设备实际成本14 350元(13 500+500+350)。应做如下会计分录:

借:库存设备——磨床　　14 350

　贷:器材采购——设备采购　　14 350

【例3-2】　采购不需要安装设备汽车3辆,买价计33 000元,供应单位代垫运杂费1 000元,货款已从存款账户支付,但设备尚未运到,或虽已到达而尚未验收入库。应做如下会计分录:

借:器材采购——设备采购　　34 000
　贷:银行存款　　34 000

当在途设备到达验收入库时,按预定分配率2.5%计算其应分摊采购保管费850元。应做如下会计分录:

借:器材采购——设备采购　　850
　贷:采购保管费——设备　　850

根据设备入库单,将不需要安装设备入库。应做如下会计分录:

借:设备投资——不需要安装设备　　34 850
　贷:器材采购——设备采购　　34 850

【例3-3】 将库存不需要安装设备3台,作价34 500元有偿拨给甲单位,实际成本为34 850元,代垫运杂费250元从银行存款账户支付,根据设备出库单和调拨单,应做如下会计分录:

借:应收有偿调出器材及工程款——甲单位　　34 500
　待摊投资——器材处理亏损　　350
　贷:设备投资——库存不需要安装设备　　34 850

根据运杂费结算凭证,应做如下会计分录:

借:应收有偿调出器材及工程款——甲单位　　250
　贷:银行存款　　250

根据银行收账通知,收到调出设备价款和代垫运杂费时,应做如下会计分录:

借:银行存款　　34 750
　贷:应收有偿调出器材及工程款——甲单位　　34 750

【例3-4】 设备采购保管费实际发生情况:设备供应部门及仓库人员工资600元,领用材料260元,支付采购保管费用150元,从存款户付讫,计提固定资产折旧180元,工会经费12元。应做如下会计分录:

借:采购保管费——设备　　1 202
　贷:应付职工薪酬　　600
　　库存材料　　260
　　银行存款　　150
　　累计折旧　　180
　　其他应付款——工会经费　　12

【例3-5】 经批准转销采购器材在途中无法收回超定额损失,其中设备4 680元,材料2 400元。应做如下会计分录:

借:采购保管费——设备　　4 680
　　　　　　——材料　　2 400
　贷:待处理财产损失——设备　　4 680
　　　　　　　　　——材料　　2 400

(二)明细分类核算

建设单位设备的明细核算是由设备仓库和财会部门具体分工共同配合进行的。为正确计算采购设备的实际成本,验收入库时应及时结转各种设备采购成本。为反映和考核各种设备收、发、存动态情况，设备的明细核算要分为设备仓库的库存设备明细核算和财会部门器材采购、采购保管费、库存设备、设备投资明细核算两部分内容。

1. 设备仓库的明细核算

设备仓库应按每一项设备名称、型号、规格设置数量金额式“设备明细账”进行核算。设备明细账上的数量，由仓库保管员在设备入库和出库后，根据“设备入库单”和“设备出库单”逐笔登记，并结出结存量。财会人员定期到设备仓库进行稽核，负责计价，登记明细账上的金额，并在月底时进行核算，做到账证相符、账账相符、账实相符。

月末，财会人员要同仓库保管人员共同核对账目，设备仓库的全部需要安装设备明细账的结存金额之和，应与财会部门“库存设备”科目余额核对相符；设备仓库的全部不需要安装设备明细账的结存金额之和，应与财会部门“设备投资——库存不需要安装设备”科目余额核对相符；设备仓库全部工器具明细账结余金额之和，应与财会部门“设备投资——工器具”科目余额核对相符。

2. 财会部门的明细核算

财会部门需设置“器材采购”“采购保管费”“库存设备”“设备投资”明细账。器材采购明细账可按设备、进口设备分别设置。

在“采购保管费”科目下设置“设备”“材料”“进口设备”“进口材料”四个明细科目，能够分清费用负担对象的，直接计入这四个明细科目，分不清负担对象的，按当月购入国内设备、材料总额比例，分摊计入这四个明细科目。

第二节　材料的核算

一、材料的分类和计价

1. 材料的分类

基本建设用的材料，品种规格繁多，为了便于管理和核算，必须进行科学的分类。材料按其在施工过程中的用途不同，一般可以分为以下六类：

(1)主要材料指用于建筑安装工程并构成工程实体的各种材料。如木材、水泥、钢材、砖、瓦、白灰、黄砂、石子等。

(2)结构件指经过吊装、拼砌和安装就能构成房屋和建筑物实体的各种金属的、钢筋混凝土的、混凝土的和木质的结构物、构件和砌块。如钢屋架、木窗门、钢筋混凝土预置梁等。

(3)机械配件指供施工机械、运输设备等替换、维修需用的零配件。如轴承、齿轮、阀门等。

(4)其他材料指虽不构成工程实体，但有助于工程形成或便于施工进行的各种材料。如燃料、油料等。

(5)周转材料指在施工中能多次周转反复使用的而其价值逐渐转移到工程成本中去的工具型材料、材料型工具。如模板、安全网等。

(6)低值易耗品指使用期限不满一年或单位价值不满规定限额，不能作为固定资产的各种工具、用具和劳保用品。如铁锹、手套等。

2.材料的计价

为了反映和监督材料资金的增减变动情况，必须对每一种材料进行货币计价。建设单位的材料，主要来源于采购，其次是自制和委托外单位加工。材料采购成本，按照现行制度规定，应包括如下内容：

(1)买价指供应单位发票所列示的价格，包括原价、供销部门的手续费和增值税。

(2)运杂费指材料自采购地运到工地仓库所发生的包装、运输、装卸等费用。

(3)采购保管费指为采购、验收、保管和收发材料所发生的各种费用。

材料的买价，应通过“器材采购”科目直接计入各种材料的采购成本。材料的运杂费，能分清是哪种材料发生的，也通过“器材采购”科目直接计入该材料的采购成本；如果是几种材料共同发生的，不能分清的，应按材料的重量或价值比例，通过“器材采购”分配计入各种材料的采购成本。材料的采购保管费，则要按一定的分配方法，通过“器材采购”分配计入各种材料的采购成本。

自制材料的成本，应包括自制过程中发生的材料费、人工费和其他费用。

委托加工材料的成本，应包括加工所需的材料费、加工费和往返费用。

二、材料的核算——按计划成本计价

1.材料购进的核算

对于材料收发业务较频繁、材料品种较多的建设单位，制度规定应采用计划价格来核算。材料计划价格，一般可以根据地区材料预算价格确定。如果某一种材料没有预算价格，则可以参照同类材料的预算价格或者用该种材料第一次购进的实际成本作为计划价格。

外购材料如果采用委托收款结算方式办理货款结算，财会部门应于收到银行转来的委托收款凭证和发票等单证后，送供应部门审核并同意支付后，据以办理货款的结算。在审核有关凭证或验收货物时，如果发现货物品种、数量和货款计算不符合合同规定的条款或发生其他差错，应按规定办理全部拒付或部分拒付手续；如果发现应由供应单位或运输单位负责的材料短缺和毁损，则应填制赔偿请求单，提交对方要求赔偿。

外购材料到达时，材料供应部门应填制“收料单”，组织有关人员认真办理验收入库手续。

材料仓库保管员应根据“收料单”所列数量，通过过磅、量方、检尺等方法进行验收，发现问题及时查明原因，通知有关部门处理。

“收料单”通常为一式三联，一联交材料供应部门存查，一联留材料仓库登记材料明细账，一联交财会部门作为材料核算的依据。

> 讨论：
>
> 材料购进的流程(包括参与材料购进的部门、流转的单据、具体业务流程)。

财会部门在材料采购的账务处理上，应设置“器材采购”科目、“库存材料”科目、“采购保管费”科目和“材料成本差异”科目。这四个科目都属资金占用类科目。

下面主要介绍“库存材料”科目。

“库存材料”科目应按材料的存放地方、类别、名称、规格设置有数量有金额的明细账进行核算(见图 3-7)。

借　　　　库存材料	贷
1.购入并经验收入库的材料,按计划价格成本登记 (“器材采购——材料”)	1.发出领用材料时,按计划价格成本登记 (“建筑安装工程投资”)
2.转账拨入已验收入库的材料,按计划价格成本登记(“基建拨款——本年器材转账拨款”)	2.以材料抵作备料款支出时,按计划价格成本登记 (“预付备料款”)
3. 委托加工或自制材料收入后,按计划价格成本登记(“委托加工器材——材料”)	3.转账拨出材料时,按计划价格成本登记 (“基建拨款——本年器材转账拨款”)
4.清查盘盈材料,按计划价格登记 (“待处理财产损失——待处理材料损失”)	4.销售和处理积压剩余材料,按计划价格成本登记 (“应收有偿调出器材及工程款”)
	5. 盘亏和毁损材料时,按计划价格成本登记 (“待处理财产损失”)
余额:表示库存实有材料的计划价格成本	

图 3-7　库存材料

“采购保管费”科目,除了要按“采购保管费——设备”“采购保管费——进口器材”及“采购保管费——材料”三个明细科目进行明细核算外,还要按照各费用项目进行明细核算。一般可设如下费用项目:工资、工资附加费、劳动保护费、办公费、差旅费、固定资产折旧和大修理费、低值易耗品使用费等。

对于当月发生的各项采购保管费,除了能分清由购入的某项材料负担而直接计入该项材料的器材采购成本外,其余都要按一定的分配方法进行分配。分配方法可以采用预定分配率或概算中所确定的采购保管费率计算分配。

采用计划成本核算的材料,发生的采购保管费,应在月份终了时,全部依次分配计入“器材采购——材料”科目;采用实际成本核算的材料,在材料入库时,则按预定分配率分配计入“器材采购——材料”科目。年末或工程竣工时,实际发生的材料采购保管费和预定分配数的差额,一般全部转入“建筑安装工程投资”科目,实际发生数大,用蓝字登账,实际发生数小,用红字登账。

2.材料发出的核算

材料按计划成本进行核算时,各种材料凭证和领料凭证都要按计划成本计价。常用的领料凭证有“领料单”和“定额领料单”以及“大堆材料耗用计算表”。

(1)领料单。它是一种一次有效凭证,即每领一次材料就需填制一张凭证。“领料单”格式见表 3-2。

表 3－2　领料单

领料单位：　　　　　　　　　　　　　　　　　　　　　　　　　　　发料仓库：
用途：　　　　　　　　　　　　　　年　月　日　　　　　　　　　　材料类别：

材料名称	规　格	单　位	数　量		计划价格		备　注
			请　领	实　发	单　价	总　价	

领料部门负责人：　　　　　　　　　　　领料人：　　　　　　　　　　　保管员：

“领料单”一般为一式三联，领料后一联留仓库记材料保管账，另一联交财会部门作为核算材料发出业务的依据，还有一联由领料部门保管。

为正确反映工程成本，期末或工程竣工时，都应通过盘点，办理剩余材料的退库手续。竣工后的剩余材料应用红字填制“领料单”，把材料退回材料仓库。期末对下期不需用的剩余材料，应该办理退料手续。

讨论：

材料发出的流程（包括参与材料发出的部门、流转的单据、具体业务流程）。

(2)定额领料单（也称限额领料单）。它是一种多次使用的累计领料凭证，适用于有消耗定额或限额的材料。其格式见表 3－3。

表 3－3　定额领料单

工程名称：
任务单编号：
工 程 量：　　　　　　　　　　　　　年　月　日　　　　　　　　　　施工班组：

材料名称	规　格	单　位	定额用量	分期用量					实发数量	计划单价	计划总价

工地负责人：　　定额员：　　发料仓库：　　发料人：　　领料人：

“定额领料单”通常一式二联，一联交领料部门作为领料凭证，另一联交仓库备料作为发料依据。期末，仓库应将使用部门持有的一联收回，并和仓库保存的一联核对相符，其中一联留仓库记材料保管账，另一联交财会部门作为核算材料发出业务的依据。

(3)大堆材料耗用计算表。露天堆放的砖、瓦、砂、石等大堆材料，在实际领用时通常无法准确地点数计量，而且同一大堆材料又往往用于几项工程。因此，一般需要按月（或季）通过实地盘点按实存量和进场量来倒轧计算其实际用量，并根据各项工程材料定额用量的比例分配实际用量，编制“大堆材料耗用计算表”，作为领料凭证。“大堆材料耗用计算表”的格式见表3－4。

表 3－4　大堆材料耗用计算表

20××年 5 月份

材料名称及规格	碎　石
计划单价/单位	11 元/m^3
期初盘存量	14
加：本期进场量	26
减：本期调出量	
期末盘存量	11.5
本期实际用量	28.5

成本核算对象	分部分项工程	完成工作量	消耗定额	定额用量/m^3	分配/(%)	实际用量/m^3	用料金额/元
教学楼	钢筋混凝土柱	20m^3	0.9	18	95	17.1	188.10
图书馆	毛石混凝土基础	20m^3	0.6	12	95	11.4	125.40
合　计				30	95	28.5	313.50

施工员：　　　　　　　　材料员：　　　　　　　　班组长：

在表 3－4 中，材料实际用量在各成本核算对象之间的分配计算公式如下：

$$分配率=\frac{材料实际用量总和}{各项工程材料定额用量总和}\times 100\%=\frac{28.5}{18+12}\times 100\%=95\%$$

$$某工程材料实际用量=该工程材料定额用量\times 分配率$$

三、材料的核算——按实际成本计价

对于一些材料品种较简单、收发业务不频繁的出包建设单位或小型自营施工建设单位，其材料的收发核算，可以采用按实际成本计价的方法。在材料按实际成本核算时，各种收料凭证和领料凭证都用实际成本计价。“库存材料”科目也用实际成本记账。

(一)材料实际成本的构成

材料的实际成本可分为外购材料的实际成本、自制材料的实际成本和委托外单位加工材料的实际成本。

1. 外购材料的实际成本

外购材料的实际成本包括买价、外地运杂费、运输途中的合理损耗、入库前的挑选整理费用(包括整理挑选发生的净损失)、大宗材料的市内运输费用和其他费用。

2. 自制材料的实际成本

自制材料的实际成本，包括制造过程中耗用的原材料、工资、动力和其他费用。

3. 委托加工材料的实际成本

委托外单位加工材料的实际成本，包括委托外单位加工材料的原实际成本、支付给外单位的加工费和外地运输费。

(二)实际成本法下账户的设置要求

材料按实际成本计价，指从收发凭证到明细分类账和总分类账，全部按实际成本计价。

材料按实际成本计价的总分类核算，应设置“器材采购——材料”“库存材料”和“采购保管费——材料”账户。

“器材采购——材料”账户，用来核算企业已经付款或已开出承兑的商业汇票，但尚未到达或尚未验收入库的原料。该账户的借方登记已支付或已开出承兑的商业汇票的材料货款，贷方登记已验收入库的材料。余额在借方，表示已经付款或已开出承兑的商业汇票，但尚未验收入库的在途材料资金占用金额。该账户按供货单位设置明细账户，进行明细分类核算。

“库存材料”账户，用来核算企业库存的各种原材料，包括主要材料、结构件、机械配件、其他材料、周转材料和低值易耗品。该账户的借方登记外购、自制、委托加工完成、盘盈等原因而增加的原材料的实际成本；贷方登记发出、领用、对外销售、盘亏、毁损等原因而减少的原材料的实际成本；余额在借方，表示月末库存原材料的实际成本。

（三）实际成本法下购进材料的核算

企业从外部购入材料时，根据发票账单等票据，按采购材料的实际成本，借记“器材采购——材料”账户，贷记“应付器材款”“应付票据”“银行存款”等账户，同时分摊采购保管费。材料验收入库时，借记“库存材料”，贷记“器材采购——材料”。

【例 3－6】 1月8日，海州市游泳馆向海洲物资有限公司购进325＃水泥200吨，单价320元，金额64 000元；425＃水泥200吨，单价380元，总价76 000元；525＃水泥100吨，单价450元，金额45 000元，总金额185 000元，开出银行转账支票支付，同时水泥验收入库，现金支付装卸费1 000元。采购保管费率按2.5％计算。

（1）收到采购账单付款。

借：器材采购——材料（水泥）　　185 000

　　贷：银行存款　　185 000

（2）支付装卸费。

借：器材采购——材料（水泥）　　1 000

　　贷：库存现金　　1 000

（3）分摊采购保管费。

借：器材采购——材料（水泥）　　4 650

　　贷：采购保管费　　4 650

（4）验收入库。

借：库存材料——水泥　　190 650

　　贷：器材采购——材料（水泥）　　190 650

【例 3－7】 海州市游泳馆向杭州西子有限公司订购钢材一批，货款800 000元，于1月2日支付货款，1月18日收到发票和提货单。

（1）1月2日支付货款。

借：预付备料款——杭州西子有限公司　　800 000

　　贷：银行存款　　800 000

（2）1月18日收到发票和提货单。

借：器材采购——材料（钢材）　　800 000

　　贷：预付备料款——杭州西子有限公司　　800 000

【例 3-8】 1月18日，海州市游泳馆向杭州胜利木材加工厂购进木材一批，总价50 000元，收到发票和提货单，货款未付。

借：器材采购——材料（木材）　　50 000

　　贷：应付器材款——杭州胜利木材加工厂　　50 000

（四）实际成本法下领用材料的核算

材料领用是指根据基本建设项目的需要领用的库存材料。在市场经济条件下，同一库存材料的购进价格不一定相同，如何确定领用材料的价格是材料领用核算的关键环节。根据基本建设单位会计的特点和基本建设财务管理的有关规定，材料领用的计价方法可以采用个别计价法、先进先出法、后进先出法、加权平均法、移动加权平均法等发出材料计价方法。

思考：

基本建设单位会计中材料的分类与工业会计中材料分类的比较。

第三节　工资的核算

建设单位的工资是按照职工的工作数量和质量，以货币形式支付给职工的劳动报酬。它也是国家借助于货币形式进行个人消费品分配的一种基本形式。建设单位工资发放的对象主要是筹建机构的管理人员，供应部门、生产培训等部门服务人员以及一部分临时聘用人员。

一、工资总额的组成

建设单位的工资总额，是指在一定时期（通常指1年）内实际支付给全部职工的劳动报酬总额。在我国，国家统计局对工资总额的组成内容作了统一规定，明确地划分了工资性质的支出和非工资性质支出的界限。建设单位必须严格按照国家的规定进行工资的核算。工资总额主要包括下列内容：

（1）计时工资指按计时工资标准（包括地区生活费补助）和工作时间支付给个人的劳动报酬。包括：①对已做工作按计时工资标准支付的工资；②实行结构工资制的单位，支付给职工的基础工资和职务（岗位）工资；③新参加工作职工的见习工资（学徒的生活费）。

（2）计件工资指根据规定的计件单价，按照已完成的工作量计算支付给职工的劳动报酬。包括实行超额累进计件、直接无限计件、限额计件、超定额计件等工资制，按劳动部门或主管部门批准的定额和计件单价支付给个人的工资；按工作任务包干办法支付给个人的工资；按营业额提成或利润提成办法支付给个人的工资。

（3）奖金指支付给职工的超额劳动报酬和增收节支的劳动报酬，包括生产奖、节约奖、劳动竞赛奖等。

（4）津贴和补贴指为了补偿职工特殊或额外的劳动消耗和因其他特殊原因支付给职工的津贴、保健性津贴、技术性津贴、年度津贴和其他津贴，以及为了保证职工工资水平不受物价上涨或变动影响支付的各种补贴。

(5)加班加点工资。

(6)特殊情况下支付的工资,包括:①根据国家规定,因病、工伤、产假、计划生育假、婚丧假、事假、探亲假、定期休假、停工学习、执行国家或社会义务等原因,按计时工工资标准或计件工资标准的一定比例支付的工资;②附加工资、保留工资。

工资总额中,不包括以下支出:①根据国务院有关规定颁发的创造发明奖、自然科学奖、科学技术进步奖和支付的合理化建议和技术改造奖等;②有关劳动保险和职工福利方面的各项费用,如职工死亡丧葬费及抚恤费、医疗卫生费或公费医疗费、职工生活困难补助费、集体福利事业补贴、工会文教费、集体福利费、探亲路费、冬季取暖补贴、上下班交通补贴和洗理费等;③有关离休、退休、退职人员待遇的各项支出;④劳动保护各项支出,包括工作服、手套等劳保用品以及由劳动保护费开支的保健食品待遇;⑤稿费、讲课费及其他专门工作报酬;⑥出差伙食补助费、误餐补助、调动工作的旅费和安家费;⑦对自带工具、牲畜来工作的职工所支付工具、牲畜等的补偿费用;⑧实行租赁经营单位的承租人的风险性补偿收入;⑨对购买本企业股票和债券的职工所支付的股利(包括股金分红)和利息;⑩劳动合同制职工解除劳动合同时由企业支付的医疗补助费、生活补助费等;⑪因录用临时工而在工资以外向提供劳动力单位支付的手续费或管理费;⑫支付给家庭工人的加班费和按加工订货办法支付给承包单位的承包费用;⑬支付给参加企业劳动的在校学生的补贴;⑭计划生育独生子女补贴。

建设单位必须严格遵守有关工资基金管理的规定,接受开户银行的监督,不得虚报、瞒报实际发生的工资总额。发放工资必须从银行提取现金,不能从本单位收入的现金中直接支付。对于在发放工资时未领的待领工资,应当在发放工资后的3天内存入中国建设银行,不能挪作他用。

二、工资的计算

工资总额的计算原则应以直接支付给职工的全部劳动报酬为依据。目前基本建设单位的工资计算采用以下两种形式,即

1. 以计时工资为主的应付工资的计算

应付工资=计时工资+奖金+津贴和补贴+加班加点工资+特殊情况下支付的工资

2. 以计件工资为主的应付工资的计算

计件工资=计件单价×合格产品的数量

应付工资=计件工资+津贴和补贴+特殊情况下支付的工资

三、工资的核算

1. 工资结算汇总表的编制

为了同职工办理工资结算手续,可按各基层单位编制“工资结算表”(或按每一职工设立工资卡片),计算每一职工的应付工资、代扣款项和实发金额。“工资结算表”通常一式三份:一份由劳动工资部门存查;一份按每一职工裁成单条,连同工资一并发给职工,以便核对;一份由职工签章后作为财会部门工资结算和支付的凭证,也作为工资结算的明细核算记录。“工资结算表”的格式见表3-5。

表 3-5 工资结算表

部门 20××年5月份 单位:元

序号	姓名	月工资标准	日工资标准	缺勤天数/天	基本工资				辅助工资					劳保工资	应付工资	代扣款项				实发金额	收款人签章
					标准工资	附加工资	加班津贴	合计	副食品补贴	病伤产假	探公婚丧假	其他	合计			养老金	公积金	职工房租	合计		
1	张伟	1 365	65	3	1 170	100		1 270	130				130		1 400	126	98	20	244	1 156	
2	赵明	1 155	55	2	1 045	80		1 125	130				130		1 255	113	88	20	221	1 034	
3	李红	945	45		945	60		1 005	130				130		1 135	102	79		181	954	

根据各基层单位的工资结算表,即可汇总编制“工资结算汇总表”。“工资结算汇总表”格式见表3-6。

表3-6 工资结算汇总表

20××年5月份　　　　单位:元

单位、部门和人员类别	基本工资	辅助工资	劳保工资	应付工资	代扣款	实发金额
建设单位筹建机构						
管理人员		15 000		53 000	2 000	51 000
材料仓库人员	38 000	700		2 700	500	2 200
设备仓库人员	2 000	750		3 250	500	2 750
医务福利人员	2 500	500		2 200	400	1 800
生产职工培训人员	1 700	4 000		24 000	1 500	22 500
长病假人员	20 000		1 200	1 200	50	1 150
编外人员		3 000		3 000	200	2 800
合　计	64 200	23 950	1 200	89 350	5 150	84 200
所属不实行独立核算的施工部门						
建筑安装工人	30 000	12 000		42 000	1 700	40 300
机械施工人员	7 500	3 200		10 700	800	9 900
管理服务人员	10 000	3 000		13 000	900	12 100
医务、保育人员	2 100	600		2 700	450	2 250
合　计	49 600	18 800		68 400	3 850	64 550
总　计	113 800	42 750	1 200	157 750	9 000	148 750

在“工资结算汇总表”中,应付工资总额反映工资基金支出数,实发金额则反映以现金支付的数额。

财会部门在进行工资的账务处理时,需设置“应付职工薪酬”科目,这是一个资金来源科目,核算建设单位及所属部门应付给职工的工资总额。同时,应按职工类别和工资的组成内容进行明细核算(见图3-8)。

借　　　　应付职工薪酬　　　　贷

1. 用现金支付给职工的各种工资 2. 从职工工资中扣还的各种款项 （“其他应付款”等）	月终时,将应付工资(或福利费)按支出用途分配计入各有关科目(“待摊投资等”)
余额:实发工资大于应付工资的差额	余额:应付工资(或福利费)大于实发工资的差额

图3-8 应付职工薪酬

现举例说明工资结算业务的账务处理方法。

假设某基建投资借款单位根据“工资结算单”编制本月“工资结算汇总表”,并据以发放当月工资。其账务处理方法如下:

【例3-9】 从贷款户(投资借款)提取现金148 750元,准备发放工资。应做如下会计分录：

借：库存现金　148 750

　贷：基建投资借款　148 750

【例 3-10】 发放工资，实际发出工资 148 750 元。应做如下会计分录：

借：应付职工薪酬　148 750

　贷：库存现金　148 750

【例 3-11】 根据“工资结算汇总表”及扣款通知单，扣回职工的各种代扣款。应做如下会计分录：

借：应付职工薪酬　9 000

　贷：其他应付款——代扣款　9 000

【例 3-12】开出转账支票，从贷款户归还各项代扣款。应做如下会计分录：

借：其他应付款——代扣款　9 000

　贷：基建投资借款　9 000

讨论：

工资计算、发放的流程（包括参与的部门、计算依据及发放环节）。

2. 工资分配的核算

建设单位及所属部门每月应付职工的工资总额，不论当月是否已经支付，都应全部计入建设成本、工程成本或有关支出。各类人员的工资，一般按其服务对象进行分配。建设单位管理机构的工作人员工资，应计入“待摊投资——建设单位管理费”明细科目；设备或材料的采购、保管人员的工资，应计入“采购保管费——设备（或材料）”明细科目；医务福利人员的工资，应计入“应付职工薪酬——福利费”科目，生产职工培训人员的工资，应计入“其他投资——递延资产”明细科目，长病假人员的工资，应计入“待摊投资——建设单位管理费”明细科目；编外人员的工资，应计入“待摊投资——其他待摊投资”明细科目，建设单位如有所属不独立核算的施工部门，那么建筑安装工人的工资，应计入“工程施工——××工程——人工费”明细科目；机械施工人员工资，应计入“工程施工——机械使用费”明细科目；管理服务人员的工资，应计入“工程施工——施工管理费”明细科目；医务保育人员的工资，应计入“应付职工薪酬——福利费”科目。工资分配的账务处理，一般是根据“工资分配汇总表”进行的（见表 3-7）。

【例 3-13】 月末，根据“工资分配汇总表”，应做如下工资分配的会计分录：

借：待摊投资——建设单位管理费　54 200

　　　　　——其他待摊投资　3 000

　采购保管费——材料　2 700

　　　　　——设备　3 250

　应付职工薪酬——福利费　4 900

　其他投资——递延资产　24 000

　工程施工——××工程（人工费）　42 000

　　　　——××工程（机械使用费）　10 700

　　　　——××工程（施工管理费）　13 000

　贷：应付职工薪酬——工资　157 750

表 3－7　工资分配汇总表

20××年 5 月份

单位：元

会计科目	建设单位筹建机构							所属不实行独立核算的施工部门				合　计
	管理人员	材料仓库人员	设备仓库人员	医务福利人员	生产职工培训人员	长病假人员	编外人员	建筑安装工人	机械施工人员	管理服务人员	医务保育人员	
待摊投资												
——建设单位管理费	53 000					1 200						54 200
——其他待摊投资							3 000					3 000
采购保管费												
——材料		2 700										2 700
——设备			3 250									3 250
应付职工薪酬——福利费				2 200							2 700	4 900
其他投资												
——递延资产					24 000							24 000
工程施工												
——××工程——人工费								42 000				42 000
——机械使用费									10 700			10 700
——施工管理费										13 000		13 000
合　计	53 000	2 700	3 250	2 200	24 000	1 200	3 000	42 000	10 700	13 000	2 700	157 750

此外，建设单位如发生一些不属于以上范围内的工资支出，则也要按其支出的具体内容相应分配计入有关科目。如水产和畜牧业建设单位，对购入鱼苗或役畜进行培育和饲养，其培育、饲养人员的工资，应计入“其他投资——鱼苗支出”或“其他投资——役畜”明细科目；如园林建设单位基建绿化人员的工资，应计入“其他投资——林木支出”明细科目；如非园林建设单位的基建绿化人员工资，应计入“建筑安装工程投资”科目。

课后练习题

一、判断题

1. 建设单位的设备是指根据基本建设投资计划，由建设单位取得的设施、工具和器具。（　）

2. 按照设备在基本建设中的工作内容分类有需要安装设备、不需要安装设备和工器具。（　）

3. 采购设备的实际成本由以下内容构成：买价、运杂费和采购保管费。（　）

4. “领料单”一般为一式二联，领料后一联留仓库记材料保管账，另一联交财会部门作为核算材料发出业务的依据。（　）

5. 工资总额的组成内容有计时工资、计件工资、奖金、津贴和补贴，加班加点工资和特殊情况下支付的工资。（　）

6. “工资结算表”通常一式两份：一份由劳动工资部门存查；一份按每一职工裁成单条，连同工资一并发给职工。（　）

二、实务题

习题一　设备采购保管费实际发生情况：设备供应部门及仓库人员工资800元，领用材料260元，支付采购保管费用150元，以存款户付讫，计提固定资产折旧180元，工会经费20元，请根据以上情况做出会计分录。

习题二　某基本建设单位向某公司订购钢材一批，货款100 000元（通过转账支付），请根据以上情况做出基本建设单位的会计分录。

习题三　某基本建设单位向某公司订购一批木材，价值10 000元，收到发票和提货单，请根据以上情况做出基本建设单位的会计分录。

习题四　从贷款户（投资借款）提取现金148 500元，准备发放工资，请根据以上情况做出会计分录。

第四章　基本建设投资的核算

重点：建筑安装工程投资、设备投资、其他投资、待摊投资的会计业务处理

难点：转出投资和待核销基建支出的核算

掌握：建筑安装工程投资、设备投资、其他投资、待摊投资的具体核算方法

基本建设投资是以货币表现的基本建设完成的工作量，是指利用国家预算内拨款、自筹资金、国内外基本建设贷款以及其他专项资金进行的，以扩大生产能力(或新增工程效益)为主要目的的新建、扩建工程及有关的工作量。它是反映一定时期内基本建设规模和建设进度的综合性指标。

知识链接

(一)基本建设投资的意义

在社会主义经济中，基本建设投资在国民收入积累部分和国家财政支出部分都占很大比重，它是社会扩大再生产的源泉。国家在各个计划时期，规划基本建设投资的来源，决策基建投资的规模、发展速度、结构和重大建设项目。进行巨额的基本建设投资，目的在于增添社会的固定资产，扩大生产能力和效益，或对原有固定资产进行技术改造，以促进国民经济和社会的发展，增加国民收入，巩固国防，改善人民生活。

基本建设投资是按工程预算价格计划和计算的。基本建设投资额就是根据预算价格计算并以货币形式表现的固定资产建设活动的工作量，它是反映基本建设投资规模、方向和进度的综合性指标。基本建设投资额由建筑安装工程费用、设备购置费用和其他费用构成。安排基本建设投资，一般都着力于逐步降低厂房土建投资的比重，相应提高设备购置费用的比重。设备是生产性固定资产的最积极部分，提高生产技术水平，改善产品质量和效能，增加品种，降低消耗，主要靠工艺技术装备。尽量利用现有的建筑物，更新和添置更多的设备，就可以用较少的投资获得较大的投资效果。一些经济发达的国家，设备购置投资占到投资总额的45%～50%。中国在基本建设投资额的分配和使用上，设备购置投资所占比重较小，1953—1982年平均为31.4%，因此，改善基本建设投资的用途，潜力很大。

国民经济基本建设投资，分配使用于不同部门、不同地区和社会再生产的不同方面，构成不同的投资结构。合理的建设投资规模和投资结构对促进国民经济有计划按比例高效益地发展关系重大。

(二)基本建设投资的结构

基本建设投资是一定的经济关系和经济条件的产物，为一定的经济建设目标和发展战略服务。社会主义国家基本建设的投资结构，受社会主义基本经济规律和国民经济有计划按比例发展规律的制约，依据不同时期的国情国力，通过国家计划进行配置和调整。投资结构合理与否，是基本建设成败和投资效益高低的一个决定性因素。

中国在1950—1957年期间，由投资决策正确、投资结构比较合理，因而能够迅速改变历史遗留下来的畸形经济结构，建立了工业化的初步基础，使国民经济各部门比较协调地高速度发展。此后，由于投资方向片面强调发展重工业而挤掉其他部门，曾经两次发生国民经济比例关系失调，造成巨大浪费和损失。由此而进行的两次经济调整，主要通过合理调整投资方向和投资结构而使比例关系趋于协调。

基本建设投资结构包括各个方面的因素，从生产性建设投资来看，主要是产业部门结构、地区结构、技术结构。

1. 产业部门结构

基本建设投资的产业部门结构反映生产资料和生活资料两大部类之间的比例关系，使两大部类协调发展，是产业部门投资结构合理化的基本要求。在中国，适当增加农业、轻工业投资比重，一是更好地供给人民生活需要，二是更快地增加资金积累，因而也更多更好地发展重工业。若把重工业发展再与调整重工业内部投资比例关系结合起来，大力消除薄弱环节，就可促使农、轻、重互相协调发展。为此，在安排国民经济计划时，要求坚持以农、轻、重为序的方针，搞好综合平衡，促使部门投资结构合理化和国民经济各部门持续地稳定增长。

2. 地区结构

基本建设投资在全国各地区之间分配的比例关系，实质是工业布局问题。这是基本建设最重要的具有长远战略意义的问题。为使工业生产力按照统一的总体规划协调地分布于全国，保证地区投资结构的合理化，应该做到：①正确处理沿海工业和内地工业的关系，充分利用和发展沿海工业来积极支持和发展内地工业，逐步平衡工业布局。②首先在全国范围内建立完整的工业体系，各地区应根据资源条件和经济特点，发展水平不同各具特色的地方工业。③企业布点应接近原料、燃料产地和消费地区，以便能够用尽可能少的投资获得最大限度的经济效果。

3. 技术结构

按照技术进步的客观要求，确立基本建设投资分配的比例关系，实质是处理劳动密集型产业与技术密集型产业的关系问题。在中国的一个相当长的历史时期中，生产技术结构将是一个自动化、机械化、半机械化以至手工劳动并存的多层次结构。既要建设一批机械化自动化程度高、设备先进的企业，作为提高中国工业技术水平的主导力量；同时，由于中国人力资源丰富而又资金不足，不可能全部要求最新技术。从国外引进技术和进口设备，是促进中国技术发展的重要途径，但要有所选择，不能普遍搞成套设备进口，也不能盲目重复引进。

（三）基本建设投资的经济效果

影响基本建设投资效果的因素很多，如科学技术、经济、政治、组织管理和自然条件，等等。从经济管理角度考察，提高投资效果的措施贯穿于基本建设的全过程：①计划阶段是提高投资效果的首要环节，要贯彻量力而行的方针，正确确定基本建设规模；适当集中建设资金，保证重点建设；正确安排投资方向，改善投资的部门结构和再生产结构；安排好建设布局，在宏观计划指导下，扬长避短、发挥优势，不搞盲目建设、重复建设；搞好项目建设的进度安排，主体项目和配套项目同步。②在项目决策和设计阶段，围绕提高投资效果，选择最优建设方案，即对企业规模、厂址选择、生产工艺、设备选型、厂内总平面布局和建筑、结构方案进行研究分析和技术经济论证，遴选技术上先进、经济上合理的最优方案。③在施工阶段，提高投资效果的前提是缩短建设工期，降低工程成本和确保工程质量。为此，必须改革施工方法，搞好施工组织，加强经济核算。

完善基本建设管理体制，是全面提高基本建设投资效果的重要保证。1984 年，中国决定加快基本建设改革的步伐，着重推行基本建设项目投资包干责任制、工程招标承包制以及基本建设投资由拨款改为贷款，目的在于促使基本建设战线开创出一个工期短、质量优、投资省、效果好的新局面。

(四)我国基本建设投资的状况

在中国,全民所有制单位基本建设投资分预算内、预算外两部分。预算内投资又称国家投资,即国家预算直接安排的基本建设投资,占基本建设投资总额的主要部分,投资采用财政拨款形式;预算外投资包括地方、部门、企业的自筹基本建设投资等。从1985年起,预算内财政拨款形式的投资改为银行贷款的形式。

第一节 建筑安装工程投资的核算

建筑安装工程是基本建设中的主体工程,包括建筑工程和安装工程。建设安装工程投资核算是对建筑工程和安装工程成本的分类归集,反映投资所形成的主体资产价值,监督投资资金使用的一项会计工作。为了做好建筑安装工程投资的会计核算,必须要了解建筑安装工程的核算范围、成本组成项目及其内容,熟悉建筑安装工程的管理要求。

一、建筑安装工程投资额的构成

建设单位实际支出的建筑安装工程投资在"建筑安装工程投资"科目进行核算。建筑安装工程投资额包括建筑工程投资额和安装工程投资额两部分。建筑工程投资额是指在一定时期内建筑业所生产的建筑产品的价值总量。建筑产品的特点是个体大、造型复杂、生产周期长,因此,它不能像工业产品那样,等全部完工后再计算产值,而是随着工程进度,按照已完工分部分项工程实物量计算投资额,以便正确地反映基本建设进度,并为建设单位与施工单位结算工程价款提供依据。安装工程投资额是指对需要安装设备加以装配并固定装置在一定的基座上或构筑物的支架上,所支付的安装加工价值总和,不包括安装设备的本身价值。

二、建筑安装工程投资的核算范围

建筑安装工程投资是建设单位按项目概算内容发生的建筑工程和安装工程的实际成本,不包括被安装设备本身的价值。建筑安装工程的核算范围基本分类如下:

1.建筑工程

(1)各种房屋(如厂房、仓库、办公室、住宅、商店、学校、俱乐部、食堂、车库、招待所等)和建筑物(如烟囱、水塔、水池等),包括列入建筑工程预算内的暖气、卫生、通风、照明、煤气、消防等设备的价值及其装饰工程,列入建筑工程预算内的各种管道(如蒸汽、压缩空气、石油、给水、排水等管道)、电力、电讯、电缆导线的敷设工程。

(2)设备的基础、支柱、工作台、梯子等建筑工程,炼铁炉、炼焦炉、蒸汽炉等各种窑炉的砌筑工程、金属结构工程。

(3)为施工而进行的建筑场地布置,原有建筑物和障碍物的拆除,土地平整、设计中规定为施工而进行的工程地质勘探,以及工程完工后建筑场地的清理和绿化工作等。

(4)矿井开凿工程,露天矿剥离工程,石油、天然气钻井工程,以及铁路、公路、桥梁等工程。

(5)水利工程,如水库、堤坝、灌渠等工程。

(6)防空、地下建筑等特殊工程。

2.安装工程

(1)生产、动力、起重、运输、传动和医疗、实验等各种需要安装设备的装配、装置工程,与设备相连的工作台、梯子、栏杆的装设工程,被安装设备的绝缘、防腐、保温、油漆等工程。

(2)为测定安装工程质量,对单体设备、系统设备进行单机试运行和系统联动无负荷试运行工作，但不包括投料试运行。

三、建筑安装工程费的组成

根据建设部、财政部关于印发《建筑安装工程费用项目组成》的通知（建标〔2013〕44 号）规定，建筑安装工程费按照工程造价形成由分部分项工程费、措施项目费、其他项目费、规费、税金组成，分部分项工程费、措施项目费、其他项目费包含人工费、材料费、放工机械使用费、企业管理费和利润等（见图 4－1）。

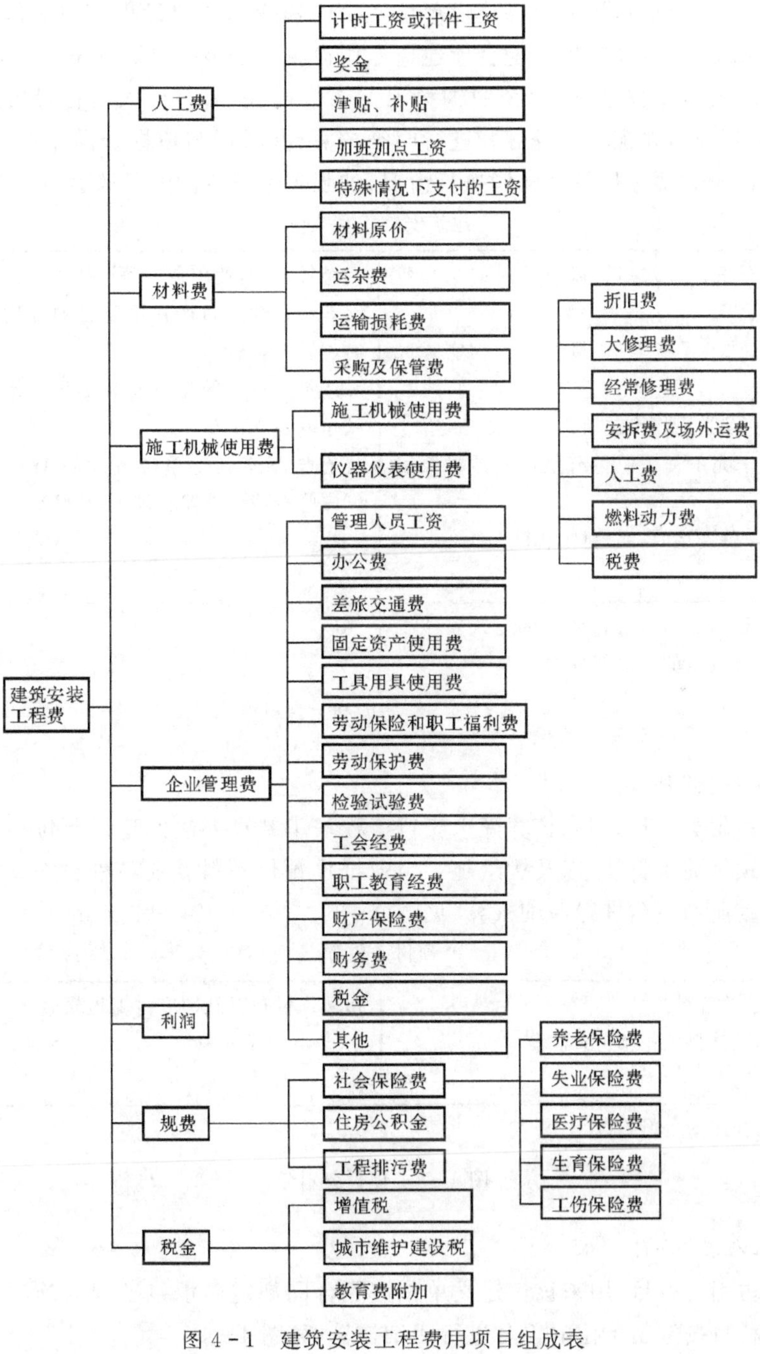

图 4－1　建筑安装工程费用项目组成表

四、建筑安装工程投资的核算

(一)会计科目

建设单位在进行工程价款的会计核算时,可设置"建筑安装工程投资""预付备料款""预付工程款""应付工程款"四个总账科目。

1."建筑安装工程投资"科目

属于资金占用类科目,用来核算建设单位发生的构成基本建设投资完成额的建造工程和安装工程的实际支出,以及为项目配套而建造专用设施所发生的投资支出。本科目应设置"建筑工程投资"和"安装工程投资"两个明细科目。一般情况下,会计人员在设置工程明细账户时,注意主体工程与附属配套工程分开进行明细核算,并考虑与招标合同相衔接,便于与有关施工单位结算以及方便考核各个合同执行情况,加强工程投资的财务监督(见图 4-2)。

借　　建筑安装工程投资	贷
1.出包工程根据工程价款结算账单承付的工程价款("应付工程款") 2.自营工程根据"工程施工"科目结转工程实际成本("工程施工") 3.为项目配套而建造专用设施所发生的投资支出 4.有偿转入的未完工程("应付有偿调入器材及工程款") 5.支付劳保支出等费用时("应付工程款") 6.其他	1.结转"交付使用资产"科目时("交付使用资产") 2.非经营性项目产权不归己的专用设施交付使用时("转出投资") 3.经批准报废的建筑安装工程("待摊投资"或"待核销基建支出") 4.有偿移交其他单位继续施工的建筑安装工程("应收有偿调出器材及工程款")
余额:未完工或已完工尚未交付使用的建筑安装工程投资(在建工程成本的组成部分之一)	

图 4-2　建筑安装工程投资

2."预付备料款"科目

属于资金占用类科目,用来核算尚未实行工程竣工结算办法的建设单位按照规定向承包工程施工企业预付的备料款,以及拨给施工企业抵作预付备料款的各种材料。本科目按收取备料款的施工企业的户名进行明细核算(见图 4-3)。

借　　预付备料款	贷
1.预付施工单位的备料款 2.按结算价格,以材料抵作预付备料款("库存材料")	扣回预付备料款("应付工程款")
余额:付出尚未扣回的备料款数	

图 4-3　预付备料款

3."预付工程款"科目

属于资金占用类科目,用来核算建设单位按照合同规定向承包工程的施工企业预付的工程进度款。本科目按施工单位的户名进行明细核算(见图 4-4)。

借　　　　　　　　预付工程款	贷
预付施工单位工程款时	办理工程价款结算从应付工程款中扣回预付工程款时
余额：预付尚未扣回的工程款	

图 4-4　预付工程款

4.“应付工程款”科目

属于资金来源类科目，用来核算建设单位按照基本建设工程价款结算办法和工程合同的有关规定，与施工企业办理工程价款结算时，应付给施工企业的工程款。本科目按施工单位的户名进行明细核算(见图 4-5)。

借　　　　　　　　应付工程款	贷
1. 扣回的预付备料款 2. 扣回的预付工程款 3. 支付应付工程款和随同工程价款一并结算的各项支出	1. 根据工程价款结算账单结算的应付工程价款(“建筑安装工程投资”) 2. 随同工程价款一并支付的临时设施费、施工机构转移费(“待摊投资”)
	余额：应付未付的工程款

图 4-5　应付工程款

(二)会计核算方法

1. 出包工程核算方法

出包工程是指通过招标等方式，将整个工程建设出包给施工企业，根据建设合同付款，验收结算。

(1)按照合同约定，预付备料款或工程款时，借记“预付备料款”“预付工程款”科目，贷记“银行存款”等科目。

(2)工程验收合格，收到施工企业提出的“工程价款结算账单”，确定承付的工程价款，借记“建筑安装工程投资”科目，贷记“应付工程款”科目；同时，结转预付的备料款和工程款，借记“应付工程款”科目，贷记“预付备料款”“预付工程款”科目。上述业务，也可以合并做一笔会计分录：借记“建筑安装工程投资”科目，贷记“预付备料款”“预付工程款”和“应付工程款”科目。

(3)主要业务举例。

【例 4-1】　海宁市游泳馆通过招标出包给海州建筑工程有限公司建设，实行“包工包料”，2014 年 1 月 3 日签订合同造价 6 500 万元，付款期限：工程开工付 30%，建筑形象进度到 50%时付 20%，工程结项后付 20%，工程竣工验收合格，造价经财政部门评审后付至总造价的 95%，留下 5%作为质量保证金，在使用 1 年后，无质量问题时付清。具体业务发生如下：

1)工程于 1 月 12 日开工，开具转账支票支付第一期工程款 30%，计 1 950 万元。

借：预付工程款——海州建筑工程有限公司　　　19 500 000

　　贷：银行存款　　　19 500 000

2)6 月 12 日，工程经浙江宏达建筑监理公司鉴定，工程形象进度达到 50%，开出转账支票工程款 20%，计 1 300 万元。

借:预付工程款——海州建筑工程有限公司　　13 000 000

　贷:银行存款　　13 000 000

3)9 月 10 日,工程结项,支付工程款 20%,计 1 300 万元。

借:预付工程款——海州建筑工程有限公司　　13 000 000

　贷:银行存款　　13 000 000

4)工程于 10 月 25 日验收合格,12 月 25 日经财政部门评审后工程总造价为 6 662 万元,按照合同约定至本期应付总额 6 328.9 万元,扣除前 3 期已经支付 4 550 万元,本期付款 1 778.9万元,转账支票支付。

Ⅰ.支付本期工程款。

借:预付工程款——海州建筑工程有限公司　　17 789 000

　贷:银行存款　　17 789 000

Ⅱ.工程竣工转账。

a.按照结算总额转账。

借:建筑安装工程投资——建筑工程投资(游泳馆)　　66 620 000

　贷:应付工程款——海州建筑工程有限公司　　66 620 000

b.工程交付使用。

借:交付使用资产——游泳馆建筑工程　　66 620 000

　贷:建筑安装工程投资——建筑工程投资(游泳馆)　　66 620 000

c.结转预付工程款账户。

借:应付工程款——海州建筑工程有限公司　　63 289 000

　贷:预付工程款——海州建设工程有限公司　　63 289 000

5)2014 年 10 月 26 日,使用期满 1 年,在质量保修期间,因质量问题维修费用 2.1 万元,已于 2013 年 9 月 23 日转账支票支付,剩余款项 331 万元开出转账支票付清。

Ⅰ.支付维修费。

借:应付工程款——海州建筑工程有限公司　　21 000

　贷:银行存款　　21 000

Ⅱ.支付工程款。

借:应付工程款——海州建筑工程有限公司　　3 310 000

　贷:银行存款　　3 310 000

2.自行建造工程核算方法

(1)自行建造工程是指建设单位自行施工的工程,根据实际发生的建筑安装工程的各项支出,借记“建筑安装工程投资”科目,贷记“库存材料”“银行存款”“库存现金”“应付职工薪酬”等科目。工程发生需要分摊的间接费用通过“待摊投资”科目核算,再分摊转入“建筑安装工程投资”科目;对于规模小的单一工程,可以在“建筑安装工程投资”科目下设置“施工管理费”明细科目进行核算,不需通过“待摊投资”核算。

(2)工程竣工,办妥竣工验收交接手续交付使用单位时,借记“交付使用资产”科目,贷记“建筑安装工程投资”科目。经批准的报废工程,需要核销工程支出的,借记“待核销基建支出”科目,贷记“建筑安装工程投资”科目。

(3)建筑单位按规定报经上级批准有偿移交给其他单位继续施工的未完成工程,借记“应收有偿调出器材及工程款”科目，贷记本科目。

(4)主要业务举例。

【例 4－2】 海州市游泳馆绿化工程按照设计方案，自行建造。发生下列费用：

1)支付场地整理费人工费用 20 000 元，现金支付。

借：建筑安装工程投资——绿化工程　　20 000

　贷：库存现金　　20 000

2)支付苗木费用 108 000 元，运输费 10 000 元，银行转账支付。

借：建筑安装工程投资——绿化工程　　118 000

　贷：银行存款　　118 000

3)支付购买工具 4 500 元，银行转账支付。

借：建筑安装工程投资——绿化工程　　4 500

　贷：银行存款　　4 500

4)向农民购买黄土 200m^3，单价 35 元，计 7 000 元，现金支付。

借：建筑安装工程投资——绿化工程　　7 000

　贷：库存现金　　7 000

5)购买固定木桩及绳索 900 元，现金支付。

借：建筑安装工程投资——绿化工程　　900

　贷：库存现金　　900

6)采购人员报销出差费用 1 100 元，现金支付。

借：建筑安装工程投资——施工管理费　　1 100

　贷：库存现金　　1 100

7)现金支付施工人员工资福利等费用 28 000 元，工资福利费中，工人 20 000 元，管理人员 8 000 元。

借：建筑安装工程投资——绿化工程　　20 000

　　　　　　　　　　——施工管理费　　8 000

　贷：库存现金　　28 000

8)支付场地清理费 1 200 元，工程验收费用 600 元，现金支付；

借：建筑安装工程投资——绿化工程　　1 200

　　　　　　　　　　——施工管理费　　600

　贷：库存现金　　1 800

9)按工程投资额缴纳税金：增值税税率 17%，城建税税率 7%，教育费附加征收率 3%，水利建设基金费率 1‰。

Ⅰ.工程直接投资额：

20 000＋118 000＋4 500＋7 000＋900＋1 100＋28 000＋1 800＝181 300(元)

Ⅱ.增值税：　181 300×17%＝30 821(元)

Ⅲ.城建税：　30 821×7%＝2 157.47(元)

Ⅳ.教育费附加：　30 821×3%＝924.63(元)

Ⅴ.水利建设基金：　181 300×1‰＝181.30(元)

Ⅵ.会计分录：

借:建筑安装工程投资——绿化工程(税金)　　34 084.4
　贷:应交税费——增值税　　30 821
　　　　——城建税　　2 157.47
　　其他应交款——教育费附加　　924.63
　　　　——水利建设基金　　181.30

10)工程交付使用,计算并结转投资成本。

Ⅰ.计算工程总成本:　181 300+779.59=182 079.59(元)

Ⅱ.会计分录:

借:交付使用资产——绿化工程　　182 079.59
　贷:建筑安装工程投资——绿化工程　　182 079.59

3.为项目配套而建造的专用设施核算

建设单位为项目配套而建造的专用设施包括专用铁路线、专用公路、专用通信设施、送变电站、地下管道、专用码头等,也在"建筑安装工程投资"科目核算。建造专用设施发生投资支出时,借记"建筑安装工程投资"科目,贷记"银行存款""库存材料"等科目。专用设施完工后,根据项目经营性质和产权归属,分别按下列情况进行处理:

(1)非经营性项目建造的产权不归属本单位的专用设施,计入转出投资,借记"转出投资"科目,贷记"建筑安装工程投资"科目;

(2)非经营性项目建造的产权不归属本单位的专用设施,作为社会公共设施,计入核销基建支出,借记"待核销基建支出",贷记"建筑安装工程投资"科目;

(3)产权归属本单位的专用设施,作为固定资产交付,借记"交付使用资产——固定资产"科目,贷记"建筑安装工程投资"科目。

(4)主要业务举例。

【例4-3】 海州市游泳馆建造一条500m的道路,作为附属建筑工程,由市政工程公司承建,经过工程审价部门审核,建设单位和施工单位共同确认工程结算造价1 200万元,转账支票支付。

1)支付工程款。

借:建筑安装工程投资——道路　　12 000 000
　贷:银行存款　　12 000 000

2)假设上述道路产权有三种情况,其处理是有明显区别:

Ⅰ.作为游泳馆专用道路,产权归游泳馆,计入交付使用资产。

借:交付使用资产——固定资产(道路)　　12 000 000
　贷:建筑安装工程投资——建筑工程投资(道路)　　12 000 000

Ⅱ.作为市政公用道路,产权归市政部门管理,作为转出投资处理。

借:转出投资——道路　　12 000 000
　贷:建筑安装工程投资——建筑工程投资(道路)　　12 000 000

Ⅲ.作为社会公共设施,产权不作归属,在批准核销之前应作为待核销投资处理。

借:待核销基建支出——道路　　12 000 000
　贷:建筑安装工程投资——建筑工程投资(道路)　　12 000 000

第二节　设备投资的核算

一、设备投资的分类和安装要求

(一)设备投资的分类

设备投资是建设单位发生的构成基本建设实际支出的各种设备的实际成本,包括交付需要安装设备,不需要安装设备和为生产准备的不够固定资产标准的工具、器具的实际成本。

需要安装设备是指必须将其整体或几个部位装配起来,安装在基础上或建筑物支架上才能使用的设备。如轧钢机、发电机、蒸汽锅炉、变压器、各种机泵、机床等。有的虽不要基础,但必须进行组装工作,并在一定范围内使用的,如生产用电铲、塔式吊、门式吊、皮带运输机等也包括在内。

不需要安装设备是指不必固定在一定位置或支架上就可以使用的各种设备,如电焊机、汽车、机车、飞机、船舶及生产上流动使用的变压机、泵等。

工具、器具是指生产和维修用的各种工具,试验室、化验室用的计量、分析、保温、烘干用的各种仪器,机械厂翻砂用的模型、锻模、热处理箱、工具台等。

(二)设备安装的入账要求

需要安装设备必须符合以下三个条件,才能正式开始安装,计算基本建设实际支出:①设备的基础和支架已经完成;②安装设备所必需的图纸资料已经具备;③设备已经运到安装现场,开箱检验完毕,吊装就位,并继续进行安装。符合以上三个条件,才能进行安装,且三个条件缺一不可。

关于假退料的讨论

1. 什么是"假退料"?
2. 为什么要办理"假退料"?
3. 如何办理"假退料"?

二、设备投资核算的内容

设备投资,是指建设单位按照项目概算内容发生的构成投资完成额的各种设备的实际成本,包括在安装设备,不需要安装设备和为生产准备的不够固定资产标准的工具、器具的实际成本。在安装设备,是指已具备正式开始安装条件的需要安装设备;不需要安装设备,是指不必固定在一定位置或支架上就可以使用的设备;工具及器具,是指新建单位或扩建单位的新建车间为生产准备的一套不够固定资产标准的工具、卡具、模具等。

要准确理解设备投资的概念,必须注意把握好以下三个层次:

(1)基本建设单位会计制度是以资金的用途分类,来核算基建成本的。"设备投资"就是专项核算用于设备及工器具采购方面支出的成本科目。一般来说,除列入房屋工程预算内的暖气、卫生、通风、照明、煤气、消防等设备的价值,应计入“建筑安装工程投资”科目,为进行可行性研究而购置的固定资产,以及购入办公室和生活用的家具、器具的价值,应计入“其他投资”科目,用零星购置费、基建投资或留成收入购置自用固定资产,应计入“固定资产”科目外,其他设备的购置,不管是否验收入库,也不管是否交付安装,最后都要通过“设备投资”科目来进行核算。

(2)这里所讲的“各种设备”是指在安装的需要安装设备、不需要安装设备和为生产准备的低于固定资产标准的工具及器具;所讲的“各种设备的实际成本”仅指上述设备的采购成本,而不包括设备的建筑成本和安装成本。需要安装设备的基础、支架等工程支出应作为建筑工程投资,所发生的安装费应作为安装工程投资,这两部分支出应在“建筑安装工程投资”科目核算。

(3)“设备投资”与交付使用资产中的“设备”含义截然不同,要注意两者在核算上的区别:前者是成本科目,只核算应计入基建成本的设备采购成本;后者是反映交付使用资产中的固定资产价值,核算时不仅要包括设备的采购成本,还应包括设备的建筑成本、安装成本以及应分摊的待摊投资等。

三、需要安装设备投资完成额的计算

需要安装设备应当在设备正式开始安装后才能计算其投资额。正式开始安装应同时具备以下三个条件:一是设备的基座和支架已经完成;二是安装设备所必需的图纸资料已经具备;三是设备已经运到安装现场,开箱检验完毕,吊装就位并继续安装。

在设备交付安装时,往往不能确定是否符合正式开始安装的三个条件,为了保证账实相符又能简化核算,现行制度规定,需要安装设备出库安装时,先根据出库单从“库存设备”科目的贷方转入“设备投资——在安装设备”科目的借方。到年终时,再对在安装设备进行盘点,如发现有不符合正式开始安装三个条件的,要办理假退库手续,用红字编制相同会计分录冲回,当年不得计算设备投资完成额。下年度初,再重新作交付安装的分录。

四、不需要安装设备及生产维修用工具、器具投资完成额的计算

不需要安装设备、生产用工具、器具时,一律从设备、工具、器具运到建设单位仓库或建设单位指定地点,并经验收入库后,即可计算设备投资完成额。至于订购的不需要安装设备或工具、器具,即使已付款,或已在途中,均不能计算其投资完成额。

对于购入时不能区分是否需要安装设备,一般可先作为需要安装设备入账,待确定为不需要安装设备时,再转入“设备投资——不需要安装设备”科目,计算投资完成额。

五、设备投资的核算

为了反映和监督设备及工具、器具投资额的实际支出,需要设置“设备投资”科目(见图4-6)。

“设备投资”科目应设置“在安装设备”“不需要安装设备”和“工具及器具”三个明细科目,分别核算交付安装的在安装设备、购置入库的不需要安装设备和生产用工具、器具。

设备投资

借	贷
1.需要安装设备出库交付安装 2.年终对不符合“正式开始安装”三个条件办理假退库手续(红字) 3.不需要安装设备和工具、器具验收入库 4.其他单位转入的需继续建设的设备投资 5.盘盈不需要安装设备和工具、器具	1.办理了交付验收手续,将在安装设备、不需要安装设备和工器具移交生产单位使用 2.构成设备投资的设备、工器具移交其他单位继续建设 3.对外处理和销售积压的构成设备投资的设备和工、器具 4.在安装设备报废,和不需要安装设备、工器具盘亏、毁损
余额:已构成投资完成额但尚未交付使用的设备实际价值。 (在建工程成本组成部分之一)	

图 4-6　设备投资

现举例说明设备投资的总分类核算如下:

【例 4-4】 将库存一批需要安装设备交付安装公司进行安装,设备实际成本 200 000 元。根据出库单应做如下会计分录:

借:设备投资——在安装设备　　200 000

　贷:库存设备　　200 000

【例 4-5】 年终时,对上项在安装设备进行盘点清查,发现其中价值 50 000 元的设备不符合开始安装的三个条件,应办理假退库手续。这时,应做如下会计分录:

借:设备投资——在安装设备　　50 000

　贷:库存设备　　50 000

新年度开始时,再做如下会计分录重新入账:

借:设备投资——在安装设备　　50 000

　贷:库存设备　　50 000

【例 4-6】 收到主管部门从本系统其他单位无偿调入汽车 1 辆,实际成本为 124 000 元,已验收入库。应做如下会计分录:

借:设备投资——不需要安装设备　　124 000

　贷:基建拨款——本年其他拨款　　124 000

【例 4-7】 接受单位填制“设备出库单”,领用汽车 1 辆,已办妥验收交接手续。根据“设备出库单”和“交付使用资产明细表”,应做如下会计分录:

借:交付使用资产——固定资产　　124 000

　贷:设备投资——不需要安装设备　　124 000

第三节 其他投资的核算

基本建设工程的其他投资是指除建筑安装工程投资、设备投资以外的由建设单位发生的构成基本建设实际支出的其他投资，包括为建设管理使用的房屋购置，新建单位办公生活用家具、器具购置以及为进行可行性研究而购置的固定资产和基本畜禽、役畜、林木等购置、饲养、培育支出以及取得各种无形资产和递延资产发生的支出。

一、其他投资分类和支出的基本规定

根据现行会计制度规定，其他投资一般包括以下内容：

(1)房屋购置指建设单位购置的在建设期间使用的办公用品和为生产使用部门购置的各种现成房屋。

(2)基本畜禽支出指新建的农牧业建设单位外购大牲畜(如种畜、役畜等，不包括食用牲畜)、各种禽类(即非食用类禽类，如鸡群、鸭群等)的购置费用和交付使用前所发生的各种饲养费用。牲畜、禽类饲养期间的收入(如幼畜、禽蛋的销售收入等)，应冲减基本畜禽支出中的饲养费用；如有纯收入(即饲养收入大于饲养费用的差额)，应转作基建收入。原有农牧业企业自繁自养或外购补充基本畜禽支出，不包括在本项目内，应按国有农牧业企业的会计制度进行核算。

(3)林木支出指林业建设单位和经营性的园林建设单位的造林支出和基建绿化支出，包括各种经济林等的林木购置、种植、幼林抚育和其他绿化费用，不包括成林的抚育费用和非林业、园林建设单位的绿化造林支出。成林抚育费用，应按照国有林业会计制度的规定核算，幼林抚育费用和成林抚育费用如何划分，按财务制度的规定执行。非林业、园林建设单位的绿化造林支出，应计入“建筑安装工程投资”科目。

(4)办公生活用家具、器具购置指新建建设单位购置办公生活用的家具、器具的实际支出。

(5)可行性研究固定资产购置指建设单位为进行可行性研究而购置的固定资产的实际支出。

(6)无形资产指建设单位取得的各种无形资产，包括土地使用权(非行政事业单位)、专利权和专有技术等。

(7)递延资产指建设单位在建设期间发生的不计入固定资产、流动资产价值的各种递延费用，包括生产职工培训费、样品样机购置费、农业开荒费和非常损失等。行政事业单位建设项目发生的非常损失，应列入“待摊投资——其他待摊投资”，不包括在本项目内。

新建水产养殖业建设单位，在投资计划中如果列有鱼苗饲养等支出的，在实际发生时，可增设“鱼苗支出”明细科目进行核算。

二、其他投资的核算内容

其他投资，是指构成投资完成额并单独形成交付使用资产的各种其他投资支出，它主要通过基建工作中的购置、饲养、培育等活动实现的。新建农牧业、林业、水产养殖业建设单位的基本畜禽、林木和鱼苗，在交付使用时，应按规定分摊待摊投资。

三、其他投资的核算

(一)会计科目设置

1. 总账科目设置

设置“其他投资”总账科目，核算由建设单位发生的构成基本建设实际支出的其他投资，包括为建设管理使用的房屋购置，新建单位办公生活用家具、器具购置以及为进行可行性研究而购置的固定资产和基本畜禽、役畜、林木等购置、饲养、培育支出以及取得各种无形资产和递延资产发生的支出。该科目是资金占用类科目，发生各项投资支出，记借方；交付使用资产时，记贷方，余额表示尚未完工结转的其他投资额。

2. 明细科目设置

根据具体他投资的分类，设置“房屋购置”“基本畜禽支出”“林木支出”“办公生活用家具、器具购置”“可行性研究固定资产购置”“无形资产”“递延资产”二级科目进行明细核算。

3. 会计核算方法

为核算和监督各项其他投资的支出和交付使用情况，应设置“其他投资”科目(见图 4 - 7)。

借　　　　其他投资	贷
1. 实际发生各项其他投资支出(“基建投资借款”) 2. 其他单位转入其他投资(“应付有偿调入器材及工程款”)	1. 结转已建成交付使用单位的各项其他投资(“交付使用资产”) 2. 转出其他投资(“应收有偿调出器材及工程款”)
余额：已发生尚未交付使用的各项其他投资支出数	

图 4 - 7　其他投资

“其他投资”科目应按各项其他投资支出范围设置明细科目进行明细核算。现行制度规定设置以下七个明细科目：“房屋购置”“基本畜禽支出”“林木支出”“办公生活用家具、器具购置”“可行性研究固定资产购置”“无形资产”“递延资产”。如确有必要，在得到上级批准后，可增设“鱼苗支出”明细科目。

现举例说明“其他投资”的总分类核算如下：

【例 4 - 8】 用银行存款购置房屋 1 栋，价值 200 000 元，购买可行性研究用的计算机 3 台，价值 150 000 元。应做如下会计分录：

借：其他投资——房屋购置　　200 000
　　　　　　——可行性研究固定资产购置　　150 000
　贷：银行存款　　350 000

【例 4 - 9】 购入自用的计算机 3 台，价值 150 000 元，交付本单位进行建设项目可行性研究。应做如下会计分录：

借：交付使用资产　　150 000
　贷：其他投资——可行性研究固定资产购置　　150 000
借：固定资产　　150 000
　贷：交付使用资产　　150 000

【例 4 - 10】 某新建农牧业建设单位购入种畜、役畜一批，货款 110 500 元，以基建投资借款支付。应做如下会计分录：

借:其他投资——基本畜禽支出　　110 500

　　贷:基建投资借款　　110 500

【例 4-11】　承例 4-10。将购入的牲畜交付生产单位使用,已办妥验收交接手续。按规定应负担待摊费用 2%,即 2 210 元,应做如下会计分录:

借:交付使用资产　　112 710

　　贷:其他投资——基本畜禽支出　　110 500

　　　　待摊投资　　2 210

同时,通知生产单位及时转账。应做如下会计分录:

借:应收生产单位投资借款　　112 710

　　贷:待冲基建支出　　112 710

【例 4-12】　经营性园林建设项目,发生的绿化造林支出 86 000 元,以银行存款支付。应做如下会计分录:

借:其他投资——林木支出　　86 000

　　贷:银行存款　　86 000

【例 4-13】　非行政事业单位建设项目通过出让方式取得有限期的土地使用权,以基建投资借款支付出让金 2 400 000 元。应做如下会计分录:

借:其他投资——无形资产　　2 400 000

　　贷:基建投资借款　　2 400 000

将无形资产移交生产企业时,应做如下会计分录:

借:交付使用资产　　2 400 000

　　贷:其他投资——无形资产　　2 400 000

借:应收生产单位投资借款　　2 400 000

　　贷:待冲基建支出　　2 400 000

【例 4-14】　应付生产培训人员工资 9 600 元,计提生产培训人员的职工福利费 1 344 元,工会经费 192 元,从银行存款户支付培训人员差旅费 1 152 元。应做如下会计分录:

借:其他投资——递延资产　　12 288

　　贷:应付职工薪酬——工资　　9 600

　　　　应付职工薪酬——福利费　　1 344

　　　　应付职工薪酬——工会经费　　192

　　　　银行存款　　1 152

【例 4-15】　非行政事业单位自筹资金建设项目由于遭受台风袭击而损失水泥一批,计划成本为 2 000 元,应分配材料成本差异 60 元,从银行存款支付采取善后措施发生费用 500 元。

批准前,应做如下会计分录:

借:待处理财产损失——材料　　2 560

　　贷:库存材料　　2 000

　　　　材料成本差异　　60

　　　　银行存款　　500

批准转账后,应做如下会计分录:

借:其他投资——递延资产　　2 560

　贷:待处理财产损失——材料　　2 560

【例 4-16】　为生产单位购置样品样机 4 000 元,以基建投资借款支付。应做如下会计分录:

借:其他投资——递延资产　　4 000

　贷:基建投资借款　　4 000

【例 4-17】　2014 年 11 月 10 日,海州市体育中心指挥部通过海州市政府采购中心购买联想电脑 5 台,单价 5 000 元,计价款 25 000 元,惠普打印机 4 台,单价 2 500 元,计 10 000 元,共计 35 000 元,开出转账支票付款。

借:其他投资——固定资产(电脑)　　25 000

　　　　　——固定资产(打印机)　　10 000

　贷:银行存款　　35 000

同时,结转固定资产。

借:固定资产——办公设备(电脑)　　25 000

　　　　　——办公设备(打印机)　　10 000

　贷:其他投资——固定资产(电脑)　　25 000

　　　　　　——固定资产(打印机)　　10 000

【例 4-18】　2014 年 11 月 10 日,海州市药业有限公司通过市场竞拍取得一块 2 000m^2 土地的使用权,开出转账支票支付土地款 1 200 000 元。

借:其他投资——无形资产(土地使用权)　　1 200 000

　贷:银行存款　　1 200 000

【例 4-19】　2014 年 11 月 10 日,海州市药业有限公司银行转账支付新厂生产工人培训费 60 000 元。

借:其他投资——递延资产(工人培训费)　　60 000

　贷:银行存款　　60 000

其他投资科目应按规定的明细科目和费用项目、财产类别分设明细账(费用项目可设多栏式账页)进行明细核算。

如有用预收下年度预算拨款完成的其他投资,应单独进行明细核算。如用多种资金共同完成其他投资时,应分别计算它们的投资完成额。

第四节　待摊投资的核算

一、待摊投资核算的内容

待摊投资,是指建设单位按项目概算内容发生的,构成基本建设投资完成额的,应当分摊计入交付使用资产价值的各项费用支出。这些费用性质的支出,虽然本身不直接构成交付使用资产,但有助于交付使用资产的形成,是与基本建设有着密切相关的支出,因而理应分摊计入交付使用资产价值。根据现行制度规定,待摊投资一般包括以下各项内容(其中“投资方向调节税”现已暂停缴纳)。

1. 建设单位管理费

建设单位管理费指经批准单独设置管理机构的新建建设单位为进行筹建、建设和竣工验收前的生产准备工作所发生的管理费用。一般包括工作人员工资、工资附加费、劳动保险费、待业保险费、办公费、差旅交通费、劳动保护费、工具用具使用费、固定资产使用费、零星购置费、招募生产工人费、技术图书资料费、印花税和其他管理性质开支。由生产企业(或行政事业单位)兼办基本建设的管理费,应由企业(或行政事业单位)的生产经费(或行政事业经费)开支,不得挤入建设成本。

未经批准单独设置管理机构的其他建设单位,如确需发生管理费用,报经同级财政部门批准后方可开支。

2. 土地征用及迁移补偿费

土地征用及迁移补偿费指通过划拨方式取得无限期的土地使用权而支付的土地补偿费、附着物和青苗补偿费、安置补偿费、迁移费及土地征收管理费以及行政事业单位建设项目通过出让方式取得土地使用权而支付的出让金。非行政事业单位建设项目通过出让方式取得有限期土地使用权而支付的出让金,在“其他投资——无形资产”科目核算,作为无形资产单独交付生产使用单位。对征用土地还要向地方政府交纳土地开发费的建设单位,还应包括土地开发费。对在征用土地上进行土地平整、原有障碍物的拆除和在建筑场地的布置所发生的费用,不属于本项目支出范围,应在“建筑安装工程投资”科目中核算。

3. 勘察设计费

勘察设计费指建设单位自行或委托勘察设计单位进行工程水文地质勘察、设计所发生的费用,以及购置标准图纸的费用。勘察设计费按概算投资额的一定费率计算,可分次支付,如签订合同后支付30%,勘察开工后支付30%,勘察完成后全部付清。

4. 研究试验费

研究试验费指为建设项目提供或验证设计数据、资料进行必要的研究实验,按照设计规定在施工中必须进行实验所发生的费用,以及支付科技成果和先进技术的一次性技术转让费。不包括应由科技三项费用开支的费用和应由间接费开支的施工企业对建筑材料、构件和建筑物进行一般鉴定、检查所发生的费用及技术革新的研究试验费,以及应由勘察设计费、勘察设计单位的事业费或基本建设投资中开支的项目(费用)。

5. 可行性研究费

可行性研究费指建设单位在建设前期所发生的按规定应计入交付使用资产成本的可行性研究费用。为进行可行性研究而购置的固定资产,不属于本项目支出范围,应在“其他投资—可行性研究固定资产购置”科目中核算。经过可行性研究,决定取消的项目多发生的费用,应按规定从本项目转入“待摊投资——其他待摊投资”科目核算。

6. 临时设施费

临时设施费指建设单位按照规定支付给施工企业的临时设施包干费,以及建设单位自行施工所发生的临时设施的实际支出。临时设施费的内容包括:临时设施的搭设、维修、拆除费或摊销费,以及施工期间专用公路养护费、维修费。临时设施清理拆除所得残料收入应作价冲减项目支出。

7. 设备检验费

设备检验费指建设单位按照规定支付给商品检验部门的进口成套设备的检验费。建设单位对进口成套设备自行组织检验所发生的费用，不属于本项目支出范围，应列入“采购保管费——进口器材”科目核算。

8. 延期付款利息

延期付款利息指建设单位按照合同规定对进口成套设备采取分期付款的办法所支付的利息。

9. 负荷联合试车费

负荷联合试车费指单项工程(车间)在交工验收以前按照设计规定的工程质量标准，进行整个车间的负荷联合试车运转所发生的试车亏损，即全部试车费减去试车产品销售收入和其他收入后的差额。单机试运或系统联动无负荷试运所发生的费用，不属于本项目列支范围，应在“建筑安装工程投资——安装工程投资”科目核算。竣工验收后的试车费和试产费，则应由生产企业负担。负荷联合试车费用包括试车所消耗的原料、燃料、油料和动力的费用，机械使用费，工具及用具使用费，以及参加联合试车人员的工资等。

10. 包干节余

包干节余指非经营性项目实行基本建设包干责任制的建设单位实现的按规定应计入交付使用资产价值的包干节余，包括按规定留用的包干节余和按规定应上交或抵作偿还基建投资借款的包干节余。

11. 坏账损失

坏账损失指建设单位按规定程序报经批准确实无法收回的预付及应收款项。因某种原因而无法偿还的预收款及应付款项，报经批准转销时，应冲减项目支出。

12. 借款利息

借款利息指建设单位向国内外银行借入基本建设投资借款和周转借款所支付的基建计划规定建设期内的借款利息支出。使用部门统借统还基建基金借款发生的资金占用费也在本项目支出。超过计划规定建设期的利息，未按合同规定用途使用，挤占挪用借款部分罚息支出和不按期归还借款而加付的利息，按规定应由建设单位或上级主管单位从留成收入中支付。投产后的利息，按规定由生产企业的有关资金中支付，不属于本项目支出范围。建设项目在建设期间的存款利息收入和经营性项目在建设期间的财政贴息资金收入，应冲减本项目。

13. 合同公证费及工程质量监测费

合同公证费及工程质量监测费指建设单位按规定支付给司法部门的合同公证费和支付给工程质量监测部门的工程质量监测费。

14. 企业债券利息

企业债券利息指建设单位按规定应计入交付使用资产成本的企业债券资金建设期的债券利息。建设单位使用企业债券资金发生的在建设期的利息，应在单项工程竣工时分摊计入工程成本。具体分摊办法，可由主管部门根据本部门的建设特点和债券还本付息的要求自行规定。建设单位将企业债券资金存入银行所取得的利息收入，按规定应冲减本项目支出。

15. 土地使用税

土地使用税指建设单位按照规定交纳的土地使用税。土地使用税以纳税人实际占用土地面积为计税依据。土地使用税每平方米的年税额为大城市 5 角至 10 元；中等城市 4 角至 8 元；小城市 3 角至 6 元；县城、建制镇和工矿区 2 角至 4 元。

16. 汇兑损益

汇兑损益指建设单位国外借款等外币账户发生的汇兑损益。

17. 国外借款手续费及承诺费

国外借款手续费及承诺费指建设单位按规定应计入交付使用资产价值的国外借款手续费及承诺费。包括支付手续费、代理费、杂费、担保费和承诺费等。

18. 施工机构转移费

施工机构转移费指建设单位按规定支付给施工机构因成建制由其他省、市原驻地调来承担施工任务而发生的一次性搬迁费用。包括职工随同迁移家属的旅费,调迁期间的工资、施工机械、设备工具、用具和周转料具等的运输费。

19. 报废工程损失

报废工程损失指经营性项目由于管理不善、设计方案变更、重大灾害事故等原因造成工程报废所发生的扣除残值后的净损失(即报废工程实际成本加上清理费用减去回收设备材料残值的净损失)。报废工程要经过有关部门鉴定,报经同级财政部门审查批准后,才能报废清理,冲销相应的资金来源。非经营性项目报废不能形成资产部分的投资,应作待核销基建支出处理,不包括在本项目内。

20. 耕地占用税

耕地占用税指建设单位按规定交纳的耕地占用税。耕地占用税实行定额税率,每平方米1～10 元,按实际占用耕地面积一次性交纳。

21. 土地复垦及补偿费

土地复垦及补偿费指建设单位在基建过程中破坏土地而发生的土地复垦费用和土地损失补偿费用。土地复垦基金每亩 5 000 元,按实际占用土地面积交纳。

22. 固定资产损失

固定资产损失指建设单位清理固定资产的净损益以及经批准转账的固定资产的盘亏和盘盈。

23. 器材处理亏损

器材处理亏损指销售积压器材所发生的亏损,以及自用积压物资发生的修理改制费用。如果处理积压器材发生销售盈余时,应冲减本项目支出。

24. 设备盘亏及毁损

设备盘亏及毁损指建设单位发生经主管部门批准转账的设备盘亏和毁损的净损失。如果设备发生盘盈经批准转账后应冲减本项目支出。

25. 调整器材调拨价格折价

调整器材调拨价格折价指建设单位按规定调整器材调拨价格发生的折价。如调整器材调拨价格的溢价则贷记本科目。

26. 企业债券发行费用

企业债券发行费用指建设单位筹措债券资金而发生的发行费用,包括支付给银行的代理发行费和债券的设计、印刷、广告、宣传等费用。

27. 概(预)算审查费

概(预)算审查费指建设单位按规定支付给有概预算审价资质机构的费用。

28. 项目评估费

项目评估费指建设单位为取得贷款等按规定需要支付的项目评估费用。

29. 社会中介机构审计费

社会中介机构审计费指建设单位按规定支付给会计师事务所等社会中介机构的审计费用。

30. 车船使用税

车船使用税指建设单位按规定交纳的车船使用税。车船使用税实现定额税率，如排气量为1.0升(含)以下的且核定载客9人(含)以下的载人汽车每年每辆税额为60～360元，载重汽车按净吨位计算，每年每吨为16～120元。

31. 其他待摊投资

其他待摊投资指建设单位发生的除上述各种待摊投资以外的其他应计入交付使用资产价值的待摊投资。如国外设计及技术资料费、出国联络费、外国技术人员费、经营性项目的取消项目可行性研究费，编外人员生活费、停缓建维护费、商业网点费、供电站费和行政事业单位建设项目发生的非常损失等。

二、待摊投资的核算

待摊投资的核算主要是归集不能直接计入单项工程价值的各项投资，再分配到交付使用的各项资产价值中去。

(一)总账科目设置

为了归集和核算各项待摊投资的支出，建设单位需要设置“待摊投资”科目，该科目属于资金占用类科目，用来核算和监督建设单位各项待摊投资的发生、分摊和结存情况。发生待摊投资支出，记借方；分摊待摊投资时，记贷方；余额表示尚未分摊的待摊投资额(见图4－8)。

借　　　　待摊投资	贷
1. 发生各项待摊投资支出时(“基建投资借款”) 2. 其他单位转入待摊投资时(“应付有偿调入器材及工程款”)	1. 按规定比例分配计入交付使用资产成本(“交付使用资产”) 2. 随同转出未完工程分配待摊投资(“应收有偿调出器材及工程款”)
余额：实际发生的尚未结转分配的待摊投资支出数(在建工程成本组成部分之一)	

图4－8　待摊投资

(二)明细核算

待摊投资明细核算要根据会计核算与管理的要求，设置明细科目进行核算。会计人员可参照待摊投资明细项目构成，设置待摊投资明细科目。一般应设置“建设单位管理费”“土地征用及迁移补偿费”“勘察设计费”“研究试验费”“可行性研究费”“临时设施费”“设备检验费”等明细科目。具体明细科目设置可根据本单位会计业务发生的实际情况，按费用发生的比例大小以及重要性设置明细科目。

(三)主要业务核算举例

现举例说明待摊投资的总分类核算。

【例 4-20】 建设单位筹建机构以基建投资借款购买办公用品 450 元，支付本月发生水电费 250 元，分配筹建机构人员工资 8 000 元，计提应付福利费 1 120 元及工会经费 160 元。应做如下会计分录：

借：待摊投资——建设单位管理费　　9 980

　贷：基建投资借款　　700

　　应付职工薪酬——工资　　8 000

　　　　　　　　——福利费　　1 120

　　　　　　　　——工会经费　　160

【例 4-21】 以基建投资借款支付本单位职工的劳保支出 2 600 元，单独向施工企业支付未列入工程价款结算账单劳保支出 5 000 元。应做如下会计分录：

借：待摊投资——建设单位管理费　　7 600

　贷：基建投资借款　　7 600

如上述支付施工企业劳保支出列入工程价款结算账单，随同工程款一并结算。则做如下会计分录：

借：建筑安装工程投资　　5 000

　贷：应付工程款　　5 000

【例 4-22】 从自筹资金户支付轻工业设计院的勘察设计费 22 100 元。应做如下会计分录：

借：待摊投资——勘察设计费　　22 100

　贷：银行存款——自筹资金户　　22 100

【例 4-23】 本月出包工程办理结算，一并承付施工企业临时设施包干费 3 840 元，列入工程价款结算账单。应做如下会计分录：

借：待摊投资——临时设施费　　3 840

　贷：应付工程款　　3 840

【例 4-24】 进口成套设备的建设单位，将随同进口成套设备一并发生的延期付款利息 43 200 元，国外设计及技术资料费 72 000 元，出国联络费 60 800 元，设备检验费 25 600 元，外国技术人员费 5 200 元，根据主管部门通知办理转账。应做如下会计分录：

借：待摊投资——延期付款利息　　43 200

　　　　　　——设备检验费　　25 600

　　　　　　——其他待摊投资　　138 000

　贷：基建拨款——本年进口设备转账拨款　　206 800

【例 4-25】 经批准核销无法收回的应收有偿调出器材及工程款 50 400 元。应做如下会计分录：

借：待摊投资——坏账损失　　50 400

　贷：应收有偿调出器材及工程款　　50 400

【例 4-26】 在计划规定建设期内，收到建设银行转来计算利息清单，其中投资借款利息 5 000 元，周转借款利息 3 800 元。应做如下会计分录：

借：待摊投资——借款利息　　8 800

　贷：基建投资借款　　5 000

其他借款——周转借款　　3 800

【例 4-27】 按规定以基建投资借款支付建筑安装工程招标公证费 2 000 元，工程质量监测费 1 000 元。应做如下会计分录：

借：待摊投资——合同公证费和工程质量监测费　　3 000

　贷：基建投资借款　　3 000

【例 4-28】 按规定交纳土地使用税 350 元、耕地占用税 250 元。应做如下会计分录：

借：待摊投资——土地使用税　　350

　　　　　——耕地占用税　　250

　贷：应交税金　　600

【例 4-29】 支付国外借款手续费及承诺费 6 200 元，如果随同国外借款一起发生。应做如下会计分录：

借：待摊投资——国外借款手续费及承诺费　　6 200

　贷：基建投资借款——国外借款　　6 200

如果属于建设单位直接支付。则做如下会计分录：

借：待摊投资——国外借款手续费及承诺费　　6 200

　贷：银行存款　　6 200

【例 4-30】 按规定以基建投资借款支付在基建过程中破坏土地而发生土地复垦费用 3 000元，土地损失补偿费用 27 000 元。应做如下会计分录：

借：待摊投资——土地复垦及补偿费　　30 000

　贷：基建投资借款　　30 000

【例 4-31】 清理固定资产发生净损失 6 300 元，固定资产盘亏 2 700 元，经批准后转账。应做如下会计分录：

借：待摊投资——固定资产损失　　9 000

　贷：固定资产清理　　6 300

　　待处理财产损失——待处理固定资产损失　　2 700

【例 4-32】 由于管理不善，库存需要安装设备 1 台盘亏 2 400 元，当月已调整库存。经报请批准后，应做如下转销会计分录：

借：待摊投资——设备盘亏及毁损　　2 400

　贷：待处理财产损失——待处理设备损失　　2 400

【例 4-33】 按照国家规定，调整器材的调拨价格，库存需要安装设备发生折价 5 000 元，库存材料发生折价 3 000 元。应做如下会计分录：

借：待摊投资——调整器材调拨价格折价　　8 000

　贷：库存设备　　5 000

　　库存材料　　3 000

【例 4-34】 某建设单位以银行存款支付企业债券的设计和印刷费 45 500 元，银行代理发行手续费 35 100 元。应做如下会计分录：

借：待摊投资——企业债券发行费用　　80 600

　贷：银行存款——债券资金户　　80 600

【例 4-35】 根据当月工资分配表，结算应付编外人员生活费 1 240 元。应做如下会计分录：

借：待摊投资——其他待摊投资　　1 240

贷：应付职工薪酬　　1 240

【例 4-36】 某建设单位以基建投资借款支付商业网点费 30 000 元，供电贴费 20 000 元。应做如下会计分录：

借：待摊投资——其他待摊投资　　50 000

贷：基建投资借款　　50 000

【例 4-37】 2014 年 10 月 8 日，支付土地补偿费 2 000 000 元，附着物和青苗补偿费 220 000元，安置补偿费 300 000 元，土地征收管理费 30 000 元，全部通过银行转账支付。

借：待摊投资——土地征用及迁移补偿费　　2 550 000

贷：银行存款　　2 550 000

【例 4-38】 2014 年 10 月 10 日，支付海洲勘察设计院勘察费 30 000 元，设计费 120 000 元，银行转账支付。

借：待摊投资——勘察设计费　　150 000

贷：银行存款　　150 000

【例 4-39】 2014 年 10 月 11 日，支付海洲市投资咨询有限公司可行性研究费 20 000 元，银行转账支付。

借：待摊投资——可行性研究费　　20 000

贷：银行存款　　20 000

【例 4-40】 2014 年 10 月 11 日，银行转账支付临时围墙费用 39 000 元。

借：待摊投资——临时设施费　　39 000

贷：银行存款　　39 000

【例 4-41】 2014 年 10 月 15 日，支付海洲市质量技术监督研究院进口成套设备检验费 6 000元，银行转账支付。

借：待摊投资——设备检验费　　6 000

贷：银行存款　　6 000

【例 4-42】 2014 年 10 月 16 日，支付海洲市公证处合同公证费 4 000 元，银行转账支付。

借：待摊投资——合同公证费　　4 000

贷：银行存款　　4 000

【例 4-43】 2014 年 10 月 16 日，支付浙江工业大学工程监理有限公司监理费 120 000 元，银行转账支付。

借：待摊投资——工程质量检测费　　120 000

贷：银行存款　　120 000

【例 4-44】 2014 年 10 月 16 日，支付给海州市工程质量检测站检测费用 6 000 元，银行转账支付。

借：待摊投资——工程质量检测费　　6 000

贷：银行存款　　6 000

【例 4-45】 2014 年 12 月 21 日，支付借款利息 23 000 元，收到存款利息 13 000 元。

(1)支付借款利息。

借：待摊投资——借款利息　　　　23 000

　　贷：银行存款　　　　23 000

(2)收到存款利息。

借：银行存款　　　　13 000

　　贷：待摊投资——存款利息收入　　　　13 000

“待摊投资”科目的明细分类核算，对那些经常支出的项目，如建设单位管理费等，应单独按费用项目分栏设置明细分类账；对那些不经常发生支出的项目，可在一张明细分类账中进行登记，以减少账页的设置。如有用预收下年度预算拨款完成的待摊投资，应单独进行明细分类核算。在计算当年待摊投资完成额时，也要分别资金来源，分别加以计算。

三、待摊投资的分配

对于已发生和归集的待摊投资，应由各项应分摊待摊投资的交付使用资产和移交其他单位的未完工程来共同负担。各项应分摊待摊投资的交付使用资产包括建筑安装工程投资；在安装设备投资；其他投资中的基本畜禽支出和林木支出(如建设单位设置役畜和鱼苗支出明细科目，则还应包括这两项资产)。

上述资产在竣工验收交付使用时，应按规定的方法和比例分摊待摊投资。当建设单位根据规定转出未完工程，在移交时也应按规定的比例分摊待摊投资。移交转出的未完工程一般包括建筑安装工程投资、设备投资和其他投资，其应分配待摊投资的投资标准与以上划分标准相同。

各项不应分配待摊投资的资产是指运输设备及其他不需要安装设备投资、工器具投资以及其他投资中的房屋购置、办公生活用家具器具、可行性研究固定资产购置。这些资产一般仅计算采购成本，不分摊待摊投资。

明确了哪些交付使用资产需要分摊待摊投资，哪些不需要分摊待摊投资后，接下来就需要确定哪些待摊投资可直接进行分配，哪些需要按规定方法进行分配。前面已讲过，待摊投资中，土地征用及迁移补偿费应随同房屋、建筑物资产成本直接计入其相关的交付使用资产成本中，其余的待摊投资都要按一定的分配方法分配计入各有关资产的交付使用资产成本中去。常用的分摊方法有以下两种：

1. 按概算数的比例分摊

计算公式如下：

$$预定分摊率=\frac{概算中各待摊投资项目的合计数(扣除土地征用及迁移补偿费)}{概算中建筑安装工程投资、需要安装设备投资和其他投资中应负担待摊投资的部分}\times 100\%$$

$$\begin{matrix}某项交付使用资产应\\负担的待摊投资\end{matrix}=\begin{matrix}该项资产直接发生的建筑安装工程投资、\\需要安装设备投资和其他投资中应负担\\待摊投资部分合计\end{matrix}\times 预定分摊率$$

这种分摊方法适用于建设工程分项交付使用，且每次交付使用资产和应摊入交付使用资产成本的待摊投资发生额不存在比例关系，使用范围比较广泛。采用这种方法，待摊投资的预定分摊数与实际发生数常常会有差额。因此，按概算数求得的分摊率，若与实际发生相差较大时，应根据实际情况加以调整，追加或追减有关交付使用资产成本；若与实际发生相差不大时，可将最后一次交付使用资产按实际发生的待分配的待摊投资余额全部分摊完毕。

2. 按实际数的比例分摊

计算公式如下：

$$\text{实际分摊率}=\frac{\text{上年结转和本年发生的待摊投资合计(扣除土地征用及迁移补偿费)}}{\text{上年结转和本年发生的建筑安装工程投资、在安装设备投资和其他投资中应负担待摊投资的部分}}\times 100\%$$

$$\text{某项交付使用资产应负担的待摊投资}=\text{该项资产直接发生的建筑安装工程投资、需要安装设备投资和其他投资中应负担待摊投资部分合计}\times\text{实际分摊率}$$

这种分摊方法仅适用于建设工程一次交付使用，或者虽然分次交付，但每次交付使用资产成本与实际发生应摊入的待摊投资之间比较均衡时，才比较合理。

> 讨论：
>
> “建筑安装工程投资”“设备投资”“其他投资”“待摊投资”四个科目同工业会计中“生产成本”账户核算内容的比较。

第五节　转出投资和待核销基建支出的核算

一、转出投资的核算

在基本建设过程中，非经营性项目发生的产权不归己，构成基本建设投资完成额但不计入交付使用资产价值，按规定移交给其他单位使用的专用设施投资支出称为转出投资。转出投资的发生虽与完成基本建设任务有着一定联系，也会形成其他单位的固定资产，但不属于本单位使用投资后建成的固定资产，因此转出投资不能计入本单位交付使用资产成本。

非经营性项目为项目配套的专用设施投资，包括专用道路、专用通信设施、送变电站、地下管道等，产权归属本单位的，计入交付使用资产成本；产权不归属本单位的，则作转出投资处理，冲销相应的资金来源。经营性项目为项目配套的专用设施投资，包括专用铁路线、专用公路、专用通信设施、送变电站、地下管道、专用码头等，建设单位必须与有关部门明确界定投资来源和产权关系。由本单位负责投资但产权不归属本单位的，作交付使用无形资产处理；产权归属本单位的，计入交付使用固定资产价值。

经营性和非经营项目的统建住房，若产权归属本单位时，应视同出包工程，通过“预付工程款”“建筑安装工程投资”“应付工程款”等科目核算；若产权不归属本单位但拥有使用权时，则应作交付使用无形资产处理。

转出投资的受让单位和接受经营性项目转入资产的单位，执行企业财务制度的，应根据项目的资金来源，分别作增加负债和增加资本公积处理；执行事业单位财务制度的，转入事业单位的其他收入。

建设单位为了核算和监督转出投资的发生和冲转情况，应设置“转出投资”科目。

“转出投资”科目属于资金占用科目，用来核算非经营性项目建成了，但产权不归属本单位的专用设施的实际成本，如图 4－9 所示。应注意的是，在计算转出投资完成额时，如形成的转出投资是由建筑安装工程投资等投资科目转入的，则这些投资完成额已在建筑安装工程投资中计算了投资完成额，转出投资科目就不得重复计算。本科目应按照转出投资的类别设置明细账进行明细核算。

借　　　　转出投资	贷
非经营性项目为项目配套的产权不归己的专用设施完工时（“建筑安装工程投资”）	下年初冲转转出投资时（“基建拨款——以前年度拨款”）
余额：已转出但尚未冲转的转出投资实际成本	

图 4-9　转出投资

现举例说明转出投资的核算方法。

1. 配套专用设施

【例 4-46】 某非经营性项目，为项目配套所需建成了一座送变电站，应付承包单位第二建筑工程公司工程款 270 000 元，领用安装材料 8 500 元，以银行存款付讫单独结算冬雨季施工增加费 6 500 元，现已办理了验收手续，可以交付使用。应做如下会计分录：

（1）发生支出时：

借：建筑安装工程投资　　285 000

　　贷：应付工程款——二建　　270 000

　　　　库存材料　　8 500

　　　　银行存款　　6 500

（2）专用设施完工后，产权不归属本单位时：

借：转出投资——送变电站　　285 000

　　贷：建筑安装工程投资　　285 000

如该项送变电站产权归属本单位，则

借：交付使用资产——固定资产　　285 000

　　贷：建筑安装工程投资　　285 000

（3）下年初冲销转出投资时：

借：基建拨款——以前年度拨款　　285 000

　　贷：转出投资——送变电站　　285 000

【例 4-47】 某非经营性项目，为项目配套所需建设了一条专用铁路线，已发生的建筑安装工程投资支出为 3 900 000 元，现专用铁路线可以交付使用。应做如下会计分录：

（1）如该专用铁路线产权不归本单位：

借：转出投资——专用铁路线　　3 900 000

　　贷：建筑安装工程投资　　3 900 000

（2）如该专用铁路线产权归属本单位所有，则

借：交付使用财产——固定资产　　3 900 000

　　贷：建筑安装工程投资　　3 900 000

2. 统建住房

【例 4-48】 参加统建部门市教委建造教师住宅（产权属房管部门），总投资 2 000 000 元，其中专项拨款占 60%，基建投资借款 40%，按照协议开工前先付总投资 60%，计 1 200 000 元，用银行存款拨付。应作会计分录：

(1)拨付统建单位投资时:

借:其他投资——无形资产　　1 200 000

　贷:银行存款　　1 200 000

(2)完工交付使用时:

借:交付使用资产——无形资产　　2 000 000

　贷:其他投资——无形资产　　2 000 000

同时,用基建投资借款完成的交付使用资产及时通知生产使用单位:

借:应收生产单位投资借款　　800 000

　贷:待冲基建支出　　800 000

(3)下年初建立新账时:

借:基建拨款——以前年度拨款　　1 200 000

　待冲基建支出　　800 000

　贷:交付使用资产——无形资产　　2 000 000

二、待核销基建支出的核算

非经营性项目在建设过程中发生的构成基建投资额,但不形成交付使用资产按规定核销的投资支出称为待核销基建支出。非经营性项目发生的江河清障、航道清淤、飞播造林、补助群众造林、水土保持、城市绿化、项目报废等不能形成资产的投资支出,做待核销处理,在项目完工(或取消)后,报经同级财政部门审批,冲销相应的资金来源。形成资产部分的投资,计入交付使用资产价值。

为了核算和监督待核销基建支出的发生和冲销情况,建设单位应设置"待核销基建支出"科目。

"待核销基建支出"科目属于资金占用类科目,用来核算非经营性项目中构成投资完成额但不计入交付使用资产而予以核销的各项投资支出(见图 4-10)。应注意的是,在计算待核销投资完成额时,如形成的待核销投资是由建筑安装工程投资、待摊投资等投资科目转入的,则这些投资完成额已在建筑安装工程投资、待摊投资中计算了投资完成额、待核销投资就不得重复计算。本科目应按支出的类别设置明细账进行明细核算。

借　　　　　待核销基建支出	贷
非经营性项目发生的各项不能形成资产部分需报请财政部门核销的投资支出	下年初经批准冲销待核销基建支出("基建拨款——以前年度拨款")
余额:已发生尚待批准核销的基建支出数额	

图 4-10　待核销基建支出

现举例说明待核销基建支出的核算办法。

【例 4-49】 某非经营性项目当年发生江河清障、航道清淤、飞播造林、补助群众造林、水土保持、城市绿化等支出共计 1 690 000 元,以银行存款支付。应做如下会计分录:

借:待核销基建支出　　1 690 000

　贷:银行存款　　1 690 000

【例 4-50】 某项目由于设计方案变更,经上级批准报废。已施工部分完成的建筑安装工程投资为 44 800 元，发生清理费用 7 980 元，从存款户支付，收回残料作价 9 400 元。经批准后，可以转销。应做如下会计分录：

(1)若该项目为非经营性项目：

借：待核销基建支出	52 780	
贷：建筑安装工程投资		44 800
银行存款		7 980
借：库存材料	9 400	
贷：待核销基建支出		9 400

(2)若该项目为经营性项目：

借：待摊投资——报废工程损失	52 780	
贷：建筑安装工程投资		44 800
银行存款		7 980
借：库存材料	9 400	
贷：待摊投资——报废工程损失		9 400

【例 4－51】 某建设项目经可行性研究，确定取消不再建设，其已发生各项可行性研究费 6 900 元。经批准，可以转销。应做如下会计分录：

(1)若该项目为非经营性项目：

借：待核销基建支出	6 900	
贷：待摊投资——可行性研究费		6 900

(2)若该项目为经营性项目：

借：待摊投资——其他待摊投资	6 900	
贷：待摊投资——可行性研究费		6 900

【例 4－52】 某非经营性项目上年共发生待核销基建支出 1 740 280 元，本年年初予以结转。应做如下会计分录：

借：基建拨款——以前年度拨款	1 740 280	
贷：待核销基建支出		1 740 280

课后练习题

一、判断题

1.“预付账款”科目：属于资金占用类科目，用来核算建设单位按照合同规定向承包工程的施工企业预付的工程进度款。（　）

2.需要安装设备应当在设备正式开始安装后才能计算其投资额。正式开始安装应同时具备以下三个条件：一是设备的基座和支架已经完成；二是安装设备所必需的图纸资料已经具备；三是设备已经运到安装现场，开箱检验完毕，吊装就位并继续安装。（　）

3.在设备交付安装时，往往不能确定是否符合正式开始安装的三个条件，为了保证账实相符又能简化核算，现行制度规定，需要安装设备出库安装时，先根据出库单从“库存设备”科目的贷方转入“设备投资——在安装设备”科目的借方。到年终时，再对在安装设备进行盘点，如发现有不符合正式开始安装三个条件的，要办理假退库手续，用红字编制相同会计分录冲回，当年不得计算设备投资完成额。下年度初，再重新作交付安装的分录。（ ）

4. 收到主管部门从本系统其他单位无偿拨入汽车1辆，实际成本为124 000元，已验收入库。应做如下会计分录：

借：库存设备　124 000

　贷：基建拨款——本年其他拨款　124 000（ ）

5. 其他投资一般包括以下内容：①房屋购置，②基本畜禽支出，③林木支出，④办公生活用家具、器具购置，⑤可行性研究固定资产购置，⑥无形资产，⑦递延资产。（ ）

6. 经营性园林建设项目，发生的绿化造林支出86 000元，以银行存款支付。应做如下会计分录：

借：待摊投资　86 000

　贷：银行存款　86 000（ ）

7. 为生产单位购置样品样机4 000元，以基建投资借款支付。应做如下会计分录：

借：其他投资——递延资产　4 000

　贷：基建投资借款　4 000（ ）

8. 待摊投资核算的内容：建设单位管理费、土地征用及迁移补偿费、勘察设计费、研究试验费、可行性研究费、临时设施费、办公生活用家具、器具购置等。（ ）

9. 本月出包工程办理结算，一并承付施工企业临时设施包干费3 840元，列入工程价款结算账单。应做如下会计分录：

借：其他投资　3 840

　贷：应付工程款　3 840（ ）

二、实务题

习题一

【目的】练习设备投资和其他投资的核算。

【要求】为所发生的经济业务编制会计分录。

【资料】某用自筹资金进行建设的非行政事业建设单位在20××年12月发生的部分经济业务如下：

1. 将库存的10台需要安装的机床出库交付安装公司安装，设备价值为500 000元，安装中又用银行存款支付设备基础支出20 000元，安装费用9 000元。

2. 购入汽车3辆，已验收入库，货款150 000元已用银行存款支付，采购保管费预定分配率为2%。

3. 为生产单位购置房屋1栋，价值200 000元，已通过银行结算完毕。

4. 用银行存款购入种畜10头，价款40 000元，购入后又发生饲养人员工资200元，饲料费支出400元。

5. 为进行可行性研究，购入仪器1台，价款2 000元，款项已付。

6. 经对在安装的机床进行检查，发现有3台不符合正式开始安装的条件，应办理假退库手续。机床价值为150 000元。下年初再重新入账。

7. 年末对库存设备进行盘点，盘亏需要安装设备一批，价值2 400元，盘盈工、器具一批，价值 600 元。经批准盘盈、盘亏设备和工、器具可以转销。

8. 用银行存款支付样机样品购置费 3 600 元，生产培训人员实习费 800 元，结算应付培训人员工资 6 960 元，应付福利费 974 元，工会经费 139 元。

习题二

【目的】练习待摊投资的核算。

【要求】为所发生的经济业务编制会计分录。

【资料】某拨贷合一的行政事业建设单位 20××年 4 月发生的部分经济业务如下：

1. 建设单位购买办公用品一批，价款 2 250 元，支付可行性研究费用 620 元，款项已通过银行用投资借款结清。

2. 接上级通知，收到随同进口成套设备发送的国外设计及资料费 27 000 元和外国技术人员费 36 000 元的账单，有关款项主管部门已同中国技术进口总公司结清。

3. 用投资借款支付土地征用费 50 000 元，土地平整费 4 800 元，建筑场地的布置费 3 000 元，绿化费 2 000 元。

4. 经建行同意，用投资借款支付建筑安装工程招标公证费 2 000 元，工程质量检测费 3 000元。

5. 应收器材供应单位器材款 1 000 元无法收回，应付某施工单位的工程款 800 元也无法偿还，经批准均可销账。

6. 从拨款户支付商业网点费 7 500 元。

7. 某工程的改扩建方案决定取消，所发生的可行性研究费 5 300 元，经批准做转账处理。

8. 因设计方案变更，原有金加工车间厂房工程经批准报废清理，该工程的实际建筑工程成本 60 000 元，从拨款户支付清理费用 880 元，回收材料残值估价 1 800 元入账。

9. 处理积压材料一批，收回价款 2 000 元，存入银行清理资金户，该材料计划成本 2 400 元，材料成本差异率 2%。

10. 从拨款户支付积压设备修理改制费 4 200 元。

11. 委托外单位对仓库进行防洪防涝措施，从拨款户支付 5 000 元

12. 清理固定资产发生净收益 4 300 元，固定资产盘盈 2 200 元，经批准后转账。

13. 从拨款户支付在基建过程中因破坏土地而发生的土地损失补偿费用 100 000 元。

14. 4 月末“基建投资借款——国外借款”的余额为 50 000 美元，月末市场汇率 1 美元＝8.36 人民币，原账面记账人民币金额为 420 000 元。

习题三

【要求】为所发生的经济业务编制会计分录。

1. 1 月 18 日，海州市游泳馆向杭州西子电梯有限公司上年订购电梯 2 台：A 台单价 320 000元，B 台单价 480 000 元，总价 800 000 元，开具了收货单交付安装，货款未付，待安装调试合格后支付。

2. 海州市游泳馆通过招标出报给海州建筑工程有限公司建设，实行“包工包料”，20××年 1 月 3 日签订合同造价 6 500 万元，开出转账支票预付备料款 1 500 万元；同时开出材料出库单，转给钢材 125 吨，每吨 400 元，计 500 000 元。

3. 1 月 18 日，出售多余库存材料 180 000 元，收到温州市建材有限公司由温州银行开具的银行承兑汇票 1 张，金额 80 000 元，期限 2 个月；收到温州市建材有限公司背书转让的由杭州

市建筑公司1月2日出具的商业承兑汇票1张,金额100 000元,到期日为4月2日。

4.1月10日,支付海州市运输公司钢材100吨运输及装卸费计10 000元,转账支票支付。

5.1月10日,现金支付钢材采购人员工资2 000元,差旅费3 000元。

6.1月10日,现金支付电梯采购人员出差费用2 000元,电梯检测费900元。

7.1月10日,现金支付采购人员工资2 400元。

8.2月3日,海洲游泳馆开出B电梯"出库单"发往工地开始安装,成本价为482 450元。

9.2月23日,海洲游泳馆B电梯安装完毕,验收合格,交付使用。

10.10月8日,支付土地补偿费2 000 000元,附着物和青苗补偿费220 000元,安置补偿费300 000元,土地征收管理费30 000元,全部通过银行转账支付。

11.10月10日,支付海州勘察设计院勘察费30 000元,设计费120 000元,银行转账支付。

12.10月11日,支付海州市投资咨询有限公司可行性研究费20 000元,银行转账支付。

13.10月11日,银行转账支付临时围墙费用39 000元。

14.10月15日,支付海州市质量技术监督研究院进口成套设备检验费6 000元,银行转账支付。

15.10月16日,支付浙江工业大学工程监理有限公司监理费120 000元,银行转账支付。

16.10月16日,支付海州市公证处合同公证费4 000元,银行转账支付。

17.10月16日,支付海州市工程质量检测站检测费用6 000元,银行转账支付。

第五章　交付使用资产

重点/难点：交付使用资产的核算
掌握：交付使用资产的概念和成本构成

第一节　基本建设支出概述

一、基本建设支出的概念

建设单位在项目建设过程中发生的各项支出统称为基本建设支出(基建支出)，这些支出有些和工程建设中主体工程支出密切相关，直接构成工程实体的支出，如建筑安装工程支出、设备、工器具支出；有些支出虽与项目的主体工程关联度不大，但也是项目配套工程的组成部分，且能形成单独的实体，如购置的房屋、用于可行性研究的固定资产购置、办公及生活用家具、器具购置等；还有些支出不属于工程项目实体方面支出，是为工程建设管理发生的费用，如建设单位管理费、勘察设计费、临时设施费、施工机构转移费等，这些支出均是属于实体工程建设中的辅助支出和服务性支出，因此在工程项目完工交付使用时，按一定的分摊方法，分摊计入实体工程建设成本，共同构成交付使用资产的价值。还有些支出，如非经营性项目发生的产权不归自己的专用设施支出、因自然灾害发生的项目整体报废净损失、取消项目的可行性研究费等，这些支出或者建成后移交给其他单位，或者作为损失费用报请核销，均不能构成交付使用资产的价值。

二、基本建设支出的内容

基建支出按最终能否形成交付使用资产划分，可分为构成交付使用资产的支出和不构成交付使用资产的支出。构成交付使用资产的支出包括形成本单位交付使用资产价值的支出和转出投资，不构成交付使用资产的支出仅指待核销基建支出部分。基建支出的内容如图 5－1 所示。

在基建支出中，形成本单位的交付使用资产价值的有建筑安装工程投资、设备投资、其他投资、待摊投资和转出投资等四项投资支出，而转出投资虽也构成投资完成额，但它属建设单位在建设中将产权不归本单位的专用设施移交给其他单位，最终是形成其他建设单位的交付使用资产价值。

另外，上述基建支出的分类，是指用财政拨款资金建设的非经营性项目基建支出的划分，当涉及建设中的一些社会公益性支出(如江河清障、航道清淤、城市绿化等)及建设中的损失性费用(如取消项目可行性研究费等)不能形成交付使用资产的支出，则可向主管部门提出申请核销这部分基建支出。对用非财政预算内资金建设的经营性项目，则因项目建设资金的来源，或是企业自筹，或是借款及债券资金，均需建设单位自负责任，因此其基建支出的划分是除自用固定资产支出外，均构成四项投资完成额，分别是建筑安装工程投资、设备投资、其他投资和待摊投资。而这些投资随项目完工最终又都形成交付使用资产价值。

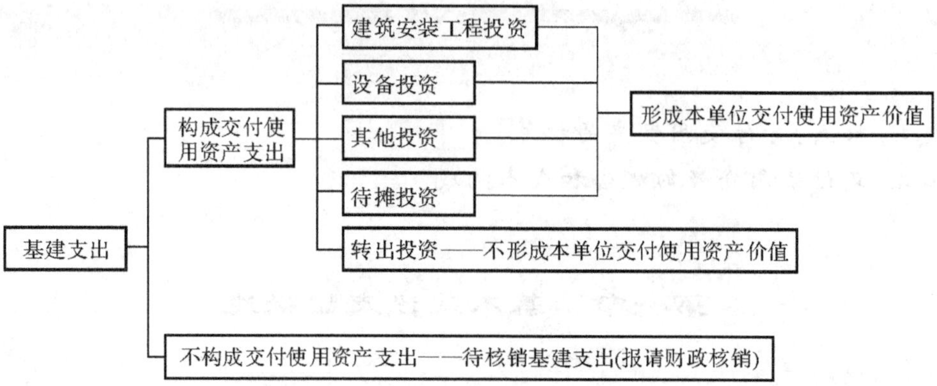

图 5-1　基建支出的内容

第二节　交付使用资产及管理要求

一、交付使用资产的概念

交付使用资产是指建设单位已经完成建造和购置过程，并经办理验收交接手续而交付生产使用单位的各项资产，包括固定资产和列入概算为生产准备的不够固定资产标准的工具、器具、家具等流动资产以及无形资产和递延资产。交付使用资产标志着基建支出的最终物资成果，反映基建投资已经形成生产能力或效益的有效部分，是考核基建投资效益的重要经济指标。具体包括以下内容：

(1)固定资产是指已经完成购置建造过程，并交付生产、使用单位的符合固定资产标准的各种房屋、建筑物和设备。

(2)流动资产是指由建设单位购置并交付生产使用单位低于固定资产标准的各种工具、器具、家具等。

(3)无形资产是指由建设单位购置并单独交付生产单位的土地使用权、专利权和专有技术等。

(4)递延资产是指在基本建设过程中发生的，并单独交付生产单位的各种递延费用。包括生产职工培训费、样品样机购置费、农业开荒费用等。

二、交付使用资产的管理要求

交付使用资产是投资建设项目的最终成果，必须按照基本建设财务管理的要求，对资产的形成价值和交付使用等各个环节进行管理，要求做到及时办理工程竣工验收手续，编制和报批竣工财务决算。

(一)遵守工程验收的法律规定,做好资产交付的准备工作

《中华人民共和国建筑法》第六十一条规定,交付竣工验收的建筑工程,必须符合规定的建筑工程质量标准,有完整的工程技术经济资料和经签署的工程保修书,并具备国家规定的其他竣工条件。建筑工程竣工经验收合格后,方可交付使用;未经验收或者验收不合格的,不得交付使用。

《合同法》第二百七十九条规定:建设工程竣工后,发包人应当根据施工图纸及说明书、国家颁发的施工验收规范和质量检验标准及时验收。验收合格的,发包人应当按照约定支付价款,并接收该建设工程。建设工程竣工验收合格后,方可交付使用;未经验收或者验收不合格的,不得交付使用。

建设单位应当按照上述规定,组织项目的竣工验收,做好资产交付使用准备工作。

(二)遵守财务管理规定,编制和报批竣工财务决算

建设单位在工程项目验收合格后,应当按照财务部《基本建设财务管理规定》的要求,编制项目的竣工财务决算报告,报有关财政部门审批,以批准的竣工财务决算报告作为资产交接和会计入账的依据。

(三)整理和编制资产交接资料,做好移交具体工作

建设单位根据批准的项目竣工财务决算报告,整理和编制资产交接的相关资料,做好具体的交接工作。

1.编制资产移交清单

建设单位根据批准的项目竣工财务决算报告的内容,编制交付使用资产移交明细清单,详细列明每一项交付使用资产的名称、数量、型号、规格、金额等内容。

2.竣工图纸及相关技术资料移交

为便于日后维修、技术改造等活动的需要,建设单位应在交付使用资产的同时,移交与资产相关竣工图纸及技术等资料,如有特殊情况,要编制相关说明。

3.项目有关的文件等资料移交

建设单位在办理资产移交时,应当将与建设项目有关的批复文件、施工合同、材料采购合同、会议纪要、建设工程招投标文件、建设工程结算造价审计(审核)报告、竣工财务决算报告等资料整理成册,移交给接收单位。

4.现场清点

移交单位与接收单位应当根据移交清单对移交的资产逐项进行现场清点。如有不符,应当按照有关制度办理相应的手续。

5.注意资产移交手续

(1)移交单位和接收单位要组织相关人员根据移交清单逐项核对移交资产,同时,移交相关技术文件。必要时,移交单位和接收单位的主管部门应当派人参加监交。涉及重大建设项目移交时,审计、财政、监察等政府相关部门应当派人监交。

(2)移交单位或部门与接收单位或部门经移交清单与移交资产进行核对无误后,由有关当事人在移交清单上签字确认,并加盖印章。报经审批人员审批后,加盖单位印章。移交清单一般一式三份,其中,移交单位或部门与接收单位或部门各执一份,另一份由接收单位档案部门保存。

(3)在移交过程中,发现应当移交的资产与经批准的基本建设项目竣工财务决算报告所附的交付使用资产总表及交付使用资产明细表不一致,建设单位应当根据财政部门等的有关规定办理相关审批手续,不得擅自处理。

第三节　交付使用资产成本的计算对象和组成内容

一、交付使用资产成本的计算对象

成本计算对象是指计算产品成本过程中,确定归集与分配生产费用的承担客体。为了正确计算产品成本,首先就是要确定成本计算对象,以便按照每一个成本计算对象,分别设置产品成本明细账(或成本计算单),来归集各个对象所应承担的生产费用,计算出各对象的总成本和单位成本。因此,正确确定成本计算对象,是保证成本核算质量的关键。

交付使用资产成本,一般应以具有独立使用价值的固定资产、流动资产、无形资产和递延资产作为计算对象。这里所指的独立使用价值是指有较完整的使用功能,能按照设计所规定的要求,单独地发挥作用。在确定交付使用资产成本计算对象时,应注意以下两点:

(1)完整的项目,其配套、辅助设施也应包括在内,如需要安装设备的交付使用资产成本,既包括设备本身价值,也包括设备的基础工程支出、安装费支出、辅助设施支出及分摊的待摊投资支出;

(2)独立使用价值,凡是单台设备、单件物体、单栋房屋、单项工具,只要是可以独立使用,均可作为一个交付使用资产成本的计算对象。

二、交付使用资产成本的组成

各项交付使用资产成本,应按下列方法和内容分别计算:

(1)新建房屋、建筑物、管道和线路业务等建筑物、构筑物,其完成的交付使用资产成本,包括:①建筑工程投资支出;②应分摊的待摊投资支出。

其中对新建房屋、建筑物的交付使用资产成本,在其分摊待摊投资时,还要考虑分析是否需要分摊土地征用及迁移补偿费:如属非经营性项目的,土地征用费又属行政划拨方式发生的,则新建房屋、建筑物的交付使用资产成本还包括分摊的土地征用及迁移补偿费;如属经营性项目,土地征用费属拍卖、投标、转让等发生的,则其新建房屋、建筑物的交付使用资产成本就如上所列示。

(2)动力设备和生产设备等安装完成的交付使用资产的成本,包括:①需要安装设备投资支出(设备采购成本);②安装工程投资支出(设备安装费成本);③建筑工程投资支出(设备基础、支柱、锅炉及各种特种炉的建筑工程成本);④应分摊的待摊投资支出。

(3)运输设备及其他不需要安装设备、工具、器具、家具、可行性研究固定资产购置、房屋购置、无形资产、递延资产等交付使用资产成本,包括计算它们的设备投资支出和其他投资支出,不再分摊待摊投资。

(4)基本畜禽、林木、役畜、鱼苗支出等交付使用资产成本,包括:①实际购置成本(买价+运杂费等);②饲养培育费用(购入后饲育支出);③应分摊的待摊投资支出。

以上各项交付使用资产成本组成中,如有购置建造过程中发生的增值税、消费税等税金支出，均要计入相应资产的交付使用资产成本中。具体的成本计算，可根据各自相应投资科目的明细账分析计算相加所得。

第四节　交付使用资产的核算

一、交付使用资产的准备工作

建设项目在工程竣工后，必须按照有关规定编制竣工决算，办妥竣工验收和资产交接手续，才能作为交付使用资产入账。建设单位在办理竣工验收和资产交接手续工作以前，必须根据“建筑安装工程投资”“设备投资”“其他投资”和“待摊投资”等科目的明细记录，计算交付使用资产的实际成本，编制交付使用资产明细表等竣工决算附件，经交接双方签证后，其中一份由使用单位作为资产入账依据，另一份由建设单位作为“交付使用资产”科目的记账依据。

“交付使用资产明细表”是建设单位办理竣工决算的主要文件，是生产使用单位确定资产价值，登记固定资产、流动资产、无形资产、递延资产总账和明细账的主要依据。建设单位要在清点各项资产数量和落实各项资产实际成本的基础上，根据有关投资科目的明细记录，认真编制。

为了简化明细核算手续，可以将“交付使用资产明细表”装订成“交付使用资产清册”，作为“交付使用资产”科目的明细记录。

按照建设项目竣工验收的有关规定，建设项目可以在全部完工后再办理竣工验收交接手续，进行整体移交，也可以在主要单项工程完工的情况下，办理单项工程的竣工验收交接手续。交付使用资产办理验收交接时，应防止两种情况的发生：一种是项目已经全部完成，所建造的固定资产已达到预定可使用状态，但为了继续吃基建的“大锅饭”，迟迟不办理验收交接手续，这种情况在用预算拨款建设的非经营性项目中较常见；另一种是项目尚不具备独立的使用功能，尚未到达预定可使用状态，就甩项竣工，搞简易投产验收。因此，建设单位的财会人员应忠于职守，遵循基本建设程序，督促和协助有关部门搞好项目竣工验收这项工作。

对可办理竣工验收手续的单项工程和建设项目，应按照国家有关规定、设计文件和技术验收规范，办理竣工验收和财产交付使用手续，编制“交付使用资产明细表”，交接双方签证后，作为竣工决算附件。“交付使用资产明细表”一式数份，其中一份交生产使用单位作为登记资产账目的依据，一份由建设单位作为登记“交付使用资产”账户的依据。为简化明细核算的手续，“交付使用资产”科目不再另行设置明细账，可把“交付使用资产明细表”装订成“交付使用资产清册”，以此作为“交付使用资产”科目的明细记录。

交付使用资产明细表，由于各自成本计算对象和组成内容不同，可采用表 5－1、表 5－2、表 5－3 和表 5－4 等不同格式。

表 5－1　交付使用资产明细表

单项工程:原料车间　　　　（房屋及建筑物）

资产名称	结构	建筑面积			概算数	成本				说明
		单位	设计	实际		建筑成本	待摊投资		合计	
							直接计入	分摊计入		
厂房	钢筋混凝土	m^2	1 000	1 000	2 000 000	1 900 000		190 000	2 090 000	自筹资金拨款
（下略）										

建设单位盖章:20××年 12 月 31 日　　　　生产单位盖章:20××年 12 月 31 日

表 5－2　交付使用资产明细表

单项工程:原料车间　　　　（需要安装设备）

资产名称	型号规格	单位	数量	概算数	成本					说明
					设备投资	安装成本	建筑成本	待摊投资	合计	
甲需要安装设备		台	1	600 000	500 000	25 000	15 000	54 000	594 000	自筹资金拨款
（下略）										

建设单位盖章:20××年 12 月 31 日　　　　生产单位盖章:20××年 12 月 31 日

表 5-3　交付使用资产明细表

单项工程:原料车间　　　　（不需要安装设备、工具、器具）

资产名称	型号规格	单　位	数　量	概算数	成本				说　明
					固定资产		递延资产		
					单　位	总　价	单　价	总　价	
乙不需安装设备工、器具样机		台	2	50 000	25 000	50 000			自筹资金拨款
		件	5	3 500			700	3 500	
		台	1	5 000			5 000	5 000	
（下略）									

建设单位盖章:20××年 12 月 31 日　　　　生产单位盖章:20××年 12 月 31 日

表 5-4　交付使用资产明细表

单项工程:原料车间　　　　（基本畜禽、林木、鱼苗、役畜等）

资产名称	品种规格	单　位	数　量	概算数	成本			说　明
					其他投资	待摊投资	合　计	
购置房屋鱼苗		栋	1	1 950 000	2 000 000		2 000 000	投资借款
		尾	100 000	70 000	660 000	66 000	666 000	
（下略）								

建设单位盖章:20××年 12 月 31 日　　　　生产单位盖章:20××年 12 月 31 日

二、交付使用资产的账户设置

为了核算交付使用资产的实际成本，反映当年各种资产的交付情况，建设单位应设置“交付使用资产”科目。

设置“交付使用资产”账户，用于具体核算资产交付情况。“交付使用资产”科目属于资金占用类科目，用来核算建设单位已经完成购置、建造过程，并已交付或结转给生产、使用单位的各项资产，包括固定资产，为生产准备的不够固定资产标准的工具、器具、家具等流动资产，无形资产和递延资产的实际成本。借方登记已经办理验收交接手续的各项资产的实际成本，贷方平时一般不需登记，期末借方余额反映建设单位年内交付或结转使用单位的各项资产的实际成本总金额。

“交付使用资产”科目，应按交付“固定资产”“流动资产”“无形资产”和“递延资产”的类别和名称设置明细科目，进行明细核算。

“交付使用资产”科目的具体核算内容如图 5－1 所示。

借　　　　交付使用资产	贷
登记已经办理交接手续的交付使用资产实际成本（“建筑安装工程投资”“设备投资”“其他投资”“待摊投资”科目）	下年初建立新账时把本年度已发生尚未冲转余额全部冲转（“基建拨款——以前年度拨款”“待冲基建支出”“企业债券资金”“项目资本”“项目资本公积”科目）
余额：本年已发生而尚未冲转的交付使用资产实际成本 （下年初建立新账结转后无余额）	

图 5－1　交付使用资产

本科目应按固定资产、流动资产、无形资产和递延资产的类别和名称进行明细核算。

三、交付使用资产的账务处理

1. 新建房屋、建筑物的交付使用

【例 5－1】 某自筹资金项目的原料车间已竣工，办妥了验收交接手续后，移交给生产单位使用，其中厂房建筑工程投资 1 900 000 元，待摊投资预定分配率为 10%（以下举例中均相同）。

做如下会计分录并登记“交付使用资产明细表”（以下会计分录均已登入表中）：

借：交付使用资产——固定资产（厂房）　　2 090 000
　贷：建筑安装工程投资　　1 900 000
　　　待摊投资　　190 000

2. 需要安装设备的交付使用

【例 5－2】 原料车间甲需要安装设备也已交付使用，设备采购成本 500 000 元，设备基础工程支出 15 000 元，设备安装费支出 25 000 元。应做如下会计分录：

借：交付使用资产——固定资产（甲需要安装设备）　　594 000
　贷：设备投资——在安装设备　　500 000
　　　建筑安装工程投资——建筑工程投资　　15 000

——安装工程投资　　25 000

待摊投资[(500 000+15 000+25 000)×10%]　　54 000

此项经济业务中,需要注意的问题是:构成交付使用资产的建设成本是由若干科目的金额加计而成的,如此例中“设备投资”“建筑安装工程投资”“待摊投资”共同构成了一项具有完整使用价值的固定资产项目。

3.不需要安装设备、工器具的交付使用

【例 5-3】 原料车间交付生产单位乙不需安装设备 2 台交付使用,采购成本每台 25 000 元,工、器具一批共计 3 500 元,样机 1 台,单价 5 000 元。应做如下会计分录:

借:交付使用资产——固定资产(不需安装设备)　　50 000

——递延资产(样机)　　5 000

——流动资产(工、器具)　　3 500

贷:设备投资——不需安装设备　　50 000

——工、器具　　3 500

其他投资——递延资产　　5 000

4.新建单位购置房屋和办公生活用家器具等的交付使用

【例 5-4】 某投资借款项目,因工程配套要求,将购置的总价 2 000 000 元的房屋移交给生产单位使用。

借:交付使用资产——固定资产(房屋)　　2 000 000

贷:其他投资——房屋购置　　2 000 000

同时,通知生产单位转账:

借:应收生产单位投资借款　　2 000 000

贷:待冲基建支出　　2 000 000

当用投资借款完成的资产交付使用时,一方面要登记交付使用资产账户;另一方面也表示建设单位接受委托借入借款进行工程建设,现已购建完成,财产也已交付使用,生产和接受财产单位应负起偿还借款的责任,所以会计制度规定同时要做通知生产单位转账会计分录。除用投资借款完成的资产交付使用时要加做分录外,其他各种资金购建资产交付使用时,均不需加做会计分录,另外,例 5-3、例 5-4 业务涉及的资产均不需要分摊投资,因此,当该类资产交付使用时,均没有分配待摊投资。

5.购置、饲养、培育的基本畜禽、木林、鱼苗移交生产单位使用

【例 5-5】 某投资借款建设的农牧业单位购入鱼苗 100 000 尾,单价 6 元,购入后发生饲养管理支出 60 000 元,现交付有关单位,并已办好验收手续。待摊投资分配率同前。

借:交付使用资产——鱼苗　　726 000

贷:其他投资——鱼苗支出　　660 000

待摊投资　　66 000

借:应收生产单位投资借款　　726 000

贷:待冲基建支出　　726 000

【例 5-6】 建设单位的一栋生产车间已竣工并交付使用,其实际成本为 800 万元,其中:建筑安装工程投资为 450 万元,需要安装设备投资为 280 万元,工具及器具投资为 10 万元,应分摊待摊投资为 60 万元。作会计分录如下:

借:交付使用资产　　8 000 000
　　贷:建筑安装工程投资　　4 500 000
　　　　设备投资——在安装设备　　2 800 000
　　　　设备投资——工具及器具　　100 000
　　　　待摊投资　　600 000

【例 5-7】 某建设单位利用国家开发银行投资借款建造的工程已全部竣工,办理了验收交接手续,交付生产单位使用。该工程全部建筑安装工程投资 39.8 万元,需要安装设备投资 20.1 万元,不需要安装设备投资 11.7 万元,应分摊待摊投资 7.3 万元。根据"交付使用资产明细表",作会计分录如下:

借:交付使用资产　　789 000
　　贷:建筑安装工程投资　　398 000
　　　　设备投资——在安装设备　　201 000
　　　　设备投资——不需要安装设备　　117 000
　　　　待摊投资　　73 000

上项交付使用资产是用基建投资借款购建的,应通知生产单位转账,同时作会计分录如下:

借:应收生产单位投资借款　　789 000
　　贷:待冲基建支出　　789 000

下年初建立新账时,将上年末用基建投资借款购建完成的交付使用资产全数冲转"待冲基建支出"科目。作会计分录如下:

借:待冲基建支出　　789 000
　　贷:交付使用资产　　789 000

【例 5-8】 将购入的卡车一辆交付生产单位使用,其实际成本为 26 万元。作会计分录如下:

借:交付使用资产　　260 000
　　贷:设备投资——不需要安装设备　　260 000

在财产交付使用时,要分清哪些财产应负担待摊投资,哪些不负担待摊投资,对于原在各投资额科目归集,按规定应予以转出或核销的那部分支出,在财产交付使用时,应该扣除,不得随同作为交付使用资产核算。

这些财产如原在"建筑安装工程投资"科目核算的非经营性项目中的产权不归本单位的专用设施支出,这部分支出应在完工时,结转到"转出投资"科目;原在"建筑安装工程投资""设备投资""其他投资""待摊投资"科目中归集的经营性项目有偿移交其他单位继续建设的未完在建工程,也需在移交时,从这些科目结转到"应收有偿调出器材及工程款"科目;另外,原在"建筑安装工程投资"科目核算的非经营性项目的非常损失(报废工程损失),原在"待摊投资"科目核算的非经营性项目的取消项目可行性研究费,均应在报经批准后结转到"待核销基建支出"科目。

课后练习题

一、判断题

1. 基建支出按最终能否形成交付使用资产划分,可分为构成交付使用资产的支出和不构

成交付使用资产的支出。　（　）

2. 交付使用资产是指建设单位已经完成建造和购置过程，并经办理验收交接手续而交付生产使用单位的各项资产，包括固定资产和列入概算为生产准备的不够固定资产标准的工具、器具、家具等流动资产以及无形资产和递延资产。　（　）

3. 交付使用资产成本的组成：①新建房屋、建筑物、管道和线路业务等建筑物、构筑物，其完成的交付使用资产成本；②动力设备和生产设备等安装完成的交付使用资产的成本；③运输设备及其他不需要安装设备、工具、器具、家具、可行性研究固定资产购置、房屋购置、无形资产、递延资产等交付使用资产成本；④基本畜禽、林木、役畜、鱼苗支出等交付使用资产成本。　（　）

4. 原料车间甲需要安装设备也已交付使用，设备采购成本 500 000 元，设备基础工程支出 15 000 元，设备安装费支出 25 000 元。应做如下会计分录：　（　）

借：交付使用资产——固定资产（甲需要安装设备）	594 000	
贷：设备投资——在安装设备		500 000
建筑安装工程投资——建筑工程投资		15 000
——安装工程投资		79 000

5. 某投资借款项目，因工程配套要求，将购置的总价 2 000 000 元的房屋移交给生产单位使用。　（　）

借：交付使用资产——固定资产	2 000 000	
贷：其他投资——房屋购置		2 000 000

二、实务题

【目的】练习交付使用资产的核算。

【要求】

1. 计算待摊投资预定分配率；
2. 计算各项交付使用资产的建设成本；
3. 分别为各项经济业务编制会计分录。

【资料】某投资借款建设单位预计建设期内发生的待摊投资 800 000 元，建设期内的建筑安装工程投资支出 5 600 000 元，需要安装设备投资支出 4 200 000 元，基本畜禽支出 200 000 元。20××年 12 月份，有下列各项办妥验收交接手续的交付使用资产：

(1)厂房	建筑工程成本	1 200 000
(2)仓库	建筑工程成本	1 000 000
(3)宿舍	建筑工程成本	1100 000
	基础工程成本	16 000
(4)工艺设备	安装工程成本	25 000
	设备采购成本	2 800 000
(5)自卸汽车 5 辆	采购成本	350 000
(6)生产用工、器具	采购成本	13 000
(7)可行性研究自用固定资产	采购成本	12 000

(8)基本畜禽	采购成本	180 000
	饲养费用	10 000

(9)将投资借款完成的各项交付使用资产,及时通知生产单位转账。

三、简答题

1.什么是交付使用资产?各类交付使用资产的建设成本是怎样构成的?

2.怎样进行交付使用资产核算?

3.交付使用资产成本的计算对象是什么?

4.用基建投资借款完成的交付使用资产,为什么要在交付生产单位使用时,同时借记“应收生产单位投资借款”科目,贷记“待冲基建支出”科目?

第六章　基建资金转销的核算

重点/难点：拨款单位基建资金冲转、投资借款单位资金冲转的会计业务处理

掌握：拨款单位基建资金冲转、投资借款单位资金冲转的核算

基建资金用于建设项目建设，依次经过投资取得、投资使用和投资完成转销三个阶段，随着各项资产完工交付使用，基建资金也应办理资金冲转退出建设单位的账务处理。由于用于基建资金的来源渠道众多，有预算内拨款、预算外拨款，也有投资借款和企业债券资金、项目资本金等，其资金冲转的账务处理不同，资金退出建设单位的时间也不同：凡属预算拨款资金，因其资金使用无偿性的特点，决定了资产交付使用后的下一年度资金冲转后，资金完全退出建设单位，建设单位的会计核算工作可告全部完成；凡属投资借款资金，因其资金需要还本付息，资产交付使用后，并不表明借款已经偿还，因此在资产交付使用后的下年度资金冲转后，资金没有退出建设单位，它需等生产单位还清所有借款本息后，资金才算退出建设单位；至于企业债券资金和项目资本金的资金，虽然其资金并非无偿使用，但在资金冲转的账务处理上，在资产交付使用后的下年度资金冲转后，建设单位账上不反映其资金的偿还运用情况，也可作为资金退出建设单位看待。

一、拨款单位基建资金冲转的核算

(一)拨款单位资金冲转的基本做法

拨款方式进行项目建设的建设单位，其基建拨款的取得渠道较多。根据目前的投资管理体制，基建拨款一般来源于地方预算拨入的预算拨款、中央预算拨入的基建基金拨款、主管部门或企业单位等拨入的自筹资金拨款、其他单位拨入的其他拨款等。各种不同渠道取得的基建拨款，虽然管理方法不同，但它们都属于无偿性的基本建设资金来源，使用后不需要归还。因此，建设单位用基建拨款购建完成的各项交付使用资产，可以直接冲转基建拨款。

(二)账务处理的具体方法

拨款资金可分为预算内拨款和预算外拨款两种，其资金冲转的账务处理是相同的。当年形成的交付使用资产、转出投资、待核销基建支出，表示拨款资金使用的最终结果，随移交手续的办妥，资金也已离开建设单位。为反映预算资金的冲转，在下年初建立新账时，将上年发生的“交付使用资产”“转出投资”和“待核销基建支出”科目的期末余额，全数冲转“基建拨款——以前年度拨款”科目，经转销后，剩余额即为拨入尚未完工工程占用的资金。

1. 账务处理的具体步骤

(1)下年初建立新账时，将上年度“基建拨款”科目所属“本年预算拨款”“本年基建基金拨款”“本年进口设备转账拨款”“本年自筹资金拨款”“本年器材转账拨款”“本年其他拨款”等明细科目的年末贷方余额，全数转入“基建拨款——以前年度拨款”明细科目的贷方，以分清拨款年度。

如果一个建设单位既有预算拨款，又有基建基金拨款或自筹资金拨款、其他拨款等多种基建拨款，则“基建拨款——以前年度拨款”明细科目应分为“以前年度拨款(预算拨款)”“以前年度拨款(自筹资金拨款)”“以前年度拨款(其他拨款)”等明细科目，以分清不同的资金来源。在年初建立新账时，应将上年取得的各种拨款，分别转入“基建拨款——以前年度拨款(预算拨款)”“基建拨款——以前年度拨款(基建基金拨款)”“基建拨款——以前年度拨款(自筹资金拨款)”“基建拨款——以前年度拨款(其他拨款)”等明细科目。

(2)下年初建立新账时，将上年度“基建拨款——本年交回结余资金”和“基建拨款——本年器材转账拨款”“基建拨款——本年其他拨款”等明细科目的借方余额，全数冲转“以前年度拨款”明细科目，以反映实际拨入的基建拨款数。“本年器材转账拨款”明细科目余额可能为贷方余额，也有可能为借方余额，贷方余额表示拨入款增加，借方余额表示拨款的冲抵。

(3)下年初建立新账时，将上年度“交付使用资产”科目借方余额中拨款完成金额和“转出投资”“待核销基建支出”科目借方余额，一起冲转“以前年度拨款”明细科目，以完成拨款资金的转销。

经过上述程序，基建拨款资金完成了账面上的结转，意味着该部分资金退出了建设单位。

另外，如下年初预存在银行的待转自筹资金拨款，经批准可在当年使用时，则可按批准动用数借记“基建拨款——待转自筹资金拨款”科目，贷记“基建拨款——本年自筹资金拨款”科目。如有上年预收下年度预算拨款的，则应结转为本年预算拨款。

现行会计制度规定，基本建设资金冲转的核算在下年初建立新账时进行。在年度财务决算报经上级主管部门和财政部门审批后，再按批准数进行调整。

2.拨款单位基建资金冲转核算示例

【例6-1】 某建设单位20××年年末有关科目的余额，见表6-1。

表6-1　某建设单位相关科目余额　　单位:元

总账科目	明细科目	借或贷	余　额	说　明
基建拨款	以前年度拨款	贷	6 000 000	其中:预算拨款 4 000 000 自筹资金拨款 2 000 000
	本年预算拨款	贷	5 000 000	
	本年进口设备转账拨款	贷	800 000	
	本年器材转账拨款	借	900 000	
	本年基建基金拨款	贷	300 000	
	本年煤代油专用基金拨款	贷	200 000	
	待转自筹资金拨款	贷	3 000 000	其中:经批准可动用 2 500 000
	本年自筹资金拨款	贷	2 000 000	
	本年交回结余资金	借	600 000	自筹资金拨款
交付使用资产		借	9 700 000	其中:预算拨款完成 6 000 000 自筹资金完成 3 700 000
转出投资		借	400 000	预算拨款完成
待核销基建支出		借	200 000	预算拨款完成

下年初建立新账时：

(1)结转“基建拨款”科目所属各明细科目贷方余额，应进行如下账务处理：

借：基建拨款——本年预算拨款　　5 000 000
　　　　　——本年进口设备转账拨款　　800 000
　　　　　——本年基建资金拨款　　300 000
　　　　　——本年煤代油专用基金拨款　　200 000
　　　　　——本年自筹资金拨款　　2 000 000
　贷：基建拨款——以前年度拨款　　8 300 000

(2)结转“基建拨款”科目所属“本年器材转账拨款”和“本年交回结余资金”明细科目借方余额，应进行如下账务处理：

借：基建拨款——以前年度拨款——预算拨款　　900 000
　　　　　——自筹资金拨款　　600 000
　贷：基建拨款——本年器材转账拨款　　900 000
　　　　　　——本年交回结余资金　　600 000

(3)结转“交付使用资产”“转出投资”和“待核销基建支出”科目借方余额，应进行如下账务处理：

借：基建拨款——以前年度拨款——预算拨款　　6 600 000
　　　　　——自筹资金拨款　　3 700 000
　贷：交付使用资产　　9 700 000
　　　转出投资　　400 000
　　　待核销基建支出　　200 000

经过以上结转程序，“交付使用资产”“转出投资”“待核销基建支出”总账科目已无余额，“基建拨款”有关明细科目除“以前年度拨款”和“待转自筹资金拨款”外均无余额，而“以前年度拨款”明细科目的余额，表示至目前累计拨入的拨款资金尚未核销的部分，一般也表示处于在建工程的拨款资金占用数。

(4)经批准将可动用的自筹资金从“待转自筹资金拨款”结转到“本年自筹资金拨款”明细科目，应进行如下账务处理：

借：基建拨款——待转自筹资金拨款　　2 500 000
　贷：基建拨款——本年自筹资金拨款　　2 500 000
借：银行存款——自筹资金户　　2 500 000
　贷：银行存款——待转自筹资金户　　2 500 000

二、投资借款单位基建资金冲转的核算

投资借款完成的资产，其资金的冲转与拨款单位不同，在下年初资金结转时，拨款资金要进行本年拨款和以前年度拨款的结转，而投资借款资金则不需要经过这个程序，可直接进行冲转。但投资借款项目在资产交付使用时，要加做一笔通知生产单位转账的会计分录。另外，经过资金结转后，其表示的含义也不同，拨款单位为资金退出建设单位，投资借款单位则无这种含义，其资金退出建设单位，要等到投资借款全部还清，资金运动才告结束。

以下举例说明借款单位资金冲转的核算方法。

【例 6-2】 某用投资借款建设的项目，20××年开工并投入借款资金 20 000 000 元，当年部分项目已达到“预定可使用状态”，并办妥了交付使用资产手续，当年共交付使用的资产为 6 000 000元，其中，厂房建筑工程投资 4 000 000 元，在安装生产设备 1 600 000 元，应分摊的待摊投资 400 000 元。其当年和下年初财产交付使用和资金结转的账务处理如下：

(1)当年形成交付使用资产时：

借：交付使用资产——固定资产	6 000 000	
贷：建筑安装工程投资		4 000 000
设备投资——在安装设备		1 600 000
待摊投资		400 000

通知生产单位转账：

借：应收生产单位投资借款	6 000 000	
贷：待冲基建支出		6 000 000

(2)下年初资金转销时：

借：待冲基建支出	6 000 000	
贷：交付使用资产		6 000 000

本例中，下年初冲销的 6 000 000 元，并不表示该部分资金退出了建设单位。借款资金退出建设单位，需分析“应收生产单位投资借款”的余额和贷方发生额，以及“基建投资借款”的余额和借方发生额，当借款资金建设的项目已完工，所建成的资产已全部移交给生产或使用单位，随着生产或使用单位偿还借款，建设单位账上的“应收生产单位投资借款”和“基建投资借款”科目余额为零的时候，则表示借款资金退出了建设单位。因此，借款资金的偿还过程就是借款资金退出建设单位的过程。

三、拨贷合一单位基建资金冲转的核算

如果一个建设项目既有拨款资金又有投资借款资金共同进行建设，则称作拨贷合一项目。对拨贷合一项目的基建资金冲转，掌握两条原则：一是不管是单项、单位工程还是整个项目，投资时资金划分清楚的，交付使用资产中也能分清不同资金购建的，则用拨款资金完成的按拨款项目资金冲转办法冲转，用投资借款资金完成的，按投资借款项目资金冲转办法冲转；二是项目建设中混同投资，即拼盘项目，不能分清资金区别的，则各自按照占项目总投资的比例，分别计算在交付使用资产中完成的份额，再用各自资金冲转的办法冲转。

在按比例计算各自在交付使用资产中完成的份额时，应注意以下两项内容的计算：一项是投资借款利息，因拨款资金无此内容，所以利息净支出应全部由投资借款资金负担，同时为方便计算，可假设当年发生的借款利息已全部进入当年完成的交付使用资产价值中；另一项是涉及拨款资金的待核销基建支出、转出投资核销时，因其支出全部由财政核销与投资借款资金无关。

以下举例说明拨贷合一单位基建资金冲转的核算。

【例 6-3】 某拨贷合一项目 20××年计划投资总额 5 000 000 元(不包括借款利息)，其中投资借款 3 000 000 元，自筹资金拨款 2 000 000 元，当年完成交付使用资产价值 4 150 000 元(其中：借款利息净支出 150 000 元)。各种资金完成交付使用资产的比例，其计算结果见表6-2。

表 6-2　交付使用资产分配表

单位:元

项　目	合　计	投资借款(60%)	自筹资金(40%)
交付使用资产	4 150 000	(4 150 000－150 000)×60%＝2 400 000	(4 150 000－150 000)×40%＝1 600 000
其中:借款利息	(150 000)	150 000	
合　计	4 150 000	2 550 000	1 600 000

根据上述计算结果,20××年的账务处理如下:

将发生交付使用资产转账或建造完工的交付使用资产入账。

(1)借:交付使用资产　　4 150 000

　　贷:建筑安装工程投资等科目　　4 150 000

用投资借款完成的部分通知生产单位入账。

(2)借:应收生产单位投资借款　　2 550 000

　　贷:待冲基建支出　　2 550 000

下年初建立新账时的账务处理如下:

冲转“基建拨款”所属明细科目的上年余额。

(1)借:基建拨款——本年自筹资金拨款　　2 000 000

　　贷:基建拨款——以前年度拨款——自筹资金拨款　　2 000 000

资金冲转。

(2)借:待冲基建支出　　2 550 000

　　基建拨款——以前年度拨款——自筹资金拨款　　1 600 000

　　贷:交付使用资产　　4 150 000

本例业务中,当年投资总额并未全部形成交付使用资产,但对拨款资金的下年初明细科目结转,则应按余额全部结转,如本例中 200 万元;当冲销已交付资产时,则按该项资产完成比例计算的数额冲转。另外,投资借款资金一般用于经营性生产项目,而预算拨款资金一般用于非经营性行政、事业项目,伴随预算拨款资金而发生的转出投资,待核销基建支出,在拨贷合一项目资金冲转时,应全部由拨款资金冲销。但因投资借款和预算拨款,在目前基建管理体制下共建一个项目的例子较少,因此不再单独举例说明。

四、企业债券资金和项目资本基建资金冲转的核算

企业债券资金项目发行债券的条件较多,而项目资本项目筹集资金相对容易些。现为了说明资金冲转方法的运用,假设这两种资金共建某项目,已完成交付使用资产若干金额,其资金在下年初建立新账冲转时,应按如下步骤处理:

1.计算当年完成交付使用资产中各种资金所占的比例

在按投资比例计算各种资金完成比例时,应注意企业债券资金发生的债券应付利息、债券发行手续费、佣金、发行费等支出,这部分支出属债券资金所持有,项目资本资金无此类支出,因此这部分支出要由债券资金来负担。同时,为了简化计算,可假定这部分支出全部可计入当年交付使用资产的价值。

2. 下年初资金冲转

按各自资金冲转的方法，分别冲转。

以下举例说明其资金冲转的核算。

【例 6－4】 某项目系债券资金和项目资本资金合一建设的，20××年度计划投资总额 2 000 000元(包括债券利息、发行费用等)，其中企业债券资金 1 100 000 元，项目资本资金 900 000元，当年完成交付使用资产 1 600 000 元(其中债券利息净支出和发行费计 20 000 元)。各种资金完成交付使用资产的比例，其计算结果见表 6－3。

表 6－3 交付使用资产分配表

单位：元

项 目	合 计	企业债券资金(55%)	项目资本资金(45%)
交付使用资产	1 600 000	(1 600 000－20 000)×55%＝869 000	(1 600 000－20 000)×45%＝711 000
其中：债券利息、发行费	(20 000)	20 000	
合 计	1 600 000	889 000	711 000

下年初建立新账时：

(1)冲转企业债券资金完成的交付使用资产：

借：企业债券资金　　889 000

　　贷：交付使用资产　　889 000

(2)冲转项目资本资金完成的交付使用资产：

借：项目资本　　711 000

　　贷：交付使用资产　　711 000

课后练习题

一、判断题

1. “建筑安装工程投资”科目如果期末有余额，一般在贷方。 (　　)

2. 上年度的“基建拨款——本年交回结余资金”和“基建拨款——本年器材转账拨款”等科目在下年初建立新账时，无须转入“基建拨款——以前年度拨款”科目。 (　　)

3. 拨款资金可分为预算内拨款和预算外拨款两种。 (　　)

4. 对拨款项目而言，下年初建立新账时，无须冲转“基建拨款——以前年度拨款”明细科目。 (　　)

二、实务题

习题一

【目的】练习拨款单位基建资金的冲转。

【要求】

1. 下年初建立新账时结转"基建拨款"所属本年各有关明细科目余额。

2. 结转上年度完成的"交付使用资产""转出投资""待核销基建支出"科目的余额。

3. 结转经批准使用的"待转自筹资金拨款"数额。

【资料】某建设单位20××年年末有关科目余额如下：

单位：元

总账科目	明细科目	借或贷	余　额	说　明
基建拨款	以前年度拨款	贷	1 200 000	其中：预算拨款400 000 自筹资金拨款800 000
	本年预算拨款	贷	900 000	
	本年进口设备转账拨款	贷	120 000	预算拨款
	本年器材转账拨款	借	60 000	预算拨款
	本年自筹资金拨款	贷	2 000 000	
	待转自筹资金拨款	贷	1 300 000	经批准下年初可动用700 000 预算拨款
	本年交回结余资金	借	50 000	
	本年其他拨款	贷	28 000	
交付使用资产		借	1 650 000	其中：预算拨款完成650 000 自筹资金完成1 000 000
转出投资		借	100 000	预算拨款完成
待核销基建支出		借	110 000	预算拨款完成

习题二

【目的】练习拨贷合一单位基建资金冲转的核算。

【要求】

1. 做当年形成交付使用资产会计分录。

2. 计算各种资金完成交付使用资产数额。

3. 进行自筹拨款资金冲转账务处理。

4. 进行投资借款资金冲转账务处理。

【资料】某建设单位系自筹资金拨款，投资借款合一建设单位，20××年基建投资计划中自筹资金占30%，投资借款占70%，计划投资总额30 000 000元(不包括借出利息)，当年完成交付使用资产20 000 000元(其中：借款利息1 500 000元，已列入计划投资总额)。

三、简答题

1. 试述不同资金来源的基建资金冲转有什么特点和区别。

2. 试述拨款单位资金冲转核算的程序。

3. 试述投资借款单位资金冲转核算的程序。

4. 怎样组织拨贷合一单位基建资金冲转的核算？

5. 怎样组织企业债券资金和项目资本资金基建资金冲转的核算？

第七章　基建收入、基建包干节余、留成收入的核算

了解：基建收入、基建包干节余、留成收入的概念及组成

熟悉：基建收入、基建包干节余、留成收入的核算办法

第一节　基建收入的核算

一、基建收入的内容

基建收入是指在基本建设过程中形成的各项工程建设副产品变价净收入、负荷试车和试生产收入以及其他收入，包括以下几个部分：

(1)工程建设副产品变价收入。包括煤炭建设中的工程煤收入、矿山建设中的矿产品收入、油(气)田钻井建设中的原油(气)收入和森林建设中的路影材收入等。

(2)工业项目为检验设备安装质量进行的负荷试车或按合同及国家规定进行试生产所实现的产品收入，包括水利、电力建设移交生产前的水、电、热费收入，原材料、机电轻纺、农林建设移交生产前的产品收入，铁路交通临时运营收入等。

(3)各类建设项目总体建设尚未完成和移交生产，但其中部分工程简易投产而产生的营业性收入等。

对各类副产品和负荷试车产品基建收入的确定，是按实际销售收入扣除销售过程中所发生的费用和税金确定的，负荷试车费用应从建设项目投资中解决。

对试生产期间基建收入的确定，是以产品实际销售收入减去销售费用及其他费用和销售税金后的纯收入确定。

基本建设收入的相关规定

第一条　为适应我国基本建设管理体制改革的需要，加强基本建设收入的财务管理，调动建设单位、施工企业增收节支的积极性，特制定本规定。

第二条　基本建设收入是指在基本建设过程中形成的各项工程建设副产品变价净收入、负荷试车和试生产收入以及其他收入。包括以下几个部分：

(1)工程建设副产品变价收入。包括煤炭建设中的工程煤收入，矿山建设中的矿产品收入，油(气)田钻井建设中的原油(气)收入和森工建设中的路影材收入等；

(2)工业项目为检验设备安装质量进行的负荷试车或按合同及国家规定进行试生产所实现的产品收入，包括水利、电力建设移交生产前的水、电、热费收入，原材料、机电轻纺、农林建设移交生产前的产品收入，铁路、交通临时运营收入等；

(3)各类建设项目总体建设尚未完成和移交生产，但其中部分工程简易投产而产生的营业性收入等；

(4)使用基本建设投资借款的建设项目，贷款转存款所发生的利息收入，工程建设期间各项索赔以及违约金等其他收入。

第三条　各类副产品和负荷试车产品基建收入按实际销售收入扣除销售过程中所发生的费用和税金确定。负荷试车费用应从建设项目投资中解决。试生产期间基本建设收入以产品实际销售收入减去销售费用及其他费用和销售税金后的纯收入确定。

第四条　试生产期的确定：引进国外设备项目按建设合同中规定的试生产期执行；国内一般性建设项目试生产期原则上按照批准的设计文件所规定期限执行。个别行业的建设项目试生产期需要超过规定试生产期的，应报项目设计文件审批机关批准。

第五条　建设项目按批准的设计文件所规定的内容建完，工业项目经负荷试车考核(引进国外设备项目合同规定试车考核期满)或试生产期能够正常生产合格产品；非工业项目符合设计要求，能够正常使用，应及时组织验收，移交生产或使用。凡已超过批准的试生产期，并已符合验收条件但未及时办理验收手续的工程，其费用不得从基建投资中支付，所实现的收入视同正式投产项目生产经营收入，不再作为基建收入并分成。

第六条　试生产期确定后，各建设单位应严格按规定执行，不得自行缩短和延长。

二、基建收入的分成办法

(1)对基建副产品收入，实行“三・七”分成，即30%上缴财政或用于归还投资借款、企业债券资金，70%留成。对留成部分由建设单位和施工企业按“二・八”比例分成，建设单位留用20%，即对基建副产品收入建设单位可按收入总额的14%(100%×70%×20%)留用。

(2)对负荷试车和试生产收入，国内项目70%上缴财政或用于偿还投资借款，30%建设单位留用；引进国外成套设备项目，90%上缴财政或用于偿还投资借款，10%建设单位留用；引进部分国外设备与国内设备配套建设的项目，按设备投资比例加权平均确定分配比例。

(3)对建设项目部分工程简易投产基建收入，60%上缴财政或用于偿还投资借款等，40%建设单位留用。建设单位对留用的基建收入按“六・二・二”比例作为留成收入、职工福利基金和奖励基金，但不得用于计划外工程项目建设。

三、基建收入的核算

为了总括地反映和监督基建收入的形成、上交和留用情况，应设置“应交基建收入”科目。

“应交基建收入”科目属资金来源类科目，用以核算基建收入的实现、上交和留用情况，贷方登记实现的基建收入，借方登记按规定上缴财政或偿还基建投资借款以及建设单位留用的基建收入；本科目贷方余额表示应交未交或尚未用以偿还投资借款的基建收入。本科目应按实现的基建收入类别设置明细账进行明细核算(见图7-1)。

借　　应交基建收入　　贷

借	贷
应分配给施工企业部分	工程建设副产品变价收入
上交或偿还投资借款部分	工业项目负荷联合试车收入
建设单位留用部分	水利、电力、铁路项目移交生产前试营运收入
	整体项目未完工，部分工程简易投产的营业性收入
	余额：应交未交或尚未偿还投资借款的基建收入

图7-1　应交基建收入

以下举例说明基建收入实现、分成与留用的核算。

【例7-1】 某用投资借款建设的煤矿项目，建设中采得工程煤一批，对外销售得款117 000元，其中应交增值税17 000元。应做如下会计分录：

借：银行存款　　117 000

　贷：应交基建收入——副产品收入　　100 000

　　应交税费——应交增值税(销项税额)　　17 000

【例7-2】 上项基建收入30%用于偿还投资借款。应做如下会计分录：

借：应交基建收入　　(100 000×30%)30 000

　贷：银行存款　　30 000

借：基建投资借款　　30 000

　贷：应收生产单位投资借款　　30 000

【例7-3】 上项基建收入留成部分按"二・八"比例在建设单位和施工企业中进行分配，建设单位留用中再按"六・二・二"比例分别转作留成收入、应付福利费和应付工资。应做如下会计分录：

借：应交基建收入　　70 000

　贷：其他应付款——应付施工企业基建收入款　　56 000

　　留成收入　　8 400

　　应付职工薪酬——福利费　　2 800

　　　　　　　　——工资　　2 800

【例7-4】 某用投资借款建设的化工厂有一个生产车间提前简易投产，取得产品销售收入200 000元，应交增值税34 000元，产品成本为120 000元。对实现的基建收入的60%偿还投资借款，40%建设单位留用。应做如下会计分录：

(1)取得销售收入时：

借：银行存款　　234 000

　贷：应交基建收入　　200 000

　　应交税费——应交增值税(销项税额)　　34 000

(2)结转基建纯收入时(结转产品成本)：

借：应交基建收入　　120 000

　贷：库存材料　　120 000

(3)60%偿还投资借款时[(200 000－120 000)×60%]：

借：应交基建收入　　48 000

　贷：银行存款　　48 000

借：基建投资借款　　48 000

　贷：应收生产单位投资借款　　48 000

(4)40%建设单位留用时[(200 000－120 000)×40%]：

借：应交基建收入　　32 000

　贷：留成收入　　(60%)19 200

　　应付职工薪酬——福利费　　(20%) 6 400

　　　　　　　　——工资　　(20%) 6 400

【例 7－5】 某用企业债券资金建设的项目，将第一车间的系统联动设备委托生产单位组织试车，生产单位提交的账单显示，试车净收入为 10 000 元。应做如下会计分录：

借：其他应收款　　10 000

　　贷：应交基建收入　　10 000

【例 7－6】 上项基建收入 70%偿还企业债券资金，30%留给建设单位，留用部分按“六·二·二”比例转作留成收入、应付福利费和应付工资。应做如下会计分录：

借：应交基建收入　　7 000

　　贷：银行存款（其他应收款）　　7 000

偿还企业债券资金是指将这笔资金转交生产单位，由生产单位将来用这笔资金对企业债券进行还本付息。

建设单位留用时，应做如下会计分录：

借：应交基建收入　　3 000

　　贷：留成收入　　1 800

　　　　应付职工薪酬——福利费　　600

　　　　　　　　　　——工资　　600

【例 7－7】 某建设单位在基本建设过程中获得某种副产品，共计 31 500 元，已验收入库。做如下会计分录：

借：库存材料　　31 500

　　贷：应交基建收入——副产品收入　　31 500

【例 7－8】 将上项副产品全部外销，价款收入 31 500 元已全部存入银行。做如下会计分录：

借：银行存款　　31 500

　　贷：库存材料　　31 500

【例 7－9】 委托生产单位进行的第一车间负荷联合试车工作已经结束，接到生产单位通知，试车产品全部外销，取得纯收入 10 000 元，已存入银行。做如下会计分录：

借：银行存款　　10 000

　　贷：应交基建收入——负荷联合试车收入　　10 000

【例 7－10】 按规定用途支用留成的基建收入 10 000 元，已从银行存款中支付。做如下会计分录：

借：应交基建收入　　10 000

　　贷：银行存款　　10 000

第二节　基建包干节余的核算

基建包干节余是指实行基本建设项目投资包干责任制的建设单位，在全面完成包干指标的基础上，与批准的设计概算或修正概算投资额相比而节约的资金。

建设项目投资包干责任制，是指建设单位对国家计划确定的建设项目按建设规模、投资总额、建设工期、工程质量和材料消耗包干，实行责权利相结合的经营管理责任制。

一、基建包干的形式和内容

(一)基建包干的形式

根据建设项目的不同类型和具体情况选择,基建包干有以下几种形式:

(1)建设单位向国家包干;

(2)主管部门或地区向国家包干;

(3)建设单位向上级主管部门包干;

(4)施工企业向建设单位包干;

(5)施工企业(包括各种工程承包公司)接受项目主管部门的委托,实行包干;

(6)下级主管部门向上级主管部门包干;

(7)非经营性项目,如宿舍、学校等,实行按单位造价包干;

(8)20 世纪 80 年代中期出现更大范围的部门投资包干责任制,即在一定时期内实行投入产出全额包干。

建设单位不论采用何种方式进行包干,参加包干的各方面都必须签订包干合同或协议,明确双方的责任、义务和经济利益,坚持按合同办事,分清责任,奖惩分明。近年来,在基本建设领域推行的投资包干各种形式中,较普遍实行的是招标投标承包制度,即包干单位通过招标,择优选定设计施工单位来承包工程。这样,在一定程度上改变了过去单纯靠行政手段分配建设任务的老办法,激励设计单位、施工企业(包括各种工程承包公司)之间展开竞争,打破垄断,降低工程造价,为国家节约建设资金,不断提高投资效益。

(二)基建包干的内容

1. 建设项目的总承包单位

一般应对以下几个方面进行包干:

(1)包投资:以批准的设计概算或修正概算确定的投资额为准。

(2)包工期:以国家计划或上级主管部门确定的合理工期为准。

(3)包质量:以有关的技术标准、规范以及设计要求的工程质量标准为准。

(4)包主要材料用量:以设计文件规定的主要材料用量清单,或包、保双方商定的主要材料清单为准。

(5)包形成综合生产能力:工业项目要按设计规定,把主体工程、配套工程"三废"治理工程同时建成,按规定的建设规模形成综合生产能力。非工业项目要包建成合格交付使用。

2. 建设项目的主管部门

一般应保证下列主要建设条件:

(1)保建设资金:按确定的建设总进度和包干投资总额保证连续建设所需的资金。

(2)保设备、材料:按主要物资用量清单和建设进度,在包干指标的范围内组织资源,保证供应。

(3)保外部配套条件:妥善安排供电、供水、通信、交通运输等外部配套条件。

(4)保生产定员配备:按设计定员和生产准备进度,及时申请核拨生产人员劳动指标。

(5)保工业项目投料试车所需的原料、燃料供应等。

包干指标确定后,一般不得变动,如遇特殊情况,才可调整包干指标。如遇上自然灾害、国家计划调整、设计重大修改等。

二、基建包干节余的分成

按照现行制度规定，建设单位实现的基建投资包干节余，一般是实行五五分成的办法，即50%上缴财政、主管部门或归还投资借款（其中20%上缴财政，30%上缴主管部门），50%留给建设单位，用于建立企业基金。小型建设项目，节余额不大的，与开户建设银行协商后报主管部门批准，可以提高留成比例或全部留成。建设单位留用部分，一般应按“六・二・二”的比例，分别作为生产发展基金，集体福利基金和职工分成收入。

建设单位留用的包干节余，用于建造职工住宅和集体福利设施等，因已包括在建设项目总投资内，可不计入自筹基建控制指标。

基建包干节余原则上应在建设项目全部竣工后提取，但对建设工期长的项目，其单项工程竣工后有节余的，可按竣工决算预提一部分。

三、提取方法

基建投资包干节余一般应在建设项目全部竣工后提取，但建设期长的项目，其单项工程竣工后如有节余，可在保证建设项目全部竣工确有节余的前提下，按单项工程竣工决算预提留用一部分，其中用于职工分成收入的部分，应控制在单项工程竣工节余额的10%以内。在全部工程或单项工程没有竣工以前，不得按季或按年预提包干节余。

四、基建包干节余的核算

为了总括地反映和监督基建包干节余的实现和分成情况，实行基建投资包干责任制的建设单位在竣工后，对确已实现包干节余或经批准在单项工程竣工后预提留用的包干节余，应设置“应交基建包干节余”科目组织核算。

“应交基建包干节余”科目属资金来源类科目，用以核算基建包干节余的实现、上交和留用情况（见图7-2）。

借　　应交基建包干节余	贷
上缴财政或有偿投资借款的包干节余数额 建设单位结转留用的包干节余数额	实现的包干节余数额 建设期预提的包干节余数额
	余额：已实现尚未分配的包干节余数额。

图7-2　应交基建包干节余

以下举例说明基建包干节余的实现、分成和留用的核算。

【例7-11】 某实行基建投资包干责任制的投资借款建设单位，工程竣工全面完成了各项包干指标，实际发生基建支出为19 000 000元，较批准的设计概算投资额20 000 000元节约了1 000 000元。应做如下会计分录：

(1)工程竣工实现包干节余时：

借：待摊投资——包干节余　　1 000 000

　贷：应交基建包干节余　　1 000 000

同时从投资借款账户转出相应金额：

借:银行存款　　1 000 000
　　贷:基建投资借款　　1 000 000

(2)50%用以偿还基建投资借款时:

借:应交基建包干节余　　500 000
　　贷:银行存款　　500 000
借:基建投资借款　　500 000
　　贷:应收生产单位投资借款　　500 000

(3)50%留给建设单位,按"六·二·二"比例转作留成收入、应付福利费和应付工资时:

借:应交基建包干节余　　500 000
　　贷:留成收入　　300 000
　　　　应付职工薪酬——福利费　　100 000
　　　　　　　　　——工资　　100 000

【例 7-12】 某实行投资包干责任制的投资借款单位,单项工程竣工后,经批准按单项工程节余额的一定比例预提留用包干节余 10 000 元。应做如下会计分录:

(1)建设期间经批准预提留用包干节余时:

借:其他应收款——预提留用包干节余　　10 000
　　贷:应交基建包干节余　　10 000

(2)预提部分结转留用时:

借:应交基建包干节余　　10 000
　　贷:留成收入　　6 000
　　　　应付职工薪酬——福利费　　2 000
　　　　　　　　　——工资　　2 000

(3)若该项目投资借款实行指标管理,则

借:银行存款　　10 000
　　贷:基建投资借款　　10 000

若上述预提包干节余的投资借款单位,工程竣工时全面超额完成了包干指标,确定实现包干节余 22 000 元。

(1)按实现包干节余数:

借:待摊投资——包干节余　　22 000
　　贷:其他应收款——预提留用包干节余　　10 000
　　　　应交基建包干节余　　12 000

(2)实现的包干节余按 50%留用计算,为 11 000 元,原预提留用了 10 000 元,应补留1 000 元。

借:应交基建包干节余　　1 000
　　贷:留成收入　　600
　　　　应付职工薪酬——福利费　　200
　　　　　　　　　——工资　　200

同时,结转银行存款:

借:银行存款　　12 000
　　贷:基建投资借款　　12 000

(3)按 50%比例用以归还基建投资借款时:

借:应交基建包干节余　　11 000
　　贷:银行存款　　11 000
借:基建投资借款　　11 000
　　贷:应收生产单位投资借款　　11 000

若上述预提包干节余的投资借款单位,工程竣工时未完成原预计实现的包干节余数,确定实现的包干节余为 14 000 元。

(1)按确定实现数入账时:

借:待摊投资——包干节余　　14 000
　　贷:其他应收款——预提留用包干节余　　10 000
　　　　应交基建包干节余　　4 000

同时结转银行存款:

借:银行存款　　4 000
　　贷:基建投资借款　　4 000

(2)按 50%留用计算为 7 000 元,原预留了 10 000 元,多预留部分应退回。

借:留成收入　　1 800
　　应付职工薪酬——福利费　　600
　　　　　　　　——工资　　600
　　贷:应交基建包干节余　　3 000

(3)按 50%归还投资借款时:

借:应交基建包干节余　　7 000
　　贷:银行存款　　7 000
借:基建投资借款　　7 000
　　贷:应收生产单位投资借款　　7 000

【例 7-13】 某建设单位按规定计算出实现的投资包干节余为 100 000 元。会计分录如下:

借:待摊投资——包干节余　　100 000
　　贷:应交基建包干节余　　100 000

【例 7-14】 按规定上交投资包干节余 50 000 元。会计分录如下:

借:应交基建包干节余　　50 000
　　贷:银行存款　　50 000

【例 7-15】 按规定结转留成的投资包干节余 50 000 元。会计分录如下:

借:应交基建包干节余　　50 000
　　贷:留成收入　　50 000

第三节 留成收入的核算

一、留成收入的核算

留成收入是指建设单位从建设成本中提取，留给建设单位用于改善工作条件、支付赔款及职工困难补助等方面支出的资金。这部分资金不属于基建资金，而属建设单位的自有资金。

留成收入资金来源有以下几个方面：

(1)项目建设期实现基建收入时，按规定的比例留用形成；

(2)项目竣工实现基建包干节余时，按规定的比例留用形成；

(3)因建设单位组织管理得当，项目提前建成投产，提前期间基建投资借款应计利息，可全部留归建设单位。

二、留成收入的用途

留成收入可用于购置固定资产和办公设备等改善工作条件；可用于购置职工集体福利设施改善职工生活条件；可用于补助困难职工生活补贴，发给职工劳动竞赛奖金以及弥补医疗、劳动保险费用的不足；也可用于项目建设管理期间违反合同造成的罚款、罚息支出等。

在用留成收入兴建职工宿舍及其他建设工程时，应纳入统一自筹基建投资计划(基建包干节余留用部分可不计入自筹基建控制指标)。

三、留成收入的核算

为了总括核算和监督留成收入的形成、使用和结存情况，应设置“留成收入”科目进行核算。“留成收入”属资金来源类科目，如图 7-3 所示。

借　　　　留成收入	贷
用于改善工作条件 用于举办职工福利设施 用于补助困难职工生活 用于罚款罚息支出等	从基建收入中留成 从基建包干节余中留成 投资借款利息节约留成
	余额：尚能使用的留成收入数额

图 7-3　留成收入

以下举例说明留成收入的核算。

【例 7-16】 某投资借款项目，比规定的建设工期提前 1 个月建成投产，这期间投资借款应负担利息 2 000 元，按规定全部留给建设单位。该项投资借款实行贷款转存款管理方式。应做如下会计分录：

借：待摊投资——借款利息　　　　2 000

　　贷：留成收入　　　　2 000

【例 7-17】 按规定比例计算，实现的基建收入可留成 1 000 元，投资包干节余可留成 3 000元。应做如下会计分录：

借:应交基建收入　　1 000
　　应交基建包干节余　　3 000
　　贷:留成收入　　4 000

【例 7-18】 建设单位采购器材时,延误付款,应支付货款滞纳金 200 元。另在工程建设时,超过了计划规定的建设工期,应付超期利息支出 1 500 元。该项目用投资借款建设,借款实行贷转存管理。应做如下会计分录:

借:留成收入　　1 700
　　贷:银行存款　　1 700

课后练习题

一、判断题

1. 基建收入的内容:工程建设副产品变价收入;工业项目为检验设备安装质量进行的负荷试车或按合同及国家规定进行试生产所实现的产品收入;各类建设项目总体建设尚未完成和移交生产,但其中部分工程简易投产而产生的营业性收入等。（　　）

2. 对基建副产品收入,实行六四分成,即 60%上缴财政或用于偿还投资借款等,40%建设单位留用。（　　）

3. 建设单位对留用的基建收入按 6∶2∶2 比例作为留成收入、职工福利基金和奖励基金,但不得用于计划外工程项目建设。（　　）

4. 某用投资借款建设的煤矿项目,建设中采得工程煤一批,对外销售得款 117 000 元,其中应交增值税 17 000 元。应做如下会计分录:（　　）

借:银行存款　　117 000
　　贷:基建收入——副产品收入　　100 000
　　　　应交税费——应交增值税(销项税额)　　17 000

5. 基建包干节余是指实行基本建设项目投资包干责任制的建设单位,在全面完成包干指标的基础上,批准的设计概算或修正概算投资额节约的资金。（　　）

二、实务题

习题一

【目的】练习基建收入和基建包干节余的核算。

【要求】根据资料,做出各项经济业务的会计分录。

【资料】某投资借款建设单位(指标管理),20××年 12 月份发生的部分经济业务如下:

1. 矿山建设工程中,采得一批矿石对外销售,得款 67 860 元,其中应交增值税 9 860 元。实现的基建收入 30%用于偿还投资借款,剩余部分按 2∶8 的比例在建设单位和施工单位中分配,建设单位留用部分按 6∶2∶2 的比例转作留成收入、应付福利费和应付工资。

2. 建设单位有一单项工程提前投产,取得产品销售款 300 000 元,应交增值税 51 000 元,产品成本 200 000 元。对实现的基建收入 60%归还投资借款,40%留用,留用比例同业务 1。

3. 该建设单位实行基建投资包干责任制,假定月末工程全部完工并完成了各项包干指标,该项目概算数为50 000 000元，竣工决算基建支出为49 500 000万元。对实现的包干节余，50%用于偿还投资借款，50%留用，留用比例同业务1。

4.假定该单位项目未全部完工，而是某一单项工程完工，预计可实现基建投资额节余400 000元，先按50%预提包干节余。待建设项目全部竣工时，经确定实现包干节余300 000元。

习题二

【目的】练习留成收入和应付福利费的核算。

【要求】根据资料，做出各项经济业务的会计分录。

【资料】某投资借款单位，在20××年12月份发生部分经济业务如下：

1.某单项工程提前建成投产，计节约建设期利息支出1 000元，按规定可全部留归建设单位。(该项投资借款实行贷转存管理)

2.建设期实现的基建收入除用以偿还投资借款外，尚应留归建设单位2 000元。

3.在采购器材时，应支付器材供应单位货款滞纳金300元，已用银行存款支付。

4.按下列工资总额的14%计提应付福利费：建设单位管理部门人员工资16 000元，材料仓库人员工资2 600元，生产培训人员工资5 000元。

5.用应付福利费支付职工困难补助费1 000元，补贴医务经费1 800元，均用现金支付。

6.接到银行交来投资借款扣息清单，其中有超过计划建设期利息支出800元，应由建设单位自有资金负担。

三、简答题

1.什么是基本建设收入？基建收入包括哪些内容？

2.各项基建收入的分成比例是如何确定的？

3.什么是基建包干节余？建设项目的总承包单位应包干哪些内容？建设项目的主管部门应保证哪些条件？

第八章　会计报表

了解：建设单位报表的种类和基本框架

第一节　会计报表概述

一、会计报表的作用

建设单位会计报表是根据账簿记录和其他有关资料，运用一定的指标体系，定期综合反映基本建设计划、基本建设财务计划和基本建设概预算执行情况的书面报告。

由于会计报表是对日常核算资料的进一步综合和系统化，因此它所反映的基建经济活动更为集中和概括。通过会计报表所提供的信息，对于监督基建资金的运行、调控基建投资规模、改善基建经营管理、促进基建投资效益的提高，都有重要的意义。

建设单位利用会计报表所提供的信息，可以全面掌握各项计划的执行情况，随着关注基建投资的进程，评定工作成绩，发现存在问题，从而提出措施，改进工作，挖掘提高基建投资效益的潜力。

各级主管部门和财政、银行等综合经济部门，根据建设单位会计报表所提供的信息，可以全面检查和了解建设单位基建活动的情况，借以加强对建设单位的监督和管理，保证基建资金的及时供应和合理调配，促使建设单位精打细算节约使用基建资金。

建设单位的会计报表经过逐级上报、汇总后，可全面反映各部门各地区基建投资计划和财务计划的执行情况，为国家各级经济部门制定计划、进行国民经济综合平衡和决定有关经济政策提供重要的依据。

二、会计报表的种类

建设单位需要报送的报表，由国家财政部门和有关管理部门根据国民经济宏观调控的要求统一规定。按现行规定，应报送的会计报表有以下几种：

(1)基建财务快速月报(月报)；

(2)资金平衡表(月报、年报)；

(3)基建投资表(年报)；

(4)待摊投资明细表(年报)；

(5)基建借款情况表(年报)；

(6)投资包干情况表(年报)；

(7)自营工程成本表；

(8)建设项目竣工决算。

在规模较大的自营建设单位，还应增设“工程成本表”和“固定资产增减表”。

建设单位在报送月报表和年度报表时，应同时附送“财务情况说明书”。在财务情况说明书中，以文字对以下内容加以说明：

（1）概（预）算、基建投资计划、财务计划的执行情况和投资效果分析；

（2）转出投资和待核销基建支出情况的分析；

（3）基建拨款或基建投资借款支用数与工程进度的适应程度，以及各种基建资金来源和资金运用情况及结余资金的分析；

（4）加强经济核算、改进财务管理和提高投资效果等方面的主要措施以及其他需要说明的问题。

三、会计报表的编制要求

编制会计报表的目的就是要为有关方面提供信息，为会计信息的使用者提供真实、可信的财务信息。编制会计报表必须做到手续齐备、数字准确、内容完整、说明清楚、编报及时，以充分发挥会计信息的使用价值（见图 8－1）。

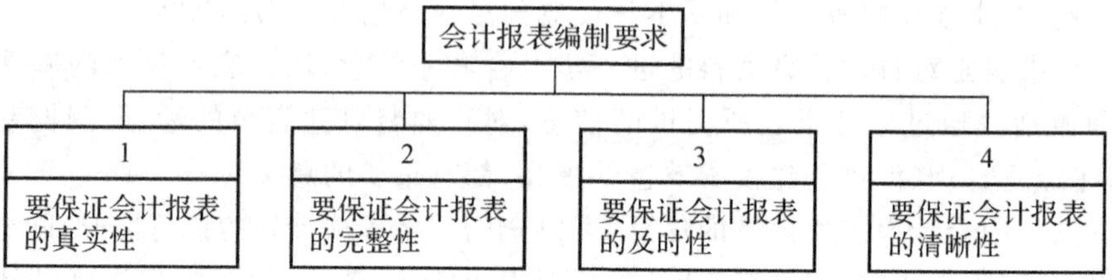

图 8－1　会计报表编制要求

（一）要保证会计报表的真实性

会计作为一个信息系统，其提供的信息是国家宏观经济管理部门、项目筹建机构管理者及有关方面进行投资决策的依据。如果会计数据不能真实客观地反映项目建设的真实情况，势必无法满足有关方面了解项目建设情况，进行决策的需要，甚至可能导致错误的决策。为如实反映信息，必须将本期内实际发生的各项经济业务登记入账，检查总账与相关明细账的余额之和是否相符，并依据账簿资料和其他相关业务资料编制会计报表。为保证报表所列数字的真实性，不能提前结账或任意估报数字，更不能弄虚作假虚造报表数字。在编制年度会计报表（年度财务决算报告）以前，还必须与有关部门密切配合，认真做好年终清理和结算工作。

1. 全面清理财产物资

核实库存物资的数量，查明盘亏和盘盈情况，并按规定对器材盘点盈亏做出账务处理，保证账实相符。同时查明物资积压情况，以便及时采取措施加以处理。

2. 核实基本建设支出

对不能作为实际投资支出，但已计入有关投资支出账户的各项支出应予剔除，漏记部分应予补列，以核实各项基建投资支出。对于转出投资和待核销基建支出，未经有关部门批准，不得擅自增加支出内容。

3. 全面清理基本建设工程

对已竣工的工程，要做好竣工决算，及时办理交付验收手续，以便尽早发挥投资效益，增加生产能力或使用效益。对于在建工程,要分清正常的跨年度工程和不正常的在建工程。对于不正常的在建工程,如已投产使用而未办理移交的工程、已竣工未投产使用的工程、主体已基本完工尚需收尾配套的工程、长期拖延工期的工程、停缓建工程、报废工程等应认真查明原因。查明原因后,确已完工的,要抓紧办理交付验收手续;尚有配套工程未完成的,应督促有关部门采取措施,集中力量加快施工进度;有报废工程的,应按规定程序报请有关部门核销或进行相应转账处理。

4.积极清理往来款项

本单位内部的往来款项,原则上年终应结清;本单位与生产使用单位之间的往来款项,要积极组织回收或偿还。尚未清理部分,应与对方核查落实,对于发生的坏账损失,报送批准后转账处理。

5.做好银行资金的对账工作

年终应与有关银行的贷款户、银行存款户以及其他资金户进行对账和签证工作,保证双方账目相符。

(二)要保证会计报表的完整性

编制会计报表必须按照统一规定的报表种类、格式和内容来进行。在月末或年末应编报的各种报表都需编报齐全;应当填列的报表项目,不论是表内项目还是补充资料或附表的项目,都需全部填列;应当汇总编报的各基层单位的报表,都需予以汇总。总之,要做到不漏编、不漏报,确保会计报表的完整性。

(三)要保证会计报表的及时性

任何信息的使用价值不仅要求其真实可靠,而且还在于必须保证时效,及时将信息提供给使用者使用。各种会计报表必须在规定的会计期间结束后,及时进行编制,并在规定的期限内迅速上报,以便会计报表所提供的信息,对检查、分析、指导、预测工作起到应有的作用。为了保证报表的及时性,可从以下三个方面着手:

(1)及时收集会计信息,在经济业务发生后,会计人员要及时收集整理各种原始单据;

(2)及时对会计信息进行加工处理,及时编制记账凭证、登记账簿,并编制会计报表;

(3)及时传递会计信息,将编制出的会计报表传递给有关方面。

(四)要保证会计报表的清晰性

收集会计信息的目的在于使用信息,要使用会计信息首先必须了解会计信息的内涵,弄懂会计信息的内容,否则,就谈不上信息的使用。保证报表的清晰性,即要求会计报表所提供的信息简明易懂,能简单明了地反映建设项目的各项指标完成情况,并容易为人们所了解。

第二节 基建财务快速月报

基建财务快速月报是总括反映中央级建设单位基建拨款、基建投资借款、基建投资完成额和基建结余资金等主要财务情况的会计报表。要求是编报时间要快、反映情况要及时。因此,通过编制基建财务快速月报,有利于及时考核基建财务计划的执行情况,分析基建投资的使用效果,满足有关方面对基建工作加强管理、组织资金供应的需要。

一、基建财务快速月报的特点

(1)中央级建设单位编报:基建财务快速月报编报单位为中央级(中央各部属建设项目)建设单位,地方级建设单位不要求编报。

(2)只报送主要的财务指标:基建财务快速月报填列的指标,根据规定只报送资金来源、投资完成额、在建工程、基建结余资金等主要财务指标,不要求完整和全面的财务指标。

(3)以千元为计量单位:和其他报表以元为计量单位不同,指标金额计算到千元即可。

(4)传递速度快:基建财务快速月报要求在每个会计期间结束后的7天内编制完毕并报送出去,一般可通过电传形式传递。

二、基建财务快速月报的编制

基建财务快速月报的格式见表8-1。

表8-1　基建财务快速月报

编制单位:××建设单位　　　　20××年×月　　　　单位:千元

项　目	行　次	金　额	项　目	行　次	金　额
本年预算拨款累计	1		借款指标结余	11	
自筹资金拨款累计	2		本年投资完成额累计	12	
本年投资借款支用数累计	3		其中:建筑安装工程投资	13	
其中:拨改贷投资借款支用数累计	4		设备投资	14	
国家专业投资公司委托借款支用数累计	5		其他投资	15	
部门基建基金借款支用数累计	6		待摊投资	16	
建行投资借款支用数累计	7		交付使用资产	17	
			在建工程	18	
			基建结余资金	19	
投资借款余额	8		其中:需要安装设备	20	
投资借款指标结余	9		库存材料	21	
其中:拨改贷投资借款指标结余	10				
国家专业投资公司委托					

第三节　资金平衡表

资金平衡表是总括反映建设单位月末或年末全部资金来源和资金运用情况,说明建设单位某一时点财务状况的会计报表。可用以检查各类资金的构成情况,考核基建投资计划和财务计划的执行情况,分析基建投资的使用效果和基建资金对完成基建计划的保证程度,以及基建结余资金变动和动员内部资源的情况。

一、资金平衡表的结构和内容

资金平衡表由“基本部分”和“补充资料”两部分组成。

资金平衡表的结构分为左右两方，左方为资金占用，右方为资金来源。年末资金平衡表的格式，见表 8－2。

表 8－2　资金平衡表　　　　会建 01 表

编制单位：××建设单位　　　　20××年 12 月 31 日　　　　单位：元

资金占用		行次	期末数	资金来源	行次	期末数
一、基本建设支出合计		1	5 226 000	一、基建拨款合计	1	5 687 200
1. 交付使用资产		2	2 269 000	1. 以前年度拨款	2	2 208 200
(1)固定资产		3	2 000 000	2. 本年预算拨款	3	3 479 000
(2)流动资产		4		3. 本年基建基金拨款	4	
(3)无形资产		5	260 000	4. 本年进口设备转账拨款	5	
(4)递延资产	年初数	6	9 000	5. 本年器材转账拨款	6	
2. 在建工程	1 315 883	7	2 957 000	6. 本年煤代油专用基金拨款	7	
(1)建筑安装工程投资	550 826	8	1 500 000	7. 本年自筹资金拨款	8	
(2)设备投资	674 397	9	900 000	8. 本年维护费拨款	9	
(3)其他投资	12 100	10	57 000	9. 本年其他拨款	10	
(4)待摊投资	78 560	11	500 000	10. 待转自筹资金拨款	11	
二、待核销基建支出	——	12	80 000	11. 本年交回结余资金	12	
三、转出投资	——	13	30 000	二、项目资本	13	
四、应收生产单位投资借款	10 000	14	90 000	三、项目资本公积	14	
五、拨付所属投资借款		15		四、基建借款合计	15	135 000
六、器材	859 500	16	460 100	1. 基建投资借款	16	135 000
其中：待处理器材损失		17	1 500	2. 其他借款	17	
七、货币资金合计		18	25 600	五、上级拨入投资借款	18	
1. 银行存款		19	25 000	六、企业债券资金	19	344 900
2. 现金		20	600	七、待冲基建支出	20	90 000
八、预付及应收款		21	4 600	八、应付款合计	21	2 300
1. 预付备料款		22	3 000	1. 应付器材款	22	1 050
2. 预付工程款		23		2. 应付工程款	23	800
3. 预付大型设备款		24		3. 应付有偿调入器材及工程款	24	
4. 应收有偿调出器材及工程款		25		4. 应付票据	25	
5. 应收票据		26		5. 应付福利费	26	

续表

资金占用	行次	期末数	资金来源	行次	期末数
6.其他应收款	27	1 600	6.其他应付款	27	450
九、有价证券	28		九、未交款合计	28	1 800
十、固定资产合计	29	369 900	1.未交税金	29	
1. 固定资产原价	30	448 100	2.未交基建收入	30	1 800
减:累计折旧	31	78 300	3.未交基建包干节余	31	
2. 固定资产净值	32	369 800	4.其他未交款	32	
3. 固定资产清理	33		十、上级拨入资金	33	
4. 待处理固定资产损失（已减盘盈700元）	34	100	十一、留成收入	34	25 000
资金占用总计	35	6 286 200	资金来源总计	35	6 286 200

基建资金平衡表补充资料(年报填列)：

1.基本建设计划投资执行情况

(1)本年计划数×××元；

(2)本年基建实际支出数×××元。

2.本年交付使用资产合计×××元

其中：(1)基建拨款部分×××元；

(2)投资借款部分×××元；

(3)企业债券资金部分×××元；

(4)项目资本资金部分×××元。

3.不正常的在建工程实际支出

(1)已投产使用未办理移交的工程×××元；

(2)已竣工未交付使用的工程×××元；

(3)主体已基本完工尚需收尾配套的工程×××元；

(4)长期拖延工期的工程×××元；

(5)停缓建工程×××元；

(6)待报废工程×××元。

4.基建结余资金

(1)年初数×××元；

(2)年末数×××元。

根据资金来源与相对应的资金占用相等的平衡原理，资金平衡表中资金来源总计必须等于资金占用总计。它也是建设单位会计进行试算平衡的基础。

资金平衡表中，资金占用设置了十大类内容，前八类项目反映基建资金占用情况，后两类项目反映其他资金占用情况；资金来源设置了十一类内容，前九类项目反映各项基建资金的来源情况，后两类项目反映其他资金来源情况。

“资金平衡表”中“年初数”的设置，不同于企业“资产负债表”中“年初数”的设置。企业资产负债表中的“年初数”是各个项目都设置的，而建设单位只对9个资金占用项目要求填列“年初数”。这些项目包括“在建工程”“建筑安装工程投资”“设备投资”“待摊投资”“其他投资”“应收生产单位投资借款”“拨付所属投资借款”“器材”和“待处理器材损失”。填列方法：按照上年末本表对应项目的年末数填列。

资金平衡表的“补充资料”，是对“基本部分”有关项目反映内容的进一步说明。按规定应分别反映基建投资计划执行情况、本年交付使用资产、不正常在建工程、基建结余资金等内容，以便分析基建投资计划的执行情况和基建资金的使用情况，加强经营管理。

二、资金平衡表的编制方法

资金平衡表的期末数是反映建设单位全部资金月末或年末的静态数据，各项目一般按有关科目的期末余额填列。其中资金占用方的项目，可根据各有关科目的借方余额填列；资金来源方的项目，可根据各有关科目的贷方余额填列。但由于表中有些项目的名称与会计科目不完全一致，有些名称虽一致，而反映的内容又不完全吻合，因此，对这些项目的期末数，不能直接根据有关科目的期末余额进行转录，还必须根据科目的登记内容进行必要的分析、计算和调整。归纳起来，资金平衡表期末数的填列方法有以下几种：

(1)直接根据有关总账科目或明细账科目的期末余额填列。

(2)根据两个总账科目期末余额的差额或相加数填列。

(3)根据若干总账科目的期末余额分析计算填列。

(4)根据若干明细账科目的期末余额分析计算填列。

第四节　基建投资表

基建投资表是反映建设项目自开始建设到本年末止基本建设投资来源以及基本建设投资支出数的会计报表，可用以检查基本建设概算和本年基建计划的执行情况，考核、分析投资效果，为编制竣工决算提供资料。

一、基建投资表的结构

基建投资表的结构，分为三部分：第一部分反映建设项目概算总费用，为建设项目的计划投资数；第二部分反映从开始建设到本年末止累计投入的基建资金数额；第三部分反映从开始建设到本年末止累计发生的基建投资支出数，包括累计已移交的交付使用资产、待核销基建支出、转出投资和在建工程。

基建投资表格式和内容见表8-3。

表 8－3　基建投资表

会建 02 表

编制单位：××建设单位　　20×1 年　　单位：元

工程及费用项目	开工日期	概算数	基建投资拨款及借款							基建投资支出							
			累　计	其　中						累　计	交付使用资产				待核销基建支出	转出投资	在建工程
				国家拨款	单位拨款	国家资本	法人资本	基建投资借款	企业债券资金		固定资产	流动资产	无形资产	递延资产			
	1	2	3	4	5	6	7	8	9	10	11	12	13	14	15	16	17
(20×1 年总计)																	
其中：1. 以前年度合计																	
2. 本年度合计																	
(1)甲单位工程																	
A 单位工程																	
B 单位工程																	
(2)乙单项工程																	
C 单位工程																	
D 单位工程																	
(3)各项费用性支出																	

第五节 待摊投资明细表

待摊投资明细表用于详细反映本年实际发生的各项待摊投资数额，可作为检查、分析和考核各项待摊投资支出的依据。

待摊投资明细表的格式见表8-4。

表8-4 待摊投资明细表

会建03表

编制单位：××建设单位　　　　20××年度　　　　单位：元

项　目	金　额	项　目	金　额
1.建设单位管理费		18.土地使用税	
2.土地征用及迁移补偿费		19.汇兑损益	
3.勘察设计费		20.国外借款手续费及承诺费	
4.研究实验费		21.施工机构转移费	
5.可行性研究费		22.报废工程损失	
6.临时设施费		23.耕地占用税	
7.设备检验费		24.土地复垦及补偿费	
8.延期付款利息		25.投资方向调节税	
9.负荷联合试车费		26.固定资产损失	
10.包干节余		27.器材处理亏损	
11.坏账损失		28.设备盘亏及毁损	
12.借款利息		29.调整器材调拨价格折价	
13.减：存款利息收入		30.企业债券发行费	
14.合同公证费及工程质量监测费		31.其他待摊投资	
15.企业债券利息		32.项目评估费	
16.概预算审查费		33.车船使用费	
17.社会中介组织审计费		34.合计	

待摊投资明细表各项目，一般根据"待摊投资"科目所属各明细科目本年借方发生额填列，但当有待摊投资收入冲减相应项目支出时，则应按明细科目借方余额填列，如某明细科目为贷方余额则用"－"号表示。这类项目有"负荷联合试车费""坏账损失""企业债券利息""报废工程损失""固定资产损失""器材处理亏损""调整器材调拨价格折价""其他待摊投资"等。第13项"存款利息收入"项目，反映建设单位本年实现的利息收入和财政拨入贴息资金。应根据"待摊投资"科目所属"借款利息"明细科目贷方本年发生额分析填列。待摊投资明细表的合计数应与资金平衡表中"待摊投资"项目期末数相符。

第六节　基建借款情况表

基建借款情况表是反映建设单位年度各种基本建设借款的借入、归还及豁免等情况的会计报表。可用以检查年度基建投资借款计划和其他借款计划的执行情况。

基建借款情况表的格式见表8－5。

表8－5　基建借款情况表

会建04表

编制单位：××建设单位　　　　20××年度　　　　单位：元

借款种类	行次	年初借款余额	本年实际借款数		本年还款数		本年豁免数		年末借款余额
			本金	利息	本金	利息	本金	利息	
一、基建投资借款合计	1								
1.拨改贷投资借款	2								
2.国家开发银行投资借款	3								
用软贷款安排的投资借款	4								
3.国家专业投资公司委托借款	5								
其中：基建基金委托借款	6								
其他委托借款	7								
4.部门统借基建基金借款	8								
5.部门基建基金借款	9								
6.特种拨改贷投资借款	10								
7.建设银行投资借款	11								
8.煤代油投资借款	12								
9.国外借款	13								
10.其他投资借款	14								
二、国内储备借款	15								
中央基建储备借款	16								
三、周转借款	17								
四、生产自立借款	18								
合　计	19								

二、本表各行反映的内容

(1)“拨改贷投资借款”项目(2行)：反映建设单位1988年前借入的预算内拨改贷投资借款。

(2)"国家开发银行投资借款"项目(3行):反映建设单位从国家开发银行借入的投资借款。

"用软贷款安排的投资借款"项目(4行):反映建设单位从国家开发银行借入的用国家预算划拨的基金安排的基建投资借款。

(3)"国家专业投资公司委托借款"项目(5行):反映建设单位1994年前从原国家专业投资公司借入的投资借款。

"基建基金委托借款"项目(6行):反映原国家专业投资公司用国家预算拨入的基金安排的投资借款。

"其他委托借款"项目(7行):反映原国家专业投资公司用发行建设债券筹措的资金安排的投资借款。

(4)"部门统借基建基金借款"项目(8行):反映建设单位借入的实行部门统借统还、有偿使用方式由主管部门从财政统借的基建基金借款。

(5)"部门基建基金借款"项目(9行):反映实行基金制的主管部门用部门管理的基建基金安排的投资借款。

(6)"特种拨改贷投资借款"项目(10行):反映建设单位借入的用发行国家重点建设债券筹集的资金安排的投资借款。

(7)"建设银行投资借款"项目(11行):反映建设单位借入的建设银行发放的基建投资借款。

(8)"煤代油投资借款"项目(12行):反映建设单位借入的煤代油投资借款。

(9)"国外借款"项目(13行):反映建设单位从国外 政府、国际金融组织和国外金融机构借入的基建投资借款。

(10)"其他投资借款"项目(14行):反映建设单位借入的除上述投资借款以外的其他投资借款。如建设单位从工商银行、农业银行和中国银行借入的基建投资借款。

(11)"国内储备借款"项目(15行):反映建设单位为以后年度储备设备、材料而向银行借入的储备借款。

(12)"中央基建储备借款"项目(16行):反映中央级建设单位从建行总行借入的储备借款。

(13)"周转借款"项目(17行):反映实行投资包干责任制的建设单位由于建设进度提前,年度投资借款指标不足,而向银行借入的周转借款。

(14)"生产自立借款"项目(18行):反映经批准停缓建单位由于生产自立而向银行借入的生产自立借款。

第七节　投资包干情况表

投资包干情况表是反映实行基本建设投资包干责任制的建设单位预提、留用、实现、上交及用以归还基建投资借款的包干节余情况的会计报表。可用以检查投资包干项目是否按规定计算实现的包干节余,以及包干节余是否按规定比例结转留用、上交和用以归还基建投资借款。

投资包干情况表的格式见表8-6。

表 8-6 投资包干情况表

编制单位:××建设单位　　　　20××年度　　　　单位:元

建设项目	建设项目概算包干数	已完单项工程概算数	已完单项工程实际支出	已完单项工程概算节余数	预提留用包干节余数	建设项目概算包干节余数	应留用包干节余	应归还基建借款包干节余数	应交财政和主管部门包干节余数	已归还基建借款包干节余数	已交财政和主管部门包干节余数
	1	2	3	4	5	6	7	8	9	10	11
合计											

第八节　自营工程成本表

自营工程成本表是反映自营建设单位月度、年度工程施工的成本构成和成本升降情况的会计报表。可用以考核建筑安装工程成本计划的执行情况，分析工程成本降低的原因，以便进一步挖掘降低工程成本的潜力。

自营工程成本表的格式见表 8-7。

表 8-7 自营工程成本表

编制单位:　　　　20××年度×月　　　　单位:元

成本项目	本月数				本年累计数			
	预算成本	实际成本	降低或超支(一)		预算成本	实际成本	降低或超支(一)	
			金额	%			金额	%
	1	2	3=1-2	4=3÷1	5	6	7=5-6	8=7÷5
人工费 材料费 机械使用费 其他直接费 直接费合计								
施工管理费								
工程成本合计								

补充资料:

①计划成本降低率;②平均职工××人,其中:建安工人××人;

③平均民工××人;④全员劳动生产率:××元;⑤建安工人劳动生产率:××元。

自营工程成本表在结构上分为本月数和本年累计数两部分,并按成本项目列示已完工程的“预算成本”“实际成本”“成本降低额 ”和“成本降低率”等项指标。为方便分析工程成本的升降原因,本表年报应填列补充资料,用以反映计划成本降低率、施工单位平均人数、年末人数和劳动生产率等指标。

第九节　建设项目竣工决算

一、竣工决算的概念

建设项目竣工决算是综合反映竣工基本建设项目建设全过程的财务情况和建设成果的总结性报告文件。它可用以反映建设过程中实际发生的全部基本建设支出，正确核定新增固定资产和流动资产的价值，是建设单位向生产使用单位办理建成财产移交、确定交付使用资产价值的依据，也是向国家或企业报账并最终转销基本建设拨款的文件。利用建设项目竣工决算，可以全面考核基本建设项目的计划和概算、预算的执行情况，分析基本建设投资效益。

建设项目竣工决算是根据历年会计报表及有关资料编制的，是对建设项目自开始建设到竣工止所有基本建设支出等财务情况和最终建设成果的综合反映，是竣工验收报告的重要组成部分。而会计报表只是总括反映一定时间内(月度、年度)基本建设经济活动情况和基本建设支出等财务情况的报表。因此，建设项目竣工决算的编制过程，也就是对历年会计报表等资料，进行综合整理使之概括化的过程，也是全面总结建设经验的过程。为了搞好竣工决算，建设单位会计人员必须注意积累各项有关资料，做好基础工作，在工程竣工后，应当认真做好财务清理结束工作，核实基本建设拨款、借款、企业债券资金和投资者投入资金的实际数额，正确计算各项交付使用资产、转出投资和待核销基建支出，清理结余的财产物资和其他资金，按规定正确编制竣工决算。同时，对建设过程中投资使用情况进行总结、分析，以便不断提高基建管理水平，提高投资效益。

建设项目竣工决算由决算报表和竣工决算说明书组成。

大中型建设项目，一般包括以下几种报表：

(1)竣工工程概况表；

(2)竣工财务决算表；

(3)交付使用资产总表；

(4)交付使用资产明细表。

小型建设项目，一般包括以下几种报表：

(1)竣工决算总表；

(2)交付使用资产明细表。

竣工决算应在竣工项目办理动用验收后 1 个月内编好，上报主管部门，并同时抄送有关设计单位和开户银行。主管部门和建设银行对报送的竣工决算审查批复后，建设单位和经办行应立即办理决算调整和结束工作。

二、竣工工程概况表的编制

竣工工程概况表主要反映竣工的大、中型建设项目的建设工期、新增生产能力、基本建设支出以及主要技术经济指标等内容，为全面考核、分析计划和概算执行情况提供依据。

竣工工程概况表的一般格式见表 8－8。

表 8－8　大、中型建设项目竣工工程概况表

<table>
<tr><td colspan="2">建设项目(或单位工程)名称</td><td colspan="3"></td><td rowspan="8">基本建设支出</td><td colspan="2">项目</td><td>概算</td><td>实际</td></tr>
<tr><td rowspan="2">建设地址</td><td rowspan="2"></td><td rowspan="2">占地面积</td><td>设计</td><td>实际</td><td colspan="2" rowspan="7">建筑安装工程投资
设备及工、器具投资
其他基建投资
其中:土地征用及迁移补偿费
负荷联合试车费
建设单位管理费
生产职工培训费
待核销基建支出</td><td rowspan="7"></td><td rowspan="7"></td></tr>
<tr><td></td><td></td></tr>
<tr><td rowspan="2">新增生产能力</td><td colspan="2">能力(或效益)名称</td><td>设计</td><td>实际</td></tr>
<tr><td colspan="2"></td><td></td><td></td></tr>
<tr><td rowspan="2">建设时间</td><td colspan="4">计划从　年　月开工至　年　月竣工</td></tr>
<tr><td colspan="4">实际从　年　月开工至　年　月竣工</td></tr>
<tr><td colspan="2">初步设计和概算批准机关、日期、文号</td><td></td><td></td><td></td></tr>
<tr><td rowspan="4">完成主要工程量</td><td rowspan="2">名称</td><td rowspan="2">单位</td><td colspan="2">数量</td><td rowspan="6">主要材料消耗</td><td colspan="2">合计</td><td></td><td></td></tr>
<tr><td>设计</td><td>计划</td><td>名称</td><td>单位</td><td>概算</td><td>实际</td></tr>
<tr><td>建筑面积</td><td>m^2</td><td></td><td></td><td rowspan="4">钢材
木材
水泥</td><td rowspan="4"></td><td rowspan="4"></td><td rowspan="4"></td></tr>
<tr><td>设备</td><td>台/t</td><td></td><td></td></tr>
<tr><td rowspan="2">收尾工程</td><td>工程内容</td><td>投资额</td><td>负责收尾单位</td><td>完成时间</td></tr>
<tr><td></td><td></td><td></td><td></td></tr>
<tr><td colspan="5" rowspan="3">说明:</td><td rowspan="3">主要技术经济指标</td><td>名称</td><td>单位</td><td>概算</td><td>实际</td></tr>
<tr><td></td><td></td><td></td><td></td></tr>
<tr><td></td><td></td><td></td><td></td></tr>
</table>

竣工工程概况表中有关项目的设计、概算和计划等数字,应根据批准的设计、概算、计划填列。“新增生产能力”“完成主要工作量”“主要材料消耗”等项目的实际数,可根据有关统计资料填制,其中有关施工资料部分由施工单位负责提供。“收尾工程”项目,是反映全部验收投产后还遗留的少量收尾工程。收尾工程的实际投资额,应根据具体情况进行估算,并加以说明,完工以后不再编制竣工决算。“基本建设支出”各项目的实际数,应根据历年(包括竣工年度)审批后的基建投资表和待核销基建支出及转出投资明细表汇总填列。“主要技术经济指标”项目,应填列反映投资效果的综合性指标,一般根据概算或主管部门规定的指标计算填列。

三、竣工财务决算表的编制

竣工财务决算表反映竣工的大、中型建设项目从开工起至竣工止全部资金来源和资金运用情况,是分析考核基建资金和其他资金使用效果,并落实结余的基建资金和物资的依据。

竣工财务决算表的一般格式见表 8-9。

表 8-9　大、中型建设项目竣工财务决算表

建设项目名称:　　　　　　　　　　年　月　日　　　　　　　　　　单位:元

资金占用	金　额	资金来源	金　额
一、交付使用资产		一、预算拨款	
二、待核销基建支出		二、基建基金拨款	
其中:报废工程损失		三、进口设备转账拨款	
取消项目可行性研究费		四、自筹资金拨款	
三、转出投资		五、其他基建拨款	
四、在建工程		六、基建投资借款	
五、器材		七、企业债券资金	
1.需要安装设备		八、项目资本	
2.库存材料		九、项目资本公积	
六、应收款		十、应付款	
七、银行存款及现金		十一、未交款	
八、固定资产净值		十二、上级拨入资金	
九、有价证券		十三、留成收入	
合　计		合　计	

补充资料:

①生产单位已偿还投资借款;

②尚未偿还投资借款;

③基建收入,包括已上缴财政,已偿还投资借款。

竣工财务决算表分资金运用和资金来源两方列示。资金来源方的“预算拨款”“基建基金拨款”“进口设备转账拨款”“自筹资金拨款”项目,均反映建设项目自开始建设到竣工时为止的累计拨入数,分别根据历年资金平衡表的相应项目数字汇总填列;“其他基建拨款”项目,反映自开始建设到竣工时为止“器材转账拨款”“煤代油专用基金拨款”和“其他拨款”的累计拨入数，应根据历年资金平衡表有关项目数字汇总计算填列；“基建投资借款”项目，反映建设项目自开始建设到竣工时为止基建投资借款的累计支用数，应根据历年资金平衡表补充资料中“基建投资借款支用数”汇总填列；“企业债券资金”“项目资本”“项目资本公积”项目，均反映自开始建设到竣工时为止累计收到的该项资金，应根据历年资金平衡表的相应项目数字汇总填列；“应付款”“未交款”“上级拨入资金”和“留成收入”项目，反映建设项目竣工时的数据，分别根据竣工年度资金平衡表的相应项目期末数填列。

本表资金占用方的“交付使用资产”“待核销基建支出”“转出投资”项目，均反映建设项目自开始建设到竣工时为止的累计发生数，分别根据历年资金平衡表的相应项目数字汇总填列；“在建工程”项目，反映收尾工程的投资额，根据竣工年度资金平衡表的“在建工程”项目的期末数填列；“需要安装设备”“库存材料”“应收账款”“银行存款及现金”“固定资产净值”“有价证券”项目，均反映竣工时的结余数，分别根据竣工年度资金平衡表的相应项目的期末数填列。

本表补充资料：

“生产单位已偿还投资借款”项目：反映生产单位已经偿还的基建投资借款，根据“应收生产单位投资借款”科目历年贷方发生额（扣除用基建收入偿还借款后的贷方发生额）合计数填列。

“尚未偿还投资借款”项目：反映生产单位尚未偿还的基建投资借款，根据“应收生产单位投资借款”科目借方余额填列。

“基建收入”项目的总计数：根据“应交基建收入”科目历年贷方发生额汇总填列。其中“已上缴财政”“已偿还投资借款”项目，分别根据“应交基建收入”科目历年借方发生额分析填列。

小型建设项目，一般将竣工工程概况表和竣工财务决算表合并为竣工决算总表，用以反映竣工的小型建设项目的工程概况和财务情况。小型建设项目竣工决算总表，在内容上除不反映完成主要工程量、主要材料消耗、主要技术经济指标等内容外，其他项目及编制方法与大、中型建设项目的竣工工程概况表和竣工财务决算相同。

小型建设项目竣工决算总表的一般格式见表 8－10。

四、交付使用资产总表和明细表的编制

交付使用资产总表反映大、中型建设项目建成后新增固定资产、流动资产、无形资产、递延资产的价值，作为财产交接的依据。本表根据第五章交付使用资产明细表按单项工程分行填列。“总计”栏的合计数，应与竣工财务决算表中的“交付使用资产”项目的数字相一致。“建安工程”“设备”“其他费用”栏，填列新增固定资产的建筑安装工程支出、设备投资支出和分摊计入的待摊投资支出。“流动资产”栏，填列新增达不到固定资产标准的工具、器具等低值易耗品的投资支出。“无形资产”栏，填列建设单位取得的各项无形资产。“递延资产”栏，填列在建设期间发生的移交给生产单位准备在生产经营期间摊销的长期待摊费用。

大、中型建设项目交付使用在资产总表的格式见表 8－11。

表 8-10 小型建设项目竣工决算总表

<table>
<tr><td>建设项目</td><td colspan="5"></td></tr>
<tr><td rowspan="2">建设地址</td><td colspan="2" rowspan="2"></td><td rowspan="2">占地面积</td><td>设计</td><td>实际</td></tr>
<tr><td></td><td></td></tr>
<tr><td rowspan="2">建设时间</td><td>计划</td><td colspan="4">从　年　月开工至　年　月竣工</td></tr>
<tr><td>实际</td><td colspan="4">从　年　月开工至　年　月竣工</td></tr>
<tr><td rowspan="2">新增生产能力</td><td colspan="2">能力或效益名称</td><td>单位</td><td>设计</td><td>实际</td></tr>
<tr><td colspan="2"></td><td></td><td></td><td></td></tr>
<tr><td colspan="4">初步设计和概算批准机关、日期、文号</td><td colspan="2"></td></tr>
<tr><td rowspan="3">建设成本</td><td colspan="3">项目</td><td>概算/元</td><td>实际/元</td></tr>
<tr><td colspan="3">1. 建筑安装工程
2. 设备、工具、器具
3. 其他基建投资
其中：土地征用及迁移补偿费
勘察设计费
建设单位管理费
可行性研究费
……</td><td></td><td></td></tr>
<tr><td colspan="3">合　计</td><td></td><td></td></tr>
</table>

<table>
<tr><td colspan="2">项　目</td><td>金额/元</td><td>主要事项说明</td></tr>
<tr><td rowspan="2">资金来源</td><td>1. 预算拨款
2. 自筹资金拨款
3. 其他基建拨款
4. 基建投资借款
5. 企业债券资金
6. 项目资本
7. 应付款
……</td><td></td><td></td></tr>
<tr><td>合　计</td><td></td><td></td></tr>
<tr><td rowspan="2">资金占用</td><td>1. 交付使用资产
2. 转出投资
3. 待核销基建支出
4. 在建工程
5. 器材
6. 银行存款及现金
……</td><td></td><td></td></tr>
<tr><td>合　计</td><td></td><td></td></tr>
</table>

表 8-11 大、中型建设项目交付使用资产总表

建设项目名称　　　　　　　　　年　月　日　　　　　　　　　　单位:元

单项工程名称	总计	固定资产				流动资产	无形资产	递延资产
		合计	建安工程	设备	其他费用			

交付使用资产明细表反映大、中、小型建设项目竣工交付使用各项资产的详细内容,是具体办理财产交接手续和生产使用单位登记资产明细账、卡的依据。交付使用资产明细表的格式和编制方法,见本书第五章第四节说明。

建设项目竣工后,除需编制上述竣工决算报表外,还应同时编报竣工情况说明书,主要内容一般包括工程概况、基本建设概算、投资计划和财务计划的执行情况,以及投资效果分析、主要经验 、存在问题和其他一些必要的说明等。

课后练习题

1. 什么是建设单位会计报表?建设单位会计报表有哪几种?它们各自有何作用?
2. 基建财务快速月报的特点有哪些?
3. 基建投资表在结构上由哪几部分组成?各部分主要反映什么内容?表内各项目数字应如何填列?
4. 怎样编制基建借款情况表和投资包干情况表?

第九章　施工企业会计

重点：施工企业生产经营的特点

难点：施工企业生产经营特点对会计核算的影响

掌握：施工企业会计的概念

了解：施工企业会计对象、施工企业会计工作的组织、施工企业会计核算的程序

第一节　施工企业会计概述

一、施工企业的概念及特点

(一)施工企业

施工企业又称建筑安装公司，是指建筑工程和设备安装工程的生产企业。施工企业属于第二产业，是我国国民经济中的一个重要的支柱产业，它对于加速我国现代化的建设，改善和提高人民的生活水平和创造就业机会等方面发挥着重要的作用。

(二)施工企业的产品

施工企业的产品按其性质不同，可分为建筑工程和设备安装工程两类。

施工企业的建筑工程：①各种房屋，如厂房、商厦、宾馆、医院、学校、仓库、住宅等；各种建筑物，如瞭望塔、烟囱、水塔、水池等建造工程；②各种管道，如输油、输气、给水、排水等管道，以及电力、电信、电缆导线的敷设工程；③设备的基础、支柱、工作台、梯子等建筑工程，炼铁炉、炼焦炉、蒸汽炉等各种窑炉的砌筑工程；④工程地质勘探、拆除旧建筑物、平整土地以及建筑场地完工后的清理、绿化等工程；⑤矿井开凿、露天矿剥离工程，石油、天然气钻井等工程；以及铁路、公路、机场、桥梁等工程；⑥水利工程，如水库、坝堤、灌渠等工程；⑦地下建筑工程，如地铁、地下商城等。

施工企业的设备安装工程：①生产、动力、起重、运输、传动和医疗、实验等单位各种需要安装设备的装配、装置工程，与设备相连的工作台、梯子、栏杆的装设工程；②为测定安装工程质量，对单位设备、系统设备进行单机试运和系统联机无负荷试运工作。

施工企业拥有承包建筑安装工程的技术经济管理人员、技术工人和一定数量的生产资料，如施工机械、运输设备等固定资产，钢材、水泥、木材等主要材料，通过投标中标、分包或协议方式承揽建筑安装工程施工。

施工企业承包的工程，可以是一个工厂、一条公路、一个住宅区的建筑工程，或一个工厂、一个研究所、一个医院的设备安装工程，也可以是这些工程项目的某些特定部位或特定工序。

施工企业只要按期保质、保量地完成合同规定的施工任务，就完成了建筑、安装产品，经验收合格后，就可取得工程结算收入。

(三)施工企业生产经营的特点

施工企业生产活动的对象均是不动产，与工业产品不同。因此，施工企业的生产与工业企业相比较，具有以下四个特点。

1.施工生产的流动性

每一建筑安装工程的位置都是固定不变的，必须在建设施工单位指定的地点进行施工。建筑安装工程固定性的特点，给建筑安装工程施工带来了流动性，使建筑安装工人和施工机械设备都必须在各个工地上流动。由于建筑安装工程的施工活动分散在各个工地上进行，在组织施工企业生产核算时，必须更加注重分级核算，充分调动各级施工单位和广大职工当家理财的积极性。同时，要更加重视施工机械设备和材料的管理和核算，及时反映他们的使用和保管情况。

2.施工产品的单件性

施工企业承接的每一建筑工程、安装工程都有独特的形式和结构，需要单独设计的图纸，采用不同的施工方法和施工组织。即使采用相同的标准设计，由于建造地点的地形、地质、水文和气候等自然条件的不同，因此，施工企业在施工过程中，也往往需要对设计图纸及施工方法和施工组织做适当的变更，建筑、安装工程的多样性，使得施工企业的生产具有单件性的特点。

3.受气候条件的影响大

施工企业已承接的建筑工程、安装工程主要在露天施工，往往有高空、地下、水下作业，因此，要受到气候条件的影响，使得施工企业的施工活动，在各个月份很难均摊。在冬季寒冷、夏季高温和雨季，常常影响施工生产的顺利进行，完成的工程数量就少，由于建筑、安装工程施工在露天进行，使施工的机械设备等经常露天存放，受自然力侵蚀的影响很大。

4.施工生产周期长

施工企业已承接的建筑工程、安装工程通常规模较大，由于工程的位置固定在指定的地点，使施工生产只能局限于一定的工作场所，按照一定的施工顺序进行作业，并且施工生产往往会受到各种气候条件的影响，因此施工生产周期较长，往往需要跨年度生产，有的甚至需要生产多年才能完工。

二、施工企业会计的概念及特点

(一)施工企业会计的概念

施工企业会计是以货币作为主要计量单位，采用会计的专门方法，对施工企业的生产经营活动进行完整、连续、系统、全面、综合的核算和监督，向所有利益相关者提供反映施工企业财务状况和经营成果的一种经济管理活动。

(二)施工企业会计的特点

施工企业会计的特点是由施工企业的生产经营的特点所决定的，主要有以下五点。

1.实行分级管理和核算

由于施工生产具有流动性的特点，施工企业的施工人员、施工机械、施工材料、施工管理和后勤服务等组织机构，都要随着施工地点的改变而流动。因此，施工企业通常实行公司、分公司和工程项目部三级管理和核算。公司是独立承担民事责任的企业法人，是独立核算单位，通常设置财务会计部，处理公司管理部门的日常财务会计业务，指导和监督所属分公司的会计工作，汇总所属分公司的会计信息，全面地核算企业的各项财务指标。分公司是公司内部的独立核算单位，经公司授权对外行使民事权利，通常设置财务会计科，组织和指导各工程项目部的成本核算，归集和分配分公司发生的施工间接费用，计算工程总成本，核算盈亏，并向公司报送财务报告。分公司所属的各项目工程部，负责工程的施工，它是非独立核算的基层单位，通常应配备会计人员，负责核算工程项目的实物工程量、工时和材料消耗、机械使用量及直接成本的核算。

2.与同类工程成本、价格均不可比

建筑安装工程由于功能和结构不同，即使按同一标准进行施工的同类型、同规模的工程，也会因自然条件、原材料和设备供应等资源条件，以及人文风俗习惯等社会条件的不同而存在差异。因此，施工企业的产品不可能像对待工业产品那样为每件产品确定一个统一的价格，而是需要通过编制预算来确定其造价，并以此为基础签订工程承包合同，确定承包合同收入，而工程合同收入就是建筑产品造价。

3.以单位工程为对象进行成本核算和成本考核

由于建筑产品是按照建设单位的设计要求建造的，它具有单件性的特点。因此，施工企业必须以每一工程项目作为成本核算对象，组织工程成本核算，以反映各项工程的耗费。建筑产品单件性的特点使它与同类工程的成本具有不可比性。因此，施工企业在进行成本考核时，不能按同类工程的实物计量单位如建筑面积进行对比分析，而只能将每一项工程的实际成本与其预算成本相对比，来考核成本的节约或超支。

4.按在建工程的施工进度定期结算工程款和工程实际成本

由于建筑产品体积庞大，结构复杂，施工周期长，资金使用量大，施工企业难以等到工程全部竣工再结算工程款。因此，施工企业需要根据工程的进度，定期计算和确认各期已完工程的价款收入和实际成本。一方面根据工程款收入与建设单位办理结算，收回资金，另一方面将确认的工程实际成本与预算成本进行对比，寻找成本节约或超支的原因，以便及时采取措施。

5.协作关系复杂

建筑安装工程通常规模大，结构复杂，技术难度高，往往需要多个单位共同协作完成，在这种情况下，通常采取总承包负责制的方式组织施工。这样，施工企业会经常与建设单位之间发生备料款和工程进度款的预收和扣还业务，也可能与分包商之间发生备料款和工程进度款的预付和收回业务，还可能与设计单位、材料、机具供应单位发生经济往来，施工企业应正确处理与各协作单位之间的经济关系，使生产经营活动得以顺利进行。

讨论：

施工企业会计核算特点与工业企业会计核算特点的差异。

第二节　施工企业会计的对象和任务

一、施工企业会计的对象

物质资料的生产是社会存在和发展的基础。人们为了管好生产，就必须对生产过程进行反映、监督和控制，必须通过计量和登记，取得反映财产及其变动和经营成果的会计信息，借以了解生产过程，监督经济活动，考核经营成果，促进生产的发展。会计就是通过加工获得的会计信息用来反映、监督和控制生产过程，管理经济的一个工具。

在社会主义市场经济条件下，企业之间的商品基本上是按照生产商品的社会必要劳动时间即价值量进行交换的，由于价值规律的作用，生产相同的产品，有的企业因个别劳动耗费低于社会必要劳动耗费而获得盈利；相反，有的企业因个别劳动耗费等于甚至高于社会必要劳动耗费而无利可图甚至亏本。这就迫使企业要从市场需要出发，合理组织生产，实行有效经营，并适应市场带有随机性的变化，做出灵活和果断的反映。商品生产者是独立经营的，但市场经济下的市场却把商品生产者联成一个整体。每一个企业之所以能在市场进行有序的生产，原因之一就是包括会计信息在内的经济信息作为一种重要的资源和其他资源一起，投入商品经济运动。人们运用经济信息，发现、开发人力资源和物质资源，组成现实的生产力，并有效地加以控制和调节，指导整个经济的运转。

施工企业是从事建筑安装工程生产的企业。它要从事施工生产，实行有效经营，必须利用加工取得反映企业财务状况和经营成果的会计信息，据以组织、调节和控制施工生产。同时，要为国家经济管理部门、投资者、潜在投资者、债权人提供所需的会计信息，以满足宏观调控和投资决策、信贷决策等需要，使企业的施工生产能够符合社会需要，扩大再生产所需的资金能够顺利筹措。

施工企业在从事施工生产经营活动中，除了要有人这个决定性的因素外，还要有材料、施工机械、运输设备等生产资料，即财产物资。在会计中，这些财产物资叫作资产。

施工企业的资产，按其在施工生产过程中所起的作用，分为流动资产、固定资产、无形资产、递延资产、长期资产、专项工程和临时设施等。

流动资产包括货币资金、结算资金、短期投资、劳动对象和劳动产品。属于货币资金的有库存现金、银行存款和外埠存款、银行汇票存款、银行本票存款等其他货币资金。属于结算资金的有各项应收、预付款项和付给内部单位或采购人员的备用金。属于短期投资的有企业购入能随时变现，持有时间不超过一年的各种股票、债券。属于劳动对象的有主要材料、结构件、机械配件、周转材料等生产储备，正在施工中的未完工建筑安装工程和正在附属工业企业、辅助生产单位中生产的未完工产品。在会计中，未完工建筑安装工程叫作“未完施工”或“未完工程”“在建工程”，未完工产品叫作“在产品”或“在制品”。劳动对象在经过施工和生产过程后，大都改变或消失其原有的物质形态，并把他们本身的物质加工到工程和产品的物质里去。属于劳动产品的有附属工业企业和辅助生产单位生产的产成品。劳动对象和劳动产品在会计中统称为“存货”。

固定资产包括企业所有施工机械、运输设备、生产设备和非生产用房屋设备，它们能在较长时间内发挥其效能，并在许多施工生产周期中一直保持着自己的物质形态，而不把其本身的物质加工到工程和产品的物质里去。但是，它本身的价值，却随着使用而逐渐耗损，并通过折旧的方法将其损耗的价值计人工程和产品的成本，然后从工程和产品的结算价款中获得补偿。

无形资产是指企业长期使用而没有实物形态的资产，包括专利权、专有技术、土地使用权、商标权等。它们或者表明企业所拥有一种特殊的权利，或者有助于企业取得高于一般水平的经济效益，所以，它们都是有一定的价值。与固定资产相似，其价值要在受益期内平均摊入成本和费用。

递延资产是指那些不能全部计入当年成本、费用，应在以后年度内分期摊销的开办费、注入固定资产改良支出，以及固定资产大修理支出等。

长期投资是指不准备在一年内变现的投资，包括股票投资，债券投资，以现金、实物、无形资产等向其他单位的投资以及委托投资。

专项工程包括固定资产的新建、扩建、改建工程，大修理工程，需要安装设备的安装工程，以及临时设施搭建等工程，这些工程在完工以后，均成为企业的固定资产和临时设施。

临时设施是为保证施工和管理的正常进行而建造的各种临时建筑及设施。

施工企业的资产，是由企业投资者和债权人投入的资金、物资、专利技术等形成的，因而投资者和债权人对企业资产有提出要求的权利。在会计中，对一个企业的资产可以提出要求的权利，叫作权益。它由负债和所有者权益两部分组成。

负债也叫债权人权益，它是指将来要在一个固定的或者可以确定的日期，对企业提出偿还要求的权利。负债按期债务偿还期间的长短，分为流动负债和长期负债。

流动负债是指在一年以内必须偿还的债务，包括向银行借入的短期借款以及在施工生产经营过程中暂时取得或占用的各种应付、预收款，如应付账款、预收账款、其他应付款、应付职工薪酬、应付税金等。

长期负债是指向银行借入期限在一年以上的各种借款，以及为筹措长期资金而向企业债券持有人确认的应付债券等。

所有者权益也叫净权益，是指企业投资者对企业净资产(即资产减负债后的余额)所提出要求的权利，包括资本金、资本公积金、盈余公积金和未分配利润。国有施工企业的资本金，由有权代表国家投资的机构以国有资产投入企业形成。有限责任公司的资本金，由有权代表国家投资的机构、其他法人单位、社会个人等股东以其依法可以支配的资产投入企业形成。股份有限公司的资本金，由有权代表国家投资的机构、其他法人单位、社会个人等股东通过认购公司股份形成。这些由有权代表国家投资的机构、其他法人单位、社会个人等股投资者以所有者身份投入企业供长期使用的资本金，在会计上叫作“实收资本”，在股份有限公司叫作“股本”。资本公积金是指属于资本性质、但不能作为资本金计作“实收资本”的资本溢价、股票溢价、接受捐赠的财产以及法定资产重估增值等，在会计上叫作“资本公积”。盈余公积金是指企业按照规定从税后利润中提取的有特定用途的积累资金，包括法定盈余公积金、任意盈余公积金和法定公益金，在会计上叫作“盈余公积”。未分配利润是指企业未作分配的一部分税后利润。

施工企业的资产，在施工生产经营过程中，要一次通过供应、施工生产和工程点交(产品销售)过程，不断发生增减变动。在每一过程中，都相应地表现为不同的形态。负债和所有者权益，在企业施工生产经营中，也要发生变动。所有这些变动，在会计中都要加以反映。

在供应过程中，企业通过合同用货币向供应单位购买施工生产所需的各种劳动对象，这样，企业的货币资金转为材料储备。企业储备的材料，在施工生产需要时，即进入施工生产过程。

在施工生产过程中，被消耗的材料的价值全部转移于未完工程或在产品成本中。与此同时，工人付出了劳动，企业必须以工资形式支付给工人报酬，货币资金通过支付工资而转入未完工程或在产品成本中。此外，在施工生产过程中，固定资产的使用，是固定资产发生了损耗，已损耗的固定资产的价值也要与无形资产、递延资产的摊销转移于未完工程或在产品成本中。

随着施工生产过程的进行，企业的未完工程完工，并在工程点交过程中将完工工程点交给发包单位，从发包单位重新获得了货币资金；企业附属工业企业的在产品成为产成品，通过销售过程从购买单位获得了货币资金，再度购买材料、支付工资、投入施工生产过程。但是由于施工生产过程中支付给工人的工资，仅包括工人必要劳动创造的那一部分工程和产品的价值，因而企业在工程点交和产品销售过程中收回的货币资金的数额，要比原来投入的资金的数额大。这部分增加的货币资金，就形成了企业的利润。此项利润，要根据国家的有关规定，一部分以税金形式上交国家，一部分以积累形式留存企业成为盈余公积金，一部分以投资回报的形式分配给投资者，这就是企业的资金和所有者权益发生变动。此外，企业在施工生产经营过程中，还会发生诸如：构建固定资产和临时设备，借入或归还银行借款，发售企业债券和偿还债券本息，购买其他单位股票、债券和分得股利及到期收回债券本息，向其他单位投出固定资产、材料、货币资金和分的其他单位利润及收回其他单位投资等业务。这些业务也都要引起资产、负债和所有者权益的变动。

通过以上说明，可知施工企业的施工生产经营过程中的资金运动，是施工企业会计对象的内容，它决定资产、负债和所有者权益的变动。资产、负债和所有者权益的变动是施工企业会计对象的形式，施工企业施工生产经营过程的完成和资产、负债和所有者权益的变动，是一个经济现象两个方面观察的结果。两者是有机统一的、不可分割的。

二、施工企业会计的任务

会计的任务，是根据客观的需要和要求确定的，它受会计对象的制约。施工企业会计的任务，是对施工企业会计对象进行核算和监督所要求达到的目的和要求，主要有以下三个方面。

1. 向管理者和投资者反映企业财务状况和经营成果的会计信息，满足企业经营管理决策和国家宏观经济的要求，满足企业投资者进行决策的需要

我国实行的是社会主义市场经济，每个施工企业，都必须根据自身的施工生产能力和建筑市场需要，向社会招揽工程任务，充分利用生产潜力，合理安排施工生产。为了不断改善施工企业施工生产经营管理，增强在建筑市场的竞争能力，一方面要接受国家综合管理部门的指导，使自己的施工生产经营活动符合国家产业政策的要求；另一方面要接受投资者的监督，使投资者关心企业，为企业提供扩大再生产所需的资金。这就要求企业必须做好会计工作，及时提供会计信息，真实反映企业的财务状况和经营成果，以满足企业经营管理决策和国家宏观经济管理的要求，满足企业投资者和潜在投资者进行投资决策的需要。

要实时真实地提供会计信息，企业会计工作必须遵循真实性原理，如实反映企业财务状况和经营成果，做到内容真实，数字准确，数据可靠。遵循相关性原则，以满足各有关方面对会计信息的需要；遵循可比性和一贯性原则，按照会计准则允许的会计方法和会计估计，在不同会计期间前后一致地加以采用，以便于会计信息的相互比较和利用；遵循及时性原则和明晰性原则，及时、简明易懂地进行会计核算，以便于会计信息及时、有效地利用；遵循权责发生制原则和配比原则，正确地核算收入和费用，以便于准确地计算当年损益；遵循谨慎性原则，考虑企业经营风险和财务风险，合理核算可能发生的损失和费用；遵循历史成本原则，对各种资产按其取得或构建时发生的实际成本进行计价；遵循划分收益性支出与资本性支出的原则，正确区分计入当期损益的支出与计入资产价值的支出，如实反映企业的资产价值和损益情况；遵循重要性原则，在全面核算企业施工生产经营情况的同时，对重要的经济业务，单独进行核算反映。在日常核算工作中，必须按照会计制度的规定，记好账，算好账，编好表，做到内容真实，数字准

确，账目清楚，日清月结，按期报账。在办理年度会计决算以前，必须全面清查资产物资，核实库存数量和查清盘点盈亏原因。

2.反映和监督财产物资保管、使用情况，不断降低工程成本，节约使用资金，提高经济效益

为了适应建筑市场公平竞争的需要，施工企业必须讲求和提高经济效益，多快好省地进行施工生产，一方面要做好财产物资的保管工作，保证财产物资的安全完整；另一方面要合理使用财产物资，不断减少资金耗费，节约使用资金，降低工程成本。

为保证财产物资的安全完整，就必须做好会计工作，全面反映和监督各项财产物资的存在和变动情况。对于一切货币资金的收支，财产物资的收入、发出和转移，要据实填制凭证，认真进行审核，及时登记账簿。要定时进行资产清查，查明账实不符的原因，明确管理人员的责任。

要保证财产物资的合理使用，就必须及时计算工程成本，反映工程在施工过程中的生产耗费；及时做好固定资产和材料的核算，反应固定资产和材料的利用情况。工程成本是工程在施工过程中耗费的各项生产费用。它反映材料的耗费情况，工人工资、施工机械使用费和各项费用的开支情况。如果提高了施工管理水平，节约了材料的消耗，提高了劳动生产率和机械利用率，减少了各项费用的支出，那么，必须反映为工程成本的降低。因此，通过工程成本的计算和分析，可及时发现施工管理中存在的问题，采取降低工程成本的有效措施，多为国家、投资者、企业提供税金、投资回报和企业扩大再生产所需要的资金。

施工企业要进行施工活动，必须有一定数量的机械设备和材料储备。但是，这个量不是绝对不变的。如果加强了固定资产和材料的管理和核算工作，及时反映和监督固定资产和材料的利用情况，就可能促使企业充分利用机械设备，合理组织材料的供应，减少机械设备的需要量和压缩材料的储备量，从而减少企业资金的占用量。这就是可能把节约的资金用于本企业的扩大再生产。

3.反映和监督执行财经制度和财经纪律的情况，促使企业坚持社会主义方向

施工企业的生产经营过程，是执行党的方针政策、贯彻国家财经制度和财经纪律的过程。每个施工企业，都必须执行党的方针政策，执行国家的财经制度，遵守国家的财经纪律，坚持社会主义方向。由于施工企业所有的财产物资和各项经营活动，都要在会计核算中反映出来，因而通过对凭证的审核和账表数据的分析和考核，以及由此进行深入的调查研究，就可了解企业各项经营活动是否遵守经济制度和经济纪律。

第三节　施工企业会计工作的组织

科学地组织会计工作，是充分发挥会计作用、保证会计任务完成的一个重要条件。为了把施工企业的会计工作科学地组织起来，每个施工企业都要根据国家的相关规定，结合本企业的具体情况，健全会计机构，制定和执行合理的会计制度，加强会计队伍的建设。

一、建立和健全会计机构

会计机构是企业负责组织和从事会计工作的职能部门。在施工企业里，一般都必须单独设置会计机构，配备必要的专职会计人员。因为会计和财务工作是密切联系、难以分割的两项经济管理工作，所以在施工企业里，大都把两者合并设置一个部门，叫作会计科（组）、财务科（组）或者财务会计科（组）。

为了更好地把会计工作组织起来,并促使企业各个职能部门和所属各施工单位的施工经营的各个环节讲求经济效益,加强经济核算,大中型施工企业还应该设置总会计师,建立总会计师的经济责任。总会计师是企业经济工作的负责人,领导财务会计工作,组织经济核算,实施经济责任制度,参与生产经营决策,负责编制财务计划,落实完成计划的措施,审查施工、生产、技术和经营等方案的经济效益和重大开支项目,监督企业执行国家的财经政策、法规和制度。在没有设总会计师的小型施工企业里,可由上级主管部门指定一名企业领导人行使总会计师的职责。

企业所属各施工单位和其他管钱、管物的单位,也要根据工作需要,设置会计机构,配备会计人员或指定专人负责会计工作,并指导和协助工人班组开展经济核算工作。根据建筑安装工程施工现场不断转移而且较为分散的特点,施工企业在经营管理上,要更加重视分级管理、分级核算。对于分散在各个地区的施工单位,应给予一般工业企业的生产车间更大的职权,以便充分调动各级施工单位当家理财的积极性,并及时处理财务会计工作中的问题。企业内部各单位的会计工作是整个企业会计工作的组成部分,因此,这些单位的会计人员在业务上都要接受企业会计部门的指导。

在企业会计机构内部,要根据业务的繁简程度进行分工,建立岗位责任制。对于各种会计凭证、会计报表的填制、登记、审核、保管以及报表的编制和分析都要有明确的分工,各种核算工作由专人负责。这样,能更好地发挥每个会计人员的积极性和主动性。

二、制定合理的会计制度

会计制度是组织和从事会计工作时必须遵循的规范。为了正确组织施工企业的会计工作,必须有一套完整的、科学的会计制度。

制定会计制度,必须遵循统一指导、分级管理的原则。全国性的会计制度,必须由国家统一制定。会计的基本原则、会计核算的指标体系和核算方法等,都必须在全国范围内统一起来。我国统一的会计制度是由财政部制定颁发的,有些重要的会计制度如会计准则,要通过国务院批准发布。

会计制度的内容主要有会计工作准则,会计科目(包括会计科目设置、会计事项的处理程序和方法),会计报表(包括报表的编制、报送、审查和批复),会计核算规程(如成本核算规程等),会计监督和检查,会计档案管理,会计人员的职责和权限等方面的规定。

除了国家规定的会计制度外,企业为了加强内部管理,在不违背统一会计制度规定的前提下,可以制定一些必要的核算方法,如固定资产核算方法、材料核算方法、工资核算方法和会计凭证循转程序等等。

制定会计制度,是一项严肃的工作,必须深入基层,调查研究,周密考虑,既要符合企业会计准则,又要顾及现在企业的实际情况。在制定会计报表、会计科目和核算方法时,还要正确处理繁与简的关系。会计指标体系和会计方法的繁与简,不能仅仅以指标的多少、工作量的大小或掌握核算业务的难易来判断,还应当看它在反映经济活动和财务成本计划执行方面是否必要。不能任意取消必要指标和核算工作,不能离开会计的基本原则和要求单纯追求会计方法的简化。在科学、全面、正确地反映企业经济活动及其计划执行情况的前提下,应当尽可能简化核算手续和核算的方法。既要避免盲目增加报表和指标,也要避免把反映经济活动基本情况、记录经纪业务发生和变动过程的必要指标、必要手续和方法等统统"简化"掉。

会计制度制定以后就要认真执行。但是，会计制度属于上层建筑，它并不是一成不变的。随着经济的发展，人们对客观事物的认识不断提高，经济体制、财政体制和财务制度要发生变革，会计制度也要作相应的改革。在会计制度的改革上，必须正确处理破与立的关系。为了保证会计工作正常地进行，在新的会计制度没有建立以前，原有的会计制度还应继续执行。否则，就会造成无章可循的状态，引起管理上的混乱，招致不必要的损失。

三、加强会计队伍的建设

为了调动会计人员的积极性，保证会计任务的完成，国家规定了会计人员的技术职称和会计人员的工作职权。会计人员的主要职责：按照国家财务制度的规定，认真编制并严格执行财务计划、预算，遵守各项收入制度、费用开支范围和开支标准，筹集并合理使用资金，保证完成税款上交任务；按照国家会计制度的规定，记账、算账、报账，做到手续完备，内容真实，数字准确，账目清楚，日清月结，按期报账；按照金融制度的规定，合理使用借款，加强现金管理，做好结算工作；按照经济核算原则，定期检查、分析财务计划、预算的执行情况，挖掘增收节支的潜力，考核资金使用效果，揭露经营管理中的问题，及时向领导提出建议；按照国家会计制度的规定，妥善保管会计凭证、账簿、报表等档案资料；遵守、宣传、维护国家财经制度和财经记录，同一切违法乱纪行为做斗争。为了保障会计人员更好地履行其职责，会计人员有权要求本单位有关部门、人员遵守国家财经纪律和财务会计制度；有权参与编制本单位计划、预算，制定定额，签订经济合同，参加有关的施工、生产、经营管理会议；有权监督、检查本单位有关部门的财务收支、资金使用和财产保管、收发、计量、检验等情况，有权要求有关部门提供资料，如实反映情况。对于违反经济法令、制度、计划和预算的经济业务，有权拒绝付款、拒绝报销或拒绝执行。对于弄虚作假、营私舞弊、欺骗上级等违法乱纪行为，不但要拒绝执行，而且应向本单位领导或上级机关、财政部门报告。各级领导和有关人员要支持会计人员的工作，保证他们履行职责，如果有人对坚持原则、反映情况的会计人员进行刁难、阻挠或打击报复，上级机关要查明情况，严肃处理。

第四节　施工企业生产核算的主要特点

施工企业是从事建筑安装工程施工生产活动的企业。因此，施工企业生产过程核算的组织和方法，很大程度上取决于建筑安装工程及其施工的特点。

第一，建筑安装工程具有固定性的特点。每一建筑安装工程的位置都是固定不变的，必须在建设施工单位指定的地点进行施工。建筑安装工程固定性的特点，给建筑安装工程施工带来了流动性，使建筑安装工人和施工机械设备都必须在各个工地上流动。由于建筑安装工程的施工活动分散在各个工地上进行，在组织施工企业生产核算时，必须更加注重分级核算，充分调动各级施工单位和广大职工当家理财的积极性。同时，要更加重视施工机械设备与材料的管理和核算，及时反映它们的使用和保管情况。

第二，建筑安装工程具有多样性的特点。每一建筑安装工程几乎都有独特的形式和结构，需要单独的设计图纸，采用不同的施工方法的施工组织。即使采用相同的标准设计，由于建筑地点的地形、地质和水文等自然条件和交通、材料资源等社会条件不同，也往往需要对设计图纸以及施工方法、施工组织等做适当的改变。建筑安装工程多样性的特点，使施工企业的生产具有单件性的特点。因此,施工企业必须按照各项建筑安装工程分别进行成本的核算。凡是可以直接计入某项工程的生产费用,应直接计入该项工程成本;凡是不能直接计入某项工程而应由各项工程共同负担的生产费用,要先按照发生地点进行汇总登记,然后按照一定的标准,定期分配计入有关工程成本。

由于建筑安装工程具有固定性和多样性的特点,使得它的成本不能按其实物单位与上期同类工程成本进行对比,目前,还只能将实际成本与预算成本进行对比。为了使实际成本能与预算成本对比分析,实际成本计算的项目要与预算成本计算的项目的口径尽可能保持一致。

第三,建筑安装工程具有体积庞大、露天施工受气候条件影响的特点。由于建筑安装工程施工在露天进行,使得施工机械设备等经常露天存放,受自然力侵蚀的影响很大。因此,在计算这些施工机械的损耗价值即折旧费时,除了考虑使用上的磨损这个因素外,还要充分考虑受自然力侵蚀的影响。建筑安装工程施工要受气候条件的影响,使得施工企业的施工活动,在各个月内很难均衡。特别是在北方严寒地区,施工企业往往利用冬季停工期间,集中修理机械设备,让职工回家探亲。为了合理分担机械设备折旧、修理费用和职工探亲旅费,对这些费用应采用台班折旧法和预提、待摊的核算方法,而不宜将发生的费用全部计入当月工程成本。

第四,建筑安装工程具有施工周期长的特点。由于工程施工周期较长,对工程进行工程核算和价款结算,不能等到工程全部竣工才进行。因此对施工企业的成品,往往给予某些假定的条件。从理论上来讲,施工企业的成品,应指在该企业范围内全部竣工不再需要进行任何施工活动的工程。但是,由于建筑安装工程的施工周期较长,如果只对具有完整实用价值的房屋建筑物或其承包的房屋建筑物的建造部分或机器设备的安装部分全部竣工才进行核算,就会占用很大一笔流动资金,给施工企业流动资金的周转带来很大困难,核算也只能起到记录的作用。因此,在核算和工程价款结算上,对于施工企业成品的含义,也往往给予某些假定的条件,即在技术上达到一定成熟阶段的建筑安装工程,或已完成工程预算定额中规定的一定组成部分的工程,就视为"成品"即"已完工程",并与发包单位进行工程价款的结算。这部分工程虽不具有完整的使用价值,也不是施工企业的竣工工程,但由于企业对这部分竣工工程不再需要进行任何施工活动,已可确定工程的数量和质量,因此可以计算它的预算成本和实际成本,并与发包单位进行核算。

随着建筑安装技术条件和社会条件的变化,建筑安装工程及其施工的特点,也会不断变化。认识这些特点,对于我们做好施工企业的会计工作是十分必要的。

第五节 施工企业生产费用的分类

一、工程成本和生产费用的概念

要组织施工企业生产过程的核算,必须先了解什么是工程成本和生产费用。

施工企业的生产过程,同时也是生产的消费过程。在工程生产过程中,既要耗费活劳动,又要耗费物化劳动。工程在生产过程中耗费的活劳动和物化劳动,构成工程的价值。工程价值包括已耗费的生产资料的价值和劳动者在生产过程中新创造的工程的价值。对于新创造的工程的价值,一部分用以满足劳动者本身的消耗;另一部分用以满足全社会的需要。这样,工程价值就包括:①在生产过程中耗费的生产资料及物化劳动的价值;②在生产过程中耗费的必要劳动创造的价值；③剩余劳动创造的价值。这三部分的总和体现着工程在生产过程中耗费的社会劳动量。

但是，就施工企业来说，它在工程生产过程中所耗费的，只是已耗费的生产资料的价值和相当于工资部分的必要劳动创造的价值。至于剩余劳动创造的价值，是作为社会的纯收入并不支付给工人的。这样，工程价值的前两部分，就构成了工程的成本。

在社会主义社会中，施工企业耗费的生产资料的价值，是以货币计算的。具体地说，生产过程中耗费的施工机械、运输设备等劳动资料的价值，是以折旧费的形式计入工程成本的。生产过程中耗费的主要材料、结构件、其他材料等劳动对象的价值，是以耗用材料的价格计入工程成本的。至于工人必要劳动创造的工程的价值，是按工资形式支付并计入工程成本的。因此，工程成本是以货币形式表现的已耗费的生产资料的价值和工人必要劳动创造的工程价值。它是由企业耗费的“材料费”“折旧费”“工资”等生产费用构成的。

为了考核和分析生产费用，寻求进一步降低工程成本的途径，要从不同的角度观察生产费用的变动情况，并对生产费用进行合理的分类。

二、生产费用按照经济性质的分类

生产费用按照经济性质分类，就是把生产费用划分为费用要素。因此，这种分类也叫生产要素的分类。施工企业生产费用按其经济性质的不同，分为下列各生产费用要素：

1. 材料费

它是指企业未进行施工生产经营管理活动所耗用的各种外购材料，包括主要材料、结构件、机械配件、周转材料、其他材料和低值易耗品等费用。

2. 工资

它是指企业支付给职工的工资。

3. 折旧费

它是指企业在生产经营管理过程中使用固定资产而发生的折旧费。

4. 其他费用

它是指不属于以上各要素的费用支出，如邮电费、差旅费等。

生产费用按经济性质分类，可以提供企业在一定时期内耗费的材料费总额、工资总额、固定资产折旧总额和其他现金支出总额，这对于企业编制材料供应计划、工资计划、财务计划、现金流量计划和考核这些计划的执行情况，有着很大的方便和用处。同时，生产费用按照经济性质的分类，也可以把物化劳动和活劳动的耗费划分开来，作为计算建筑业净产值和国民收入的重要依据。但是，这种分类方法也有一些缺点：

(1)它仅能表现在施工经营管理过程中耗费了哪些费用，而不能表明这些费用的用途。为了指导施工经营过程，我们不仅要知道施工经营管理过程中耗费了哪些费用，而且要知道这些费用使用在哪里及其支出是否经济合理。例如，材料费中的材料可耗用于工程的施工过程，也可耗用于施工机械设备的维护修理过程或作为管理部门的一般消耗。因此，对于耗用的材料，如不按其用途分别计算，就难以分清其超支或降低的原因。

(2)生产费用按照经济性质的分类，不能用来计算各项工程的实际成本和确定各项工程的预算成本。这是由于企业发生的生产费用只有一部分是可以直接计入各项工程成本的；另一部分属于共同性的生产费用，不能确定其为某项工程所应承担，而必须按照一定的标准将它间接地分配于各项工程成本和管理费用。为了便于计算各项工程的成本，需要将生产费用另加分类。

三、生产费用按照经济用途的分类

生产费用按照它的经济用途来分类，构成工程的成本项目。因此，这种分类也叫生产费用按成本项目分类。施工企业生产费用按照它的经济用途，分为下列成本项目：

1.材料费

它是指在施工过程中所耗用的、构成工程实体或有助于工程形成的各项主要材料、外购结构件（包括内部独立核算附属工业企业供应的结构件）的费用，以及周转材料的摊销及租赁费用。

2.人工费

它是指直接从事建筑安装工程施工的工人（包括施工现场制作构件工人，施工现场水平、垂直运输等辅助工人，但不包括机械施工人员）的工资和职工福利费。

3.机械使用费

它是指建筑安装工程施工过程中使用施工机械所发生的费用（包括机上操作人员人工费、燃料、动力费、机械折旧、修理费、替换工具及部件费、润滑及擦拭材料费，安装、拆卸及辅助设施费、养路费、牌照税、使用外单位施工机械的租赁费，以及保管机械而发生的保管费等）和按照规定支付的施工机械进出场费等。

4.其他直接费

它是指现场施工用水、电、风、汽费，冬雨季施工增加费、夜间施工增加费、流动施工津贴、材料两次搬运费，生产工具用具使用费、检验试验费、工程定位复测、工程点交、场地清理费用等。

5.间接费用

它是指企业所属各施工单位如分公司（工区）、施工队（项目经理部）为组织和管理施工生产活动所发生的各项费用。包括临时设施摊销费、施工单位管理人员工资、职工福利费、折旧费、修理费、工具用具使用费、办公费、差旅交通费、劳动保护费等。

由于材料费、人工费、机械使用费和其他直接费直接耗用于工程的施工过程，也叫“直接费”。间接费用是为组织和管理施工生产活动所发生的各项费用，它是按照一定标准分配计入各项工程成本。工程直接费加上分配的间接费用，构成建筑安装工程成本。

按上述成本项目计算的工程成本是工程施工成本，它不包括企业管理费用和财务费用等期间费用。因按现行财务会计制度的规定，期间费用直接计入当期损益，不分配计入工程成本，所以上述工程成本是工程施工成本，不是工程完全成本。工程施工成本加上管理费用和财务费用，才构成工程完全成本，能据以计算当期工程结算利润。

必须指出，在建设部1993年印发的《关于调整建筑安装工程费用项目组成的若干规定》通知中，规定工程预算成本由直接工程费和间接费组成。直接工程费由直接费、现场经费组成。直接费包括人工费、材料费和施工机械使用费。现场经费包括临时设施费和现场管理费。间接费包括企业管理费和财务费用。从工程预算成本组成各项目的内容来看：工程预算成本相当于工程完全成本，直接工程费相当于工程施工成本，现场经费相当于工程施工成本中的间接费用。工程完全成本与工程预算成本各个项目之间的相互关系见表9-1。

由于工程施工成本不包括管理费用和财务费用，因此将工程施工成本与工程预算成本对比分析时，应在工程预算成本中剔除企业管理费和财务费用。

在工程成本项目组对因使用机械设备而发生的各项费用，在一般工业企业都是分别在人工费和制造费用项目计算的，但从工程施工技术经济特点来看，那样计算会发生一些问题。首先，不便于正确计算各项工程的成本。因为在同一时期内，一台机械往往同时为几个单位工程服务，它所发生的动力、燃料、折旧、修理、运输和装卸等费用，很难直接计入各项工程成本，也不宜将它与其他直接费或间接费一起，按统一的分配标准进行分配。特别是大型施工机械，往往是为某些大型工程服务的。为了正确计算各项工程所应负担的机械使用费，不论是编制工程预算成本，还是计算工程实际成本，都应按照各项工程使用的台班来计算和分配机械使用费。其次，也不便于分析施工机械使用的经济效益，找出影响机械使用费超降的原因，为进一步提高机械利用率和节约机械使用费寻找途径。因此，在建筑安装工程的成本项目中，都将机械使用费单独设置一个项目。

表 9－1　工程完全成本与工程预算成本关系表

<table>
<tr><td rowspan="8">工程完全成本</td><td rowspan="6">工程施工成本</td><td rowspan="4">直接费</td><td>人工费</td><td>人工费</td><td rowspan="3">直接费</td><td rowspan="6">直接工程费</td><td rowspan="8">工程预算成本</td></tr>
<tr><td>材料费</td><td>材料费</td></tr>
<tr><td>机械使用费</td><td>施工机械使用费</td></tr>
<tr><td>其他直接费</td><td colspan="2">其他直接费</td></tr>
<tr><td colspan="2" rowspan="2">间接费用</td><td>临时设施费</td><td rowspan="2">现场经费</td></tr>
<tr><td>现场管理费</td></tr>
<tr><td colspan="3">管理费用</td><td colspan="3">企业管理费用</td></tr>
<tr><td colspan="3">财务费用</td><td colspan="3">财务费用</td></tr>
</table>

在建筑工厂化施工程度不断提高以后，在“材料费”项目中应否将结构件单独划出，也是一个值得研究的问题。因为在建筑工厂化程度提高以后，结构件在材料费项目中所占的比重日益增大，如果它与主要材料等并列，就不便于分析现场施工队组对材料成本超降的主、客观原因。为了便于对成本超降的原因进行分析，在工程成本项目中，可考虑将材料费项目中的结构件划出，另设一个“结构件”项目，用以核算由构件加工厂、附属工业企业等单位供应的结构件的成本同时，将结构件从材料费项目中划分出来，也便于反映工厂化施工水平的高低。因此，随着建筑生产的发展，在工程成本项目的划分上也可考虑做相应的改变。

四、生产费用按其与工程量增减关系的分类

生产费用按其与工程量增减的关系，可以分为变动费用和相对固定费用。

变动费用是指费用总额随着工程量的增减而增减的费用。如材料费，机械使用费中的动力、燃料费，其他直接费中的施工用水、电、风、汽费等。这些费用，虽然随着工程量的增减而增减，但就单位工程所应负担的费用来说，则不因工程量的变动而变动。

相对固定费用是指费用总额不随着或几乎不随着工程量的增减而增减的费用，如间接费用，机械使用费中的机械折旧、修理费等。这些费用就其总额来说，虽然不随着工程量的增减而增减，但就单位工程所应负担的费用来说，则随着工程量而成反比例的变动，工程量增加，单位工程分摊的费用随之减少；工程量减少，单位工程分摊的费用随之增加。由于工程成本中有相对固定费用，因此，增加工程数量就能降低工程成本。

区别变动费用和相对固定费用，对寻求降低工程成本的途径具有重大的意义。对于变动费用，应从降低各项工程的消耗定额着手；而对相对固定费用，主要应从节约各个时期的绝对支出数和增加工程数量着手。

第六节　施工企业生产核算的主要程序

施工企业的生产按其在企业内部的职能，可分为建筑安装工程生产和辅助、附属生产。

建筑安装工程生产是指直接从事建筑工程、设备安装工程的施工。在会计核算中，用“工程施工”科目核算其所发生的生产费用。

辅助、附属生产是指直接或间接为建筑安装工程施工服务的生产。按照它们的性质可以分为以下几种：①从事工程施工所需材料、构件（如砖、瓦、砂、石、石灰、混凝土和钢筋混凝土构件）的生产和木材的加工；②从事工程施工所需机械设备的制造和修理；③提供工程施工所需的水、电、蒸汽。如果这些辅助、附属生产单位实行内部独立核算、独立计算盈亏，通常称为“附属工业企业”，在会计审核中，用“工业生产”科目核算其所发生的生产费用。如果不实行内部独立核算，通常称为“辅助生产单位”，在会计核算中，用“辅助生产”科目核算其所发生的生产费用。

在施工企业会计核算中，对于建筑安装工程在施工过程中发生并能直接计入各项工程的生产费用，应直接计入“工程施工”科目的借方；对于辅助生产单位和附属工业企业在产品生产和劳务供应过程中所发生的各项生产费用，应分别计入“辅助生产”和“工业生产”科目的借方；对于工程施工过程中使用施工机械和运输设备进行机械化施工和运输作业所发生的各项生产费，应先在“机械作业”科目汇总登记，于月终再转入“工程施工”科目的借方。

对于不能直接计入各项工程和产品成本的各项间接费用，应先归集于“工程施工”“工业生产”科目的“间接费用”二级科目，于月终再将它分配计入各项工程、产品成本（在实际会计核算工作中，二级项目也可视为一级项目在“施工间接费用”和“生产间接费用”进行核算）。

现将上述各主要生产项目的总分类核算程序列示如图 9－1 所示。

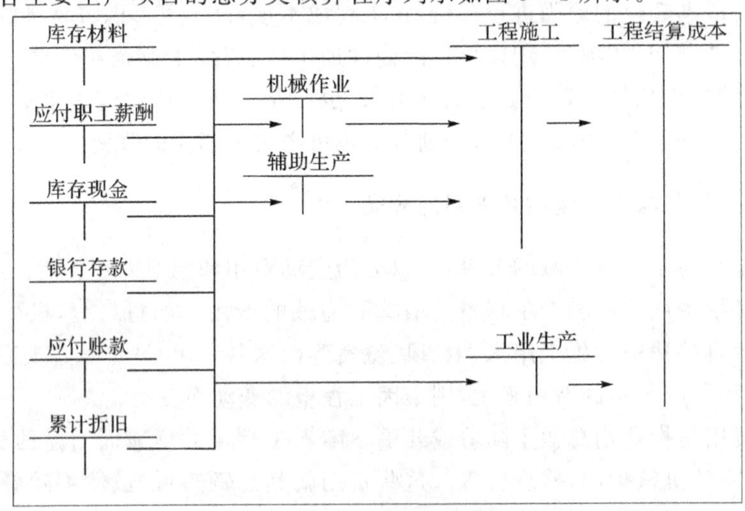

图 9－1　主要生产项目的总分类核算程序

课后练习题

一、单项选择题

1. 可理解性会计信息质量要求是指企业提供的(　　)应当清晰明了。

A. 会计记录　　B. 会计信息　　C. 财务报告　　D. 会计制度

2. 资产是指企业过去的交易或者事项形成的、由企业拥有或者控制的、预期会给企业带来经济利益的资源。它包括(　　)。

A. 各种财产　　B. 各种财产和债权

C. 各种财产和其他权利　　D. 各种财产、债权和其他权利

3. 所有者权益是指企业的资产扣除负债后,由(　　)享有的剩余权益。

A. 国家　　B. 所有者　　C. 企业职工　　D. 投资人

4. 企业在对会计要素进行计量时,一般应当按(　　)计价。

A. 重置成本　　B. 现值　　C. 公允价值　　D. 历史成本

二、多项选择题

1. 施工企业会计的特点是实行分级管理和核算、(　　)等。

A. 以单位工程为对象进行成本核算和成本考核

B. 协作关系复杂

C. 按在建筑工程的施工进度定期结算工程款和工程实际成本

D. 以承包工程合同收入作为建筑产品的价格

2. 会计的核算职能是指将施工企业已经发生的个别的、大量的经济业务,进行确认、计量、记录、(　　),作为全面、连续和系统的会计信息,以反映施工企业经济活动的全过程及其结果。

A. 报告　　B. 分析　　C. 比较　　D. 汇总

3. 施工企业的会计科目按照其反映的经济内容不同,可划分为资产类、负债类和(　　)。

A. 损益类　　B. 所有者权益类　　C. 成本类　　D. 费用类

三、判断题

1. 施工企业会计具有核算和监督两大职能。(　　)

2. 会计监督是会计核算的基础,而会计核算则是会计监督的继续。(　　)

3. 企业会计的确认、计量和报告应当以权责发生制为基础。(　　)

四、简答题

1. 什么是施工企业？试论述施工企业的产品分类。

2. 试述施工企业生产经营的特点。

3. 试述施工企业的会计对象。

4. 施工企业会计有哪些任务？

第十章 施工企业工资的核算

重点：施工企业工资和福利费用的核算

难点：施工企业工资和福利费用的账务处理

了解：施工企业工资核算的流程

第一节 工资核算的意义和内容

施工企业工资的核算，要认真贯彻党和国家的工资政策，及时正确地计算各个职工应得的工资，考核工资计划的执行。各个施工企业必须根据企业施工任务、劳动生产率水平和企业经济效益来确定工资支付标准，制定出人员定额和工资计划。工资在国民收入中占有很大的比重，工资总额增长速度是否超过劳动生产率和企业经济效益的增长速度，影响着企业经济和整个国民经济的发展。因此，要及时计算各类职工的工资，考核工资总额的执行情况，促使企业遵守定员，节约使用劳动力，保证工资总额的合理使用。

要根据劳动者提供劳动的数量和质量，正确计算每一个职工的工资，并及时进行结算，保证按劳分配原则的贯彻执行。

要按照工资支出的用途和发生的地点，正确地归集和分配工资支出，并合理地计入工程和产品成本。工资是企业生产费用的组成部分，只有正确地计算各项工程和产品所花的工资，才能正确计算工程和产品的人工费。因此，必须按照工资支出的用途和发生地点，归集和分配工资支出，计算各项工程和产品的人工费，并通过人工费的计算，促使企业改善劳动组织，提高劳动生产率，不断降低工程成本。

搞好工资的核算工作，必须对企业职工进行合理的分类，以便按照职工的类别，反映企业的工资支出总额，考核工资计划的执行。必须做好原始记录的填制和审核工作，以便按照劳动的数量和质量，正确计算每一职工的工资，办理与职工的结算，并进行工资的总分类核算和明细分类核算。

在施工企业里，有关工资计划、人员动态、工时和工程数量等核算资料，是分别由劳动工资、人事、施工班组等部门提供的。为了保证工资核算工作及时正确地进行，会计部门应该加强与这些部门的联系，协同这些部门制订职工考勤、工时和工程数量等原始记录制度，并监督各项制度的执行，以便为工资核算提供正确的原始资料。

第二节 职工的分类和工资的种类

一、职工的分类

为了正确计算各类职工应得的工资，考核工资计划的执行情况，并且合理地分配工资支出，必须了解施工企业职工的分类及其组成。

施工企业的职工是指在企业中工作，并由企业支付工资的全部人员。施工企业的全部人员按其工作性质和所处劳动岗位，分为如下六类：

(1)生产工人，指直接从事建筑安装施工生产活动的物质生产的工人包括建筑安装工人、附属辅助生产工人、运输工人和在现场直接服务于施工生产的其他生产工人。

(2)学徒，指在熟练工人指导下，在施工生产劳动中学习生产技术、享受学徒待遇的人员。

(3)工程技术人员，指担任工程技术工作，并具有工程技术能力和职称的人员。

(4)管理人员，指在企业各职能机构及各基层单位从事行政、生产、经济管理和政治工作的人员。

(5)服务人员，指服务于职工生活和间接服务于生产的人员。

(6)其他人员，指由企业开支工资，但与企业施工生产活动无关的人员，包括农副业生产人员、出国援外人员、长期脱产学习人员、长期病假人员、派出外单位工作人员等。

通过上述分类，可以反映企业职工的组成和劳动力的使用情况，同时也有利于工资支出按其用途进行分配，并考核工资计划的执行。

二、工资总额的组成

工资总额是指各企业单位在一定时期内直接支付给本企业单位全部职工的劳动报酬总额。施工企业工资总额的计算，应以直接支付给施工企业职工的全部劳动报酬为依据。它由以下五个部分组成。

1.基本工资

基本工资也叫标准工资，它是按照规定的标准计算的工资，包括实行结构工资制的基础工资、职务工资和工龄津贴。基本工资是职工的基本收入，也是工资总额的主要组成部分。基本工资又可分为计时工资和计件工资两种形式。

(1) 计时工资，是指按计时工资标准和工作时间计算并支付给职工的劳动报酬。

(2) 计件工资，是指根据职工所完成的合格工程、产品数量和计件单价计算并支付给职工的劳动报酬。

2.经常性奖金

经常性奖金是指在基本工资之外，对完成或超额完成工作量以及有关经济技术指标的职工而支付的各种奖励性报酬。如超产奖、质量奖、安全(无事故)奖、考核各项经济指标的综合奖、提前竣工奖、年终奖、节约奖、劳动竞赛奖等。

3.工资性津贴

工资性津贴是指为了补偿职工额外或特殊的劳动消耗，以及为了保证职工的工资水平不受特殊条件的影响和鼓励职工安心于劳动强度大、条件艰苦的工作岗位而支付给职工的各种津贴和补助。如高空津贴、井下津贴、野外津贴、夜班津贴、技术性津贴、物价补贴等。

4.加班加点工资

加班加点工资是指按国家规定的标准支付给职工在法定工作时间之外从事劳动的报酬。

5.非工作时间工资

非工作时间工资是指根据国家法律、法规和政策规定对职工在某些特殊情况下非工作时间支付的工资。如病假、工伤假、产假、婚丧假、探亲假、计划生育假、定期休假、停工学习、执行国家或社会义务时间的工资。

企业的“工资总额”，也叫企业的“工资基金”。所有企业单位的工资总额，构成国民收入分配数额的一个重要组成部分，体现一定时期内国家积累和消费的比例关系。因此，加强工资总额的管理和核算，促使企业遵守定员，按规定发放奖金和津贴，不仅可以促使企业节约使用劳动力，控制工资支出，防止工程、产品成本中人工费的超支，达到降低工程、产品成本的目的，而且对整个国民经济核算也具有重要的意义。

第三节　应付职工薪酬的核算

一、工资的核算

工资核算的主要任务：一方面正确计算每个职工的应付工资和实发工资，反映企业与职工的结算情况和企业工资计划的执行情况，保证工资总额的合理使用；另一方面将工资支出按其用途或发生地点进行归集和分配，以便正确地计入有关科目。这两方面是相互联系、不可分割的。所有应付职工的工资都必须按其用途进行分配，并计入有关的科目；而所有计入有关科目的工资支出又必然是企业的应付工资。

工资的总分类核算是根据“工资结算汇总表”和有关工资的付款凭证，通过“应付职工薪酬”科目进行的。“应付职工薪酬”科目的借方登记本月应发工资总额，包括用现金支付和通过转账支付的工资，以及职工未领的工资；贷方登记按支出用途分配计入有关科目的当月应付工资总额。因此，设置和运用“应付职工薪酬”科目，一方面集中反映企业支付给全体职工的工资，更好地控制工资总额的使用，促使企业严格执行工资计划；另一方面也便于进行工资的结算和分配，有利于全面了解工资的分配情况，促使企业节约使用劳动力。

为了总括反映施工企业各个月份内工资的分配情况，会计部门应根据“工资结算汇总表”编制“工资分配表”(见表 10 - 1)。

根据“工资分配表”分配工资，应作如下分录：

借：工程施工	40 240	
机械作业	12 687	
辅助生产	5 300	
工业生产	9 180	
工程施工——间接费用	7 200	
管理费用	8 030	
采购保管费	3 193	
管理费用——福利费	2 040	
贷：应付职工薪酬——工资		87 870

表 10－1　工资分配表

20××年 6 月　　　　单位:元

人员类别 应借科目	建筑安装工程施工工人	机械施工机上人员	运输作业机上人员	辅助生产工人	工业生产工人	施工单位技术、管理、服务人员	企业行政管理人员	材料采购、保管人员	医务、保育人员	集体福利部门人员	6 个月以上病假人员	合　计
工程施工	40 240											40 240
机械作业		8 148	4 539									12 687
辅助生产				5 300								5 300
工业生产					9 180							9 180
工程施工——间接费用						7 200						7 200
管理费用							7 490				540	8 030
采购保管费								3 193				3 193
管理费用——福利费									1 070	970		2 040
合　计	40 240	8 148	4 539	5 300	9 180	7 200	7 490	3 193	1 070	970	540	87 870

记账：　　　　制表：

如果企业有从事多种经营的业务人员，应将他们的工资计入“其他业务支出”科目的借方；有从事固定资产建造、扩建、改建、修理以及临时设施搭建等专项工程的工人，应将他们的工资计入“专项工程支出”或“在建专项工程”科目的借方。

对于“工资结算汇总表”中向职工收回的代交款项，应计入“其他应付款”科目的贷方和“应付职工薪酬”科目的借方，作如下分录入账：

借：应付职工薪酬——工资　　11 186

　贷：其他应付款　　11 186

根据“工资结算汇总表”中的实发工资，开出支票，向银行结算户提取现金，支付工资时，应作如下分录入账：

借：库存现金　　76 684

　贷：银行存款　　76 684

借：应付职工薪酬——工资　　76 684

　贷：库存现金　　76 684

企业在支付工资时，可能有少数职工因故不能按时领取工资。对于这些未领工资，在超过企业规定的工资发放期限时，应由班组、车间、部门交回，并编制待领工资明细表，作如下分录入账：

借：库存现金　　1 200

　贷：其他应付款——未领工资　　1 200

同时，将未领工资的现金存入银行：

借：银行存款　　1 200

　贷：库存现金　　1 200

如果企业对职工的工资每月分两次支付，即上半月预付一次，下半月进行结算，一般在上半月预付相当于全月标准工资的一半。为了简化计算手续，预付工资最好为整数。如月标准工资为833.30元，在上半月可预付410元；月标准工资为782.92元的，在上半月可预付390元等。预付工资时，应作借记“应付工资”科目和贷记“库存现金”科目的分录入账。下半月结算工资时，应将上半月预付工资在“工资结算单”或“工资结算卡片”中的“上半月预付”栏内列明并扣回。由于此项预付工资已作借记“应付职工薪酬”科目的分录，因此，不必再作扣款的分录，只要将下半月发放工资的金额，作工资支付的分录即可。

二、应付福利费的核算

施工企业职工除了按照自己劳动数量、质量领取供个人支配使用的工资外，还可广泛享受企业和国家举办的各种集体福利事业的待遇和取得必要的个人补助。这些用于职工集体福利和个人补助的资金来源，主要是由根据工资总额的一定比例提取的职工福利费和工会经费解决的。根据国家规定，职工福利费按照企业职工工资总额的14%提取计入有关成本费用项目，工会经费按照企业职工工资总额的2%提取计入管理费用。

企业根据工资总额计提的职工福利费和工会经费，在工程预算成本中，是将它作为“工资附加费”与工人工资一起列入人工费项目中的，而按现行会计制度的规定，企业计提的工会经费是将它计入管理费用，并不列入人工费项目，这是在分析工程产品成本时必须加以注意的。

企业按照规定提取的职工福利费，应在“应付职工薪酬——福利费”科目进行核算，在提取时，应计入“应付职工薪酬——福利费”科目的贷方和有关成本、费用科目的借方，即为建筑安装工程施工工人和施工单位技术、管理、服务人员计提的福利费，应计入“工程施工”科目的借方；为机械施工、运输机上人员计提的福利费，应计入“机械作业”科目的借方；为辅助生产单位工人计提的福利费，应计入“辅助生产”科目的借方；为附属工业企业生产工人计提的福利费，应计入“工业生产”科目的借方；为企业行政管理人员、医务保育人员、集体福利部门人员、六个月以上病假人员计提的福利费，应计入“管理费用”科目的借方；为材料采购保管人员计提的福利费，应计入“采购保管费”科目的借方；为企业固定资产建造、扩建、改建、修理以及临时设施搭建等的工人计提的福利费，应计入“专项工程支出”或“在建专项工程”科目的借方。

在实际工作中，为了总括反映职工福利费的提取和分配，可根据“工资结算汇总表”算得各类职工计提职工福利费的工资总额，按照规定的提取比例计算，并编制如下所示“职工福利费计算表”（见表 10－2）。

表 10－2　职工福利费计算表

20××年 6 月　　　　单位：元

人员类别	工资总额	计提福利费	应借科目
建筑安装工程施工人员	40 240	5 634	工程施工
机械施工机上人员	8 148	1 141	机械作业
运输作业机上人员	4 539	635	机械作业
辅助生产工人	5 300	742	辅助生产
工业生产工人	9 180	1 285	工业生产
施工单位技术、管理服务人员	7 200	1 008	工程施工——间接费用
企业行政管理人员	7 490	1 048	管理费用
材料采购、保管人员	3 193	447	采购保管费
医务、保育人员	1 070	150	管理费用
集体福利部门人员	970	136	管理费用
六个月以上病假人员	540	76	管理费用
合　计	87 870	12 302	

记账：　　　　制表：

根据“职工福利费计算表”，即可将计提的职工福利费作如下分录入账：

借：工程施工　　5 634

　　机械作业　　1 776

　　辅助生产　　742

　　工业生产　　1 285

工程施工——间接费用　　1 008

管理费用　　1 410

采购保管费　　447

贷:应付职工薪酬——福利费　　12 302

施工企业提取的职工福利费,主要用于职工的医药费(包括企业参加职工医疗保险交纳的医疗保险费)、医护人员的工资、医务经费,职工因公负伤赴外地就医路费,职工生活困难补助、职工浴室、理发室、幼儿园、托儿所等集体福利部门人员的工资,以及按照国家规定开支的其他职工福利支出,在支付时,应计入"管理费用"科目的借方和"银行存款""应付职工薪酬——应付福利费"等科目的贷方。作如下分录入账:

借:管理费用　　×××

贷:银行存款　　×××

应付职工薪酬——福利费　　×××

在这种核算方法下,如果企业实际发生的职工福利费超过提取的职工福利费,"应付福利费"科目就会出现借方余额,在资产负债表的"应付福利费"项目就要用负号填列。这就要求企业在使用职工福利费时,必须量入为出,严格按照规定的用途合理地节约使用,既不得任意扩大职工福利费的使用范围,也不得将属于职工福利费的开支挤入工程和产品的成本。

企业按照规定提取的工会经费,应在"应付职工薪酬——工会经费"科目进行核算,在提取时,应计入"管理费用"科目的借方和"应付职工薪酬——工会经费"科目的贷方,作如下分录入账:

借:管理费用　　1 757

贷:应付职工薪酬——工会经费　　1 757

将提取工会经费从银行结算户拨交工会使用时,应计入"应付职工薪酬——工会经费"科目的借方和"银行存款"科目的贷方,作如下分录入账:

借:应付职工薪酬——工会经费　　×××

贷:银行存款　　×××

讨论:

企业工资发放的流程和步骤。

课后练习题

一、实务题

【要求】编制会计分录。

【资料】东兴建筑公司第一项目工程部根据工资结算汇总表中的应付职工薪酬编制"其他人工费用计算分配表",见表10-3。

表 10－3　其他人工费用计算分配表

20××年 6 月 30 日

金额单位:元

工资总额	工资总额	职工福利费		工会经费		职工教育经费		养老保险费		失业保险费		住房公积金		合　计
		提取率	提取额	提取率	提取额	提取率	提取额	提取率	提取额	提取率	提取额	提取率	提取额	
工程施工部门	250 000	14%	35 000	2%	5 000	1.5%	3 750	3%	7 500	2%	5 000	7%	17 500	73 750
其中:商品房工程	176 000	14%	24 640	2%	3 520	1.5%	2 640	3%	5 280	2%	3 520	7%	12 320	51 920
商务楼工程	74 000	14%	10 360	2%	1 480	1.5%	1 110	3%	2 220	2%	1 480	7%	5 180	21 830
机械作业部门	18 000	14%	2 520	2%	360	1.5%	270	3%	540	2%	360	7%	1 260	5 310
机修车间	14 000	14%	1 960	2%	280	1.5%	210	3%	420	2%	280	7%	980	4 130
施工管理部门	15 000	14%	2 100	2%	300	1.5%	225	3%	450	2%	300	7%	1 050	4425
合　计	297 000		41 580		5 940		4 455		8 910		5 940		20 790	87 615

二、简答题

1.施工企业工资核算的主要内容包括哪些?
2.什么叫作工资总额?它由哪些部分组成?
3.职工福利费和工会经费是怎样提取的?它们应分别计入哪些科目?

第十一章　施工企业材料的核算

重点：施工企业大堆材料耗用的核算

难点：施工企业材料的发放流程

掌握：施工企业材料的分类

了解：施工企业材料的计价方法

第一节　材料核算的意义和内容

施工企业的材料，是指主要材料、结构件、机械配件、其他材料等劳动对象。材料和固定资产不同，它通常只能在一次施工过程中使用，并在施工过程中大都变更或消失其原有物质形态，或将其本身的物质加到工程或产品的物质里去，因而大都将其价值一次转入工程和产品的成本中。建筑安装工程的施工过程，同时也是各种材料的使用和消耗过程。为了保证施工过程不间断地进行，就需要做好材料供应工作，及时补充施工中消耗的材料。

材料供应工作在保证施工需要的同时，还要注意储备资金的节约使用，提高流动资金的利用效果。在组织材料供应时，要少购勤进，以最少的储备量来保证施工的需要；要合理组织材料运输，就地取材，就近采购，降低材料采购成本。在我国社会主义建设事业需要大量建筑材料和建设资金的情况下，用最少的材料储备保证施工的顺利进行，一方面可以为国家腾出大量的建筑材料，以保证发展建设事业的需要；另一方面可以避免企业流动资金的浪费和积压，提高资金利用效果。一定的施工规模虽要有一定数量的材料储备来保证，但是这个量不是绝对不变的。如果企业合理地组织材料供应工作，就有可能适当地压缩材料储备量，减少企业储备资金的占用额。因此，在材料供应和资金管理工作中，必须克服"宽打宽用""宁多勿少"等错误思想，在不影响工程质量的前提下，大搞修旧利废，加工改制，积极处理各种积压材料，加速流动资金周转。

材料核算是材料供应和资金管理工作的一个很重要环节。认真做好材料核算工作，可以及时反映材料和采购、储备、保管和耗用情况，考核材料供应计划、材料储备定额和材料消耗定额的执行情况。这对节约使用储备资金，降低工程产品成本，发展建筑生产事业都有着很重要的意义。施工企业材料的核算，主要包括以下几个方面：

(1)正确及时地反映材料采购情况，考核材料供应计划和用款计划的执行，促使企业不断改善材料采购工作，做到既保证施工生产需要，又节约使用采购资金，降低材料采购成本。

(2)正确及时地反映材料的收发和结存情况，考核材料储备定额的执行，防止材料超储、积压或储备不足等现象，不断加速材料储备资金周转。

(3)反映和考核材料消耗定额的执行情况，促使企业节约使用材料，降低工程、产品的材料成本。

(4)正确计算耗用材料的实际成本,分别按照用途计入工程和产品成本。

(5)定期对材料的结存数量和质量进行清查盘点,查明盘点盈亏的原因,并按照规定做出处理,防止丢失和盗窃,确保材料的完整无缺,做到账、料、卡相符。

第二节　材料的分类和计价

一、材料的分类

施工企业所需的材料,品种规格很多,性质和用途不一,而且存放地点分散,收发频繁,库存数量经常发生变动。为了加强材料管理和正确组织材料核算,必须对材料进行合理的分类。

施工企业施工生产用的材料,按其在施工生产中所起的不同作用,可分为主要材料、结构件、机械配件、其他材料等几类。

主要材料是指用于工程、产品并能构成工程、产品实体的各种材料,包括黑色及有色金属材料、木材、硅酸盐材料(即水泥、砖、瓦、石灰、砂、石等)、电器材料、建筑五金、化学油漆材料等。

结构件是指经过吊装、拼砌,安装即能构成房屋建筑物实体的各种金属的、钢筋混凝土的、混凝土的和木质的结构物、构件、砌块等。

机械配件是指用于机械设备维护修理的各种配件和零件,如齿轮、阀门、轴承等。

其他材料是指那些在施工生产过程中并不构成工程、产品实体的各种材料,包括燃料、油料、饲料和润滑油、擦布、绳子等辅助材料。

材料的总分类核算,应在"库存材料"或"原材料"科目(采用企业会计制度的施工企业在"原材料"科目)进行,并按照上述分类分别设置"主要材料""结构件""机械配件"和"其他材料"等二级科目。

在实际核算工作中,除了上述一次性消耗材料外,对于在施工过程中可以反复周转使用的周转材料,以及那些虽属劳动资料,但单位价值较低或使用时间较短而不列入固定资产的工具用具和劳保用品,也都将它们视同材料,分别在"周转材料"和"低值易耗品"科目进行核算。

为了适应材料的实物管理和日常核算的需要,在上述分类的基础上,还要按照各类材料的物理性能、技术特征、等级、成分、规格、尺寸等作进一步的明细分类。如对主要材料,可将它分为黑色金属材料类、有色金属材料类、木材类、硅酸盐材料类、电器材料类、小五金类、化学油漆类等。在黑色金属材料类下,又可分为圆钢、螺纹钢、方钢、扁钢、角钢、工字钢、槽钢、薄钢板、中厚钢板等品种。在圆钢之下,还可按其直径大小分为6mm圆钢、7mm圆钢等不同规格。

为了便于材料的保管和核算,除了对材料进行分类外,还须对各种材料按照类别、品种、名称、规格逐一进行编号,并规定各种材料的计量单位和材料的计划单价(通常即地区材料预算单价),编制"材料目录",以供材料供应、保管、领用、核算各部门人员统一使用,避免类似材料的相互混淆,防止差错,并简化核算手续,提高工作效率。材料的编号,一般须意义明确、易于记忆并富伸缩性,以便在增加材料品种规格时随时调整。"材料目录"的格式见表11-1。

表 11-1　材料目录

材料编号	材料类别	材料名称 型号规格	计量单位	计划单价/元 20××年	备　注
110106	黑色金属类	圆钢	t	1 060	
110107			t	1 020	
110108			t	980	

讨论：

施工企业与工业企业材料分类的差异。

二、材料的计价

所谓材料的计价，就是材料在核算时按照什么价格计算。施工企业的材料，应按实际成本计价。外购材料的实际成本，包括下列各项支出：

(1)买价，包括材料的原价、供销单位的手续费和税金。

(2)运杂费，包括自采购地点运到工地仓库(施工现场堆存材料的地点)前发生的包装、运输、装卸以及合理的运输损耗等费用(包装物的保证金或押金应予扣除。回收包装物的收入应冲减运杂费)。

(3)采购保管费，包括材料供应部门和仓库(包括露天堆放场)为材料采购、验收、整理、保管、收发而发生各项费用，以及合理的保管损耗。

对于不能直接计入某一种材料的支出，要按照适当的标准分摊计入。

施工企业耗用所属内部独立核算的附属工业企业所生产的材料、构件，应以按照规定程序批准的产品价格或预算价格作为材料的买价。耗用所属辅助生产单位所生产的材料、构件，应以辅助生产单位的实际成本作为材料的买价。如果辅助生产单位平时按计划(预算)价格结转自制材料、构件成本，则应于月末算得实际成本后，再将实际成本与计划价格成本的差异进行结转。

计入工程和产品成本的材料费，必须按照材料实际成本计算，这是没有疑问的，但是这并不是说在材料的日常核算工作中，也一定要按实际成本计价。由于外购和自制的材料的实际成本，可能每批不同，如果材料日常核算也按照实际成本计价，那就需要逐批计算材料收发的单价，工作量很大。同时，就计划的考核和分析来说，按实际成本计算也不便于分析材料成本的价格差异和用量差异。因此，实际工作中对于材料的日常核算，可以按照计划价格(一般即地区材料预算价格)计价，于月末再计算计划价格成本和实际成本的价格差异，将计划价格成本调整为实际成本。

按计划价格组织材料收发的日常核算工作，有如下几方面的优点：

(1)可以大大简化材料日常核算工作。因为同一材料，不论每批购入价格是否变动，只按一个单价，因而在材料明细分类核算中，平时只要登记数量即可，同时也免去在每次购入材料时都要逐批计算单价的手续。在计算耗用材料的实际成本时，只要计算一下这个时期内购入材料的实际成本，将它与计划价格成本比较，算出各类材料的成本差异率，乘以耗用材料的计划价格成本，计算出耗用材料分摊的成本差异，就可算出耗用材料的实际成本。

(2)采购材料的实际成本和计划价格成本比较，可以确定价格方面的差异，反映材料采购业务的成果，考核供应部门的工作质量，如是否通过合理组织材料运输、就地取材、就近采购等措施来降低材料采购成本。

(3)耗用材料按计划价格计价，可以在和预算成本的对比中剔除价格差异因素，确定材料成本中的用量差异，考核各个施工生产单位对于耗用材料的节约和浪费情况。

为了考核各个施工单位施工活动的经济效益，使其成本不受材料价格因素的影响，各个施工单位的工程成本中的材料费，也可按照计划价格进行核算，材料成本差异可由公司或工程处集中核算。材料成本差异不论由施工单位核算，还是由公司或工程处集中核算，都要按月对工程成本中的材料计划价格成本进行调整。也只有这样，才能正确计算各项工程的实际成本，反映整个企业施工活动的经济效益。

第三节　材料采购的核算

一、材料采购的手续和凭证

材料的采购业务，由供应部门负责。供应部门根据施工、生产单位按照工程项目、施工进度和材料消耗定额提出的需要量，结合材料的储备定额和库存情况，按期编制材料供应计划和用款计划，作为采购材料的依据。为了保证材料的及时供应，明确购销双方的经济责任，还应与供应单位签订供销合同。会计部门要协助供应部门正确执行供应计划、用款计划和供销合同。

企业对于采购的材料，要根据供应单位的发票、运输机构的提货单、银行的结算凭证和运费账单等，办理材料验收入库和货款结算两方面的手续。

企业收到银行结算凭证和供应、运输机构的发票、账单、提货单等有关购料凭证时，要由供应部门检查凭证所列的材料名称、规格、数量、单价和发货日期等是否与供应合同相符。在采用委托收款和托收承付结算方式时，要在托收承付结算凭证上，签注有关承付意见。对于货款计算错误、材料品种规格不合要求等的料款，应在承付期限内填写部分拒付或全部拒付的理由，由会计部门向银行提出办理拒付手续。如核对无误同意承付，应将银行结算凭证、发票、账单等交会计部门办理料款结算手续。同时，供应部门还要填一式多份的“收料单”，将一份连同提货单通知运输部门办理提货手续，两份通知仓库部门准备验收材料，仓库部门收料并在收料单填明实收数量后，将其中一份送交会计部门。收料单的格式见表 11－2。

如果发票、账单和银行结算凭证未到而提货单先到时，供应部门照常填制“收料单”，根据合同价格或计划价格填列暂估金额，并通知运输部门和仓库办理收料手续，同时要催促供应单位尽快将发票账单补来。

提货人员在提取材料时，如发现由于运输机构责任发生件数短缺、重量不足或破坏毁损时，要填制“短缺损坏清单”，由运输机构签证后，连同材料一起送交仓库。

对于质量、数量与供应单位发票不符的材料，要由仓库填制“数量质量不符通知单”，通知供应部门。供应部门应当根据运输机构签证的“短缺损坏清单”和仓库送来的“数量质量不符通知单”填制“赔偿请求单”，向运输机构和供应单位要求赔偿。

对于须经分次运交验收的大堆材料，如石子、黄砂、石灰、砖、瓦等，可在每次运到由仓库人员验收时，先在“验收记录”登记收入数量，待全部运到验收完毕后，再根据“验收记录”在“收料单”登记实收数量。

表 11－2　收料单

20××年 6 月 2 日

供应单位：甲钢厂　　　　　　　　　　　　　　　　　　收料仓库：1 库
发票号数：6080　　　　　　运输单位：乙运输公司　　　　短缺损坏清单号数：
发票金额：6 300 元　　　　提货单号数：6035　　　　　　数量质量不符通知单号数：

材料编号	材料名称、型号、规格	计量单位	数量		计划价格		备注
			应收	实收	单价	总额	
110106	圆钢 $\phi 6$	t	6	6	1 060	6 360	

记账：　　　　　　　　　　　　收料：　　　　　　　　　　　　制单：

二、材料采购的总分类核算

材料采购的核算，就是企业生产储备的供应过程的核算，为了考核材料供应计划的执行情况，确定采购材料的实际成本，并计算采购材料实际成本和计划价格成本的差异，在总分类核算上，要设置“物资采购”和“材料成本差异”两个科目。

“物资采购”科目用以反映和考核材料采购资金支出情况，计算企业外购材料实际成本，考核采购业务的经营成果。该科目的借方登记企业所有外购并已验收入库的材料实际成本，包括买价、运杂费和采购保管费，借方发生额表明企业本期发生的采购资金支出；贷方登记外购并已验收入库材料的计划价格成本。借方和贷方的差额，就是购入材料实际成本与计划价格成本差异。如果借方大，表明材料采购成本超支；如果贷方大，表明材料采购成本节约。月末时，材料采购成本的超支或节约额应转入“材料成本差异”科目的借方或贷方。

“材料成本差异”科目用以核算企业材料实际成本与计划价格成本的价格差异。科目的借方登记材料实际成本大于计划价格成本的超支额。贷方登记材料实际成本小于计划价格成本的节约额。发出材料所应负担的成本差异，应从本科目的贷方转入各有关生产费用科目，超支额用蓝字结转，节约额用红字结转。从各材料科目转出发出材料的计划价格成本加或减材料成本差异后，就调整为实际成本。本科目的月末余额，为库存材料的成本差异。各材料科目月末余额加或减本科目的月末成本差异，就为库存材料的实际成本。因此，“材料成本差异”科目是为调整各材料科目所列的计划价格成本而设置的科目。

企业购入材料时，如果采用商业汇票结算方式，要在开出商业承兑汇票时，根据商业汇票和发票账单，作如下分录入账：

借：物资采购　　　　　　　　　　136 000
　　贷：应付票据　　　　　　　　　　136 000

如果采用委托收款和托收承付结算方式，要在收到材料、承付料款时，根据结算凭证和发票账单金额计入“物资采购”科目的借方和“银行存款”科目的贷方。

如果采用其他结算方式或用现金购入零星材料时，应将结算凭证或发票账单金额计入“物资采购”科目的借方和“银行存款”“应付账款”“库存现金”等科目的贷方。

在取得“收料单”时，要按计划价格成本计入“库存材料”等有关材料科目的借方和“物资采购”科目的贷方：

借：库存材料　　140 000

　　贷：物资采购　　140 000

对于单独支付的运杂费，要根据运输机构运费账单等，计入“物资采购”科目借方和“银行存款”“备用金”“库存现金”等科目的贷方：

借：物资采购　　6 160

　　贷：银行存款　　6 160

在总公司没有设置地区建筑材料供应机构，而由施工企业自行采购材料时，往往需要设置一定规模的材料供应部门和仓库，这样，所发生的材料采购保管费数额较大。在这种情况下，可设置“采购保管费”科目，并开设多栏式采购保管费明细分类账，按采购保管人员工资、职工福利费、办公费、差旅交通费、折旧费、修理费、低值易耗品摊销、物料消耗、劳动保护费、财产保险费、合同公证签证费、检验试验费（减检验试验收入）、材料整理及零星运费、材料盘亏及毁损、其他费用等明细项目进行明细分类核算。企业发生上列各项材料采购保管费时，应自“库存材料”“应付职工薪酬”“银行存款”“库存现金”“低值易耗品——低值易耗品摊销”等科目的贷方转入“采购保管费”科目的借方。月终再将应归本月采购材料负担的采购保管费自“采购保管费”科目的贷方转入“物资采购”科目的借方。

为了使年度内各月使用各种材料的采购成本分摊的采购保管费比较均衡，也可根据年度内预计的采购材料的计划价格成本总额（或买价和运杂费的总额）和材料采购保管费计算的预定分配率来计算应计入各月份（或各批）采购材料成本的采购保管费。

$$\begin{array}{c}\text{采购保管费}\\\text{预定分配率}\end{array}=\frac{\text{预计全年材料采购保管费总额}}{\begin{array}{c}\text{预计全年采购材料的计划价格}\\\text{成本总额（或买价和运杂费总额）}\end{array}}\times 100\%$$

$$\begin{array}{c}\text{某月（或某批）采购材料}\\\text{应分配的采购保管费}\end{array}=\begin{array}{c}\text{该月（或该批）采购材料}\\\text{的计划价格成本}\\\text{（或买价和运杂费）}\end{array}\times\begin{array}{c}\text{采购保管费}\\\text{预定分配率}\end{array}$$

如某施工企业预计全年发生的材料采购保管费为 488 000 元，预计全年采购材料的计划价格成本为 24 400 000 元，则该年度的采购保管费预定分配率为

$$\text{采购保管费预定分配率}=\frac{488\ 000}{24\ 400\ 000}\times 100\%=2\%$$

如某月采购主要材料的计划价格成本为 140 000 元，则应分配主要材料的采购保管费为 140 000×2%＝2 800 元，应将它自“采购保管费”科目的贷方转入“物资采购”科目的借方，作如下分录入账：

借：物资采购　　2 800

　　贷：采购保管费　　2 800

如果材料日常收发是按计划价格计算的，材料采购保管费就可不必对各批采购材料进行分配，只要在月终一次计入各类物资采购明细分类账的合计栏内，用以计算各类材料实际成本合计即可。

“采购保管费”科目的月末余额，表示实际发生采购保管费与分配采购保管费的差额，在编制资产负债表时，要将它并入“待摊费用”或“预提费用”项目反映。当实际发生数大于分配数，“采购保管费”科目结有借方余额时，要将未分配数并在“待摊费用”项目反映；实际发生数小于

分配数，“采购保管费”科目结有贷方余额时，要将多分配数并在“预提费用”项目反映。但在年度终了时，应将“采购保管费”科目的余额全部转入“物资采购”科目。

在总公司设有地区建筑材料供应机构，施工用主要材料大都由材料供应机构送到施工现场的施工企业，它所发生的材料采购保管费不多。为了简化核算手续，可考虑将发生的材料采购保管费计入“管理费用”科目的借方，在管理费用中开支。

月末应根据“物资采购明细分类账”将本月购入材料实际成本与计划价格成本的差异，自“物资采购”科目转入“材料成本差异”科目。

当采购材料的实际成本高于计划价格成本，“物资采购”科目结有借方余额时，应作如下分录：

借：材料成本差异　　　×××

　　贷：物资采购　　　×××

当采购材料的实际成本低于计划价格成本，“物资采购”科目结有贷方余额时，应作如下分录：

借：物资采购　　　×××

　　贷：材料成本差异　　　×××

以上说明的是物资采购总分类核算的一般情况。在实际工作中，还会发生发票账单尚未收到的暂估入账材料和在途材料。

为了简化核算，对于已验收入库但供应单位发票账单尚未收到的材料，要先按照计划价格或合同价格暂估入账，计入“应付账款”科目（也可计入“暂估应付账款”科目）的贷方和“物资采购”科目的借方。待发票账单到达付款时，再以红字将前记暂估数冲销，另按发票账单价格计入“物资采购”科目的借方和“银行存款”科目的贷方。

如某施工企业向华东木材公司购入原木 $5m^3$，材料已验收入库，但发票尚未到达，无法支付料款。在暂按计划价格每立方米材料 600 元入账时，应作如下分录：

借：物资采购　　　3 000

　　贷：应付账款或暂估应付账款　　　3 000

发票账单收到，将前记暂估入账数冲销时：

借：物资采购　　　[3 000]

　　贷：应付账款或暂估应付款　　　[3 000]

按发票账单价款 3 200 元结算时：

借：物资采购　　　3 200

　　贷：银行存款　　　3 200

一般情况下，对于材料入库在先、付款在后的采购业务，在月份内可暂不入账，等发票账单到达后再入账。到月终发票账单仍未到达时，才按合同价格或计划价格暂估入账，并在下月初用红字将暂估入账数冲销，月末再估价，下月初再冲，等收到发票账单时，再按实际付款数入账。

如果发票账单和结算凭证已经收到，并已支付或承付，但材料尚未到达，这是“在途材料”。这些在途材料也应在“物资采购”科目核算，即按实际采购成本计入该科目的借方；材料运到验收入库时，再按计划价格自该科目的贷方转入有关材料科目的借方。月份终了时，“物资采购”

科目反映的在途材料，有如下两种处理方法：

(1)设置“在途材料”科目。月末将在途材料从“物资采购”科目的贷方转出，计入“在途材料”科目的借方，并在下月初用红字加以冲销。

(2)不设置“在途材料”科目。将在途材料反映在“物资采购”科目。月末“物资采购”科目的借方余额即为在途材料。不论用哪种方法处理，在编制会计报表时，月末“在途材料”都应在“存货”项目反映。

对于因材料短缺、损坏、质量不合规定等原因向供应单位、运输机构请求赔偿的金额，应根据“赔偿请求单”计入“应付账款”“其他应付款”科目借方和“物资采购”科目的贷方，作如下分录入账：

借：应付账款　　×××

　　其他应付款　　×××

　　贷：物资采购　　×××

三、材料采购的明细分类核算

为了确定各类材料的实际成本，并计算各类材料实际成本与计划价格成本的差异，要设置“物资采购明细分类账”和“材料成本差异明细分类账”，对材料采购业务进行明细分类核算。

“物资采购”和“材料成本差异”科目的明细分类核算，可以按材料科目或材料类别进行，也可按全部材料合并进行。按材料类别进行明细分类核算，可使工程成本中材料费的计算比较正确，但要相应多设物资采购和材料成本差异明细分类账户，增加核算工作量。如果将全部材料合并一起来核算，虽可简化核算工作，但因有些材料的采购成本可能节约，有些材料的采购成本可能超支，势必影响工程成本计算的正确性。因此，在决定物资采购明细分类核算的材料类别时，既要考虑到工程成本计算上的正确性，又要考虑核算时人力上的可能性。“物资采购明细分类账”和“材料成本差异明细分类账”(按材料二级科目类别设置)的格式见表 11-3 和表 11-4。

“物资采购明细分类账”的采购记录，根据供应单位发票账单计入，承付记录根据托收凭证计入；借方登记购入材料的实际成本，包括买价、运杂费和采购保管费；贷方登记购入材料的计划价格成本，根据收料单计入。对于因数量不足、质量不符而要求供应单位或运输机构赔偿的损失，根据“赔偿请求单”在借方用红字登记。对于发票账单未到暂估入账材料，要先根据暂估金额计入借方。在收到发票账单，开出、承兑商业汇票或支付时，再将暂估登记的借方金额用红字冲销，另按发票账单金额重新登记。冲销暂估数所根据的收料单号数，要在备注栏内注明。月份终了，应分别结出除“在途材料”外的借方栏和贷方栏的金额合计，并计算两栏合计的差额，即材料成本差异，然后将材料成本差异转入“材料成本差异明细分类账”的“本月收入”的“借方成本差异”(当本月购入材料实际成本大于计划价格成本，采购成本超支时)或“贷方成本差异”(当本月购入材料实际成本小于计划价格成本，采购成本节约时)栏，将计划价格成本转入“计划价格成本”栏。为便于计算下月采购材料的成本差异，对于月末“在途材料”，应将它转登下月账页。

表 11－3　物资采购明细分类账

材料科目:库存材料——主要材料　　　　材料类别：

20××年		供应单位名称	材料名称规格	采购记录			承付记录				借方(实际成本)				贷方(计划价格成本)				备注
月	日			发票账单号数	计量单位	发票数量	承付日期	托收凭证号数	承付金额	拒付金额	买价	运杂费	采购保管费	合计	日期	收料单号数	实收数量	金额	
6	2	甲钢厂	圆钢 $\phi6$	6080	t	6	6月3日	00615	6 400		6 300	100		6 400	6月2日	601	6	6 360	
6	2	乙钢厂	螺纹钢 $\phi8$	0618	t	10	6月5日	00620	12 400		12 000	400		12 000	6月4日	605	10	12 200	
							（以	下	从		略）								
6	30	结转采购保管费											2 800	2 800					
		本月合计									136 000	6 160	2 800	144 960				140 000	
		结转材料成本差异月末在途材料（结转下月）																4 960	
		本月发生额合计												144 960				144 960	

表 11－4　材料成本差异明细分类账

材料科目:库存材料——主要材料

20××年		摘　要	本月收入			本月发出耗用			月末结存			成本差异分摊率
月	日		计划价格成本	借方成本差异(超支)	贷方成本差异(节约)	计划价格成本	借方成本差异(超支)	贷方成本差异(节约)	计划价格成本	借方成本差异(超支)	贷方成本差异(节约)	
6	30	承前页							144 000	800		
	30	收入外购材料	140 000	4 960								2%
	30	收入自制材料	8 000	80					292 000	5 840		
	30	发出耗用材料				152 000	3 040		140 000	2 800		

“材料成本差异明细分类账”根据“物资采购明细分类账”“发出和耗用材料汇总表”(见表11－13)进行登记。对于自制材料和清理固定资产、临时设施所得的残料，还要根据“材料交库单”(见表11－5)在本月收入栏登记自制材料和残料的计划价格成本和成本差异。假设例中，该月收入自制材料的计划价格成本为8 000元，实际成本为8 080元，借方成本差异为80元(8 080－8 000)。在登记“物资采购明细分类账”结转的本月收入材料的计划价格成本和成本差异，以及自制材料等的计划价格成本和成本差异后，即可与月初(即上月末)结存材料的计划价格成本和成本差异一起，计算各类材料的成本差异分摊率。

$$\text{材料成本差异分摊率}=\frac{\text{月初结存材料成本差异}+\text{本月收入材料成本差异}}{\text{月初结存材料计划价格成本}+\text{本月收入材料计划价格成本}}\times100\%=$$

$$\frac{800+(4\ 960+80)}{144\ 000+(140\ 000+8\ 000)}\times100\%=\frac{5\ 840}{292\ 000}\times100\%=2\%$$

根据材料成本差异分摊率，就可计算本月发出和耗用材料的成本差异，并算得月末结存材料的计划价格成本和成本差异。

第四节　材料收发的核算

一、材料收发的手续和凭证

施工企业除向供应单位购入材料外，往往还有由发包单位、总包单位和各施工、辅助生产单位交来的材料。

企业收自发包单位或总包单位的材料，应同外购材料一样，填制“收料单”，但须在“收料单”上注明“发包单位材料”或“总包单位材料”字样。

企业仓库对于本企业辅助生产单位或施工现场交来的自制材料、清理固定资产和临时设施所得的残料等，要根据辅助生产单位或施工单位填制的“材料交库单”进行验收。“材料交库单”至少一式三份。一份在收料仓库签收后退回交料单位，一份留存收料仓库视同“收料单”处理，一份在交库后送会计部门。为了便于计算自制材料的成本差异，月末应在自制材料交库单备注栏内补充记录自制交库材料的实际成本。材料交库单的格式见表11－5。

表11－5　材料交库单

交料单位：锯木间　　　　20××年6月30日　　　　第　号

交料原因：加工完成　　　　　　　　收料仓库：1库

材料编号	材料名称规格	计量单位	数量		计划价格成本/元		备注
			交库	实收	单价	总额	
130507	企口板	m^3	20	20	400	8 000	实际成本8 080元

记账：　　　　收料：　　　　交料：

各单位在领用材料时，要填制“领料单”，经单位主管批准后向仓库领用。“领料单”至少一式三份，一份在仓库发料后填列实发数量，由发料人和领料人分别签章后留存仓库，一份由领料单位留存，一份交会计部门。领料单的格式见表11－6。

表 11－6　领料单

领料单位：　　　　　　　　20××年 6 月 4 日　　　　　　　　第 6021 号

用途或工程编号名称：103 厂房建筑工程　　　　　　　　发料仓库：1 库

材料编号	材料名称规格	计量单位	数量		计划价格成本/元		备注
			交库	实收	单价	总额	
110106	圆钢　ϕ6	t	4	4	1 060	4 240	

记账：　　　　　　发料：　　　　　　领料部门主管：　　　　　　领料：

为了考核班组的材料消耗情况，促使节约使用材料，保证降低成本计划的完成，对于各施工班组领用的材料，应有一定的限额。在每一分部工程开工以前，应由施工员根据工程任务单中所列工程内容数量，按照材料消耗定额计算出完成这一任务所需要的各种材料数量，填制"定额领料单"。"定额领料单"应一式两份，一份交用料班组作为领料的限额凭证，一份交仓库材料员作为发料的限额凭证，发料后应在单上填实发数并盖章。对于超过定额领料或由于工程返工而补领材料，必须按照规定办理追加手续。已经结算的定额领料单，原由用料班组保管的一份应转交会计部门作为计算工程用料成本的依据。"定额领料单"的格式见表 11－7。

对于领用大堆材料如砂、石、砖、瓦等，原则上也要按照上述领料手续办理。但在实际工作中，同一大堆材料，常有几个单位工程共同耗用，而且领用次数较多，很难在领用时逐一点数。因此，往往采用"算两头、轧中间"的办法来定期计算其实际用量。即对进场的大堆材料进行点数后，日常领用时不必逐笔办理领料手续。每月终了时，先根据当月完成工程量和单位工程量材料消耗定额，计算各工程本月定额耗用量；再通过实地盘点求得本月实际耗用量，并计算定额耗用量和实际耗用量的差异数量、差异分配率；然后求得各工程实际耗用大堆材料数量和计划价格成本。

$$本月定额耗用量=\sum(本月完成工程量\times材料消耗定额)$$

$$本月实际耗用量=月初结存数量+本月收入数量-月末盘存数量$$

$$差异数量=本月实际耗用量-本月定额耗用量$$

$$差异分配率=\frac{差异数量}{本月定额耗用量}\times100\%$$

$$某项工程实际耗用量=该项工程本月定额耗用量\times(1\pm差异分配率)$$

$$某项工程耗用大堆材料计划价格成本=该项工程实际耗用量\times计划单价$$

现举例说明计算方法如下：

(1)先根据各工程的完成工程量和单位工程量材料消耗定额，计算各工程的定额耗用量。石子定额耗用量可按完成混凝土工程量和每立方米混凝土石子消耗定额计算(见表 11－8)。

表　11－8

工程项目	完成混凝土工程量/m^3	消耗定额/$(t\cdot m^{-3})$	定额耗用量/t
103 厂房建筑工程	140	1.4	196
104 办公楼建筑工程	60	1.4	84
合　计	200	1.4	280

表 11－7　定额领料单

工人班组：王林泥工组　　　　20××年 5 月　　　　第 508 号

工程任务单编号：511　　　　工程编号名称：104 办公楼建筑工程　　　　工程内容数量：砖基础 100 m^3

材料编号	材料名称规格	计量单位	单位消耗定额	计划用量	追加数量	领料记录									退料数量	实际耗用量	计划价格/元		节约（－）超支（＋）
						月	日	数量	月	日	数量	月	日	数量			单价	金额	
140205	统一砖	千块	0.518	51.8		5	2	30	5	5	21				1	50	100	5 000	－180
171102	防水浆	kg	0.02	2		5	2	1	5	5	1					2	2	4	—
140104	400 号水泥	kg	80	8 000		5	2	4 000	5	5	4 000				400	7 600	0.10	760	－40
140503	中粗砂	m^3	0.25	25		5	2	12	5	5	12					24	44	1 056	－44

施工员：　　　　仓库材料员：　　　　领料：

(2)通过盘点月末现场存料，计算本月各项工程实际耗用量。假设例中，石子上月盘存数为 74t，本月收入为 260t，月末盘存还有 40t。

本月石子实际耗用量为

$$74+260-40=294\text{t}$$

(3)计算定额耗用量和实际耗用量的差异数量和差异分配率。如发现差异数量较大时，要查明原因。

石子差异数量为

$$294-280=14\text{t}$$

石子差异分配率为

$$\frac{14}{280}\times 100\%=5\%$$

(4)根据各工程定额耗用量和差异分配率求出实际耗用量。

103 厂房建筑工程的石子实际耗用量为

$$196\times(1+5\%)=205.8\text{t}$$

104 办公楼建筑工程的石子实际耗用量为

$$84\times(1+5\%)=88.2\text{t}$$

(5)根据各项工程实际耗用量和材料计划单价计算各项工程耗用材料的计划价格成本。

该例中，假定石子每吨计划价格为 30 元，则

103 厂房建筑工程耗用石子的计划价格成本为

$$205.8\times 30=6\ 174\text{ 元}$$

104 办公楼建筑工程耗用石子的计划价格成本为

$$88.2\times 30=2\ 646\text{ 元}$$

(6)计算各项工程耗用大堆材料的计划价格成本合计。

某项工程耗用大堆材料的计划价格成本合计＝该项工程耗用各种大堆材料的计划价格成本之和

该例中，假定 103、104 工程所耗用黄砂的计划价格成本分别为 3 198.72 元与 1 370.88 元，则

103 厂房建筑工程耗用黄砂、石子大堆材料的计划价格成本合计为

$$3\ 198.72+6\ 174.00=9\ 372.72\text{ 元}$$

104 办公楼建筑工程耗用黄砂、石子大堆材料的计划价格成本合计为

$$1\ 370.88+2\ 646.00=4\ 016.88\text{ 元}$$

根据上面的计算，就可编制“大堆材料耗用单”(见表 11-9)。

在实际工作中，大堆材料也可在季度终了或工程竣工(工期较短的工程)时进行盘点。在这种情况下，月末先按定额耗用量入账，于季末或工程竣工盘点大堆材料求得实际耗用量和差异数量后，再调整各月按定额耗用量入账的数额。

对于一些在施工生产中经常需用、领发次数很多、数量零星、价值不大的材料，如螺丝、螺帽、垫圈等，也可在平时不填领料单，而由领料人在领料登记簿记录领用数量，签章证明办理领料手续，于月终由施工班组或生产车间按用途汇总填制领料单，以简化凭证填制和汇总的手续。

表 11－9　大堆材料耗用单

20××年 6 月 30 日

材料名称规格	计量单位	期初结存数量	本期收入数量	期末盘存数量	本期耗用数量	本期定额用量	差异数量	差异分配率	备　注
石子(5－25)	t	74	260	40	294	280	14	5%	
中粗砂	t	40	130.8	28	142.8	140	2.8	2%	

材料名称规格	石子(5－25)				中粗砂								计划价格成本合计
计划单价	30 元/t				32 元/t								
工程编号名称	定额耗用量	差异分配量	用量小计	计划价格成本	定额耗用量	差异分配量	用量小计	计划价格成本	定额耗用量	差异分配量	用量小计	计划价格成本	
103 厂房建筑工程	196	9.8	205.8	6 174	98	1.96	99.96	3 198.72					9 372.72
104 办公楼建筑工程	84	4.2	83.2	2 646	42	0.84	42.84	1 370.88					4 016.88
合　计	280	14	294.0	8 820	140	2.80	142.80	4 569.60					13 389.60

记账：　　　　　　材料员：　　　　　　制单：

编制会计分录：

借：工程施工——103 厂房建筑工程——材料费（石子）　　6 174

　工程施工——104 办公楼建筑工程——材料费（石子）　　2 646

　贷：库存材料——石子　　8 820

中粗砂同上。

各施工、生产单位领用的材料，如有多余时，要填制“退料单”，及时办理退库手续。月份终了时，对下月需要继续使用的已领未用材料，要由各施工队（组）按照各项工程的用料分别盘点后，填制“已领未用材料清单”送会计部门，以便在本月发出材料成本中减去，正确计算各项工程的实际用料成本。“退料单”和“已领未用材料清单”的格式见表 11－10 和表 11－11。

表 11－10　退料单

退料原因：　　20××年 6 月 15 日

原领用途或工程编号名称：105 宿舍建筑工程　　收料仓库：2 库

材料编号	材料名称规格	计量单位	数量		计划价格成本/元		备注
			交库	实收	单价	总额	
140104	400 号水泥	t	2	2	100	200	

记账：　　收料：　　退料：

表 11－11　已领未用材料清单

施工单位：　　20××年 6 月 30 日

用途或工程编号名称：103 厂房建筑工程　　第 18 号

材料编号	材料名称规格	计量单位	已领未用材料数量	计划价格/元		备注
				单价	总额	
140104	400 号水泥	t	20	100	2 000	

记账：　　材料员：　　制单：

二、材料收发的总分类核算

在材料收发按计划价格计价时，材料收发的总分类核算平时也按计划价格进行，以便核对材料科目和明细科目的记录。企业在收入外购材料时，要根据“收料单”将所收材料的计划价格成本自“物资采购”科目的贷方转入“库存材料”或“原材料”“周转材料”等科目的借方：

借：库存材料或原材料　　140 000

　贷：物资采购　　140 000

同时要在月末将“物资采购”科目反映的实际成本与计划价格成本的差异，转入“材料成本差异”科目的借方：

借：材料成本差异　　4 960

　贷：物资采购　　4 960

收入辅助生产车间自制材料时，要根据“材料交库单”，按计划价格成本自“辅助生产”科目的贷方转入“库存材料”或“原材料”等科目的借方：

借：库存材料或原材料　　8 000

　贷：辅助生产　　8 000

同时在算得自制材料实际成本 8 080 元后，将自制材料实际成本与计划价格成本的差异 80 元(8 080－8 000)转入"材料成本差异"科目的借方：

借：材料成本差异　　80
　　贷：辅助生产　　80

各施工、生产单位领用的材料，要根据"领料单""定额领料单""大堆材料耗用单"等，按计划价格成本分别自"库存材料"或"原材料"等科目的贷方转入"工程施工""辅助生产""机械作业""管理费用"等科目的借方：

借：工程施工　　114 000
　　辅助生产　　34 000
　　贷：库存材料或原材料　　148 000

各施工、生产单位退回仓库的多领材料，要根据"退料单"用红字作如上相同分录冲减，或从当月领用材料总额中直接冲减，即在"发出和耗用材料汇总表"的"本月发出材料"中减去，不在总分类核算上反映。

对于月末施工现场存料，要根据"已领未用材料清单"，按计划价格成本用红字作分录冲减：

借：工程施工　　2 000
　　贷：库存材料或原材料　　2 000

于下月初再用蓝字作如上相同分录入账。为了简化凭证填制登记手续，对月末现场存料也可考虑从当月领用材料总额中冲减，在总分类核算上不加反映。

按照计划价格成本列账的材料，对发出耗用部分，应分摊成本差异，将计划价格成本调整为实际成本，即要将"材料成本差异"科目中属于耗用材料的成本差异，转入各生产费用科目。当材料实际成本高于计划价格成本，"材料成本差异"科目结有借方余额时，应做如下会计分录：

借：工程施工　　2 240
　　辅助生产　　680
　　贷：材料成本差异　　2 920

如材料实际成本低于计划价格成本，"材料成本差异"科目结有贷方余额时，用红字作如上相同分录入账。

企业所有的各种材料，原则上只供本企业使用，一般不对外销售。如将某些不需用材料出售时，应由供应部门根据批准文件填制加盖销售材料戳记的"领料单"(或"销售材料发料单")，向仓库办理领料手续。但必须防止借口处理呆滞材料搞廉价变卖、赠送等违纪活动。

向其他企业销售材料时，要根据盖有销售材料戳记的"领料单"，将其计划价格成本计入有关材料科目的贷方和"其他业务支出"科目的借方：

借：其他业务支出——材料销售支出　　6 000
　　贷：库存材料　　6 000

同时根据"发票"将销售材料的价款收入计入"其他业务收入"科目的贷方和"应收账款"科目的借方。

月末算出材料成本差异分摊率后，要将属于销售材料的成本差异自"材料成本差异"科目转入"其他业务支出"科目的借方：

借：其他业务支出——材料销售支出　　120

　贷：材料成本差异　　120

在实际工作中，对于发出和耗用材料的计划价格成本和分摊的材料价差，可通过"发出和耗用材料汇总表"(见表 11－13)进行汇总和计算。

表 11－13　发出和耗用材料汇总表

20××年 6 月

贷方材料科目：库存材料——主要材料　　单位：元

借方科目	本月发出材料计划价格成本	加：月初现场存料计划价格成本	减：月末现场存料计划价格成本	本月耗用(发出)材料	
				计划价格成本	成本差异(+2%)
工程施工或生产成本——工程施工成本	114 000		2 000	112 000	2 240
辅助生产或生产成本——辅助生产成本	34 000			34 000	680
其他业务支出	6 000			6 000	120
合　计	154 000		2 000	152 000	3 040

记账：　　制表：

"发出和耗用材料汇总表"的"本月发出材料计划价格成本"栏各数，根据经标价后的发料凭证按用途类别分析加总，减去退料凭证中退料数后填列。"月初现场存料计划价格成本"栏根据上月月末"已领未用材料清单"填列。"月末现场存料计划价格成本"栏根据本月月末"已领未用材料清单"填列。"本月耗用材料计划价格成本"栏各数，根据本月发出材料，加月初现场存料，减月末现场存料的计划价格成本求得。"本月耗用材料成本差异"栏各数，根据耗用材料计划价格成本乘以成本差异分摊率求得。如果材料成本差异按材料类别计算，则按材料类别，分别计算其计划价格成本乘以成本差异分摊率求得成本差异，然后加总求得本月耗用材料成本差异。

根据"发出和耗用材料汇总表"，就可将上述各个会计分录合并为如下两个会计分录：

借：工程施工　　112 000

　　辅助生产　　34 000

　　其他业务支出——材料销售支出　　6 000

　贷：库存材料　　152 000

借：工程施工　　2 240

　　辅助生产　　680

　　其他业务支出——材料销售支出　　120

　贷：材料成本差异　　3 040

经分摊的材料成本差异，同时应在"材料成本差异明细分类账"的"本月发出耗用"栏进行登记，并结出月末结存材料的计划价格成本和成本差异。月末结存材料的成本差异，在编制会计报表时,应并入“存货”项目列示。

第五节　周转材料的核算

施工企业在施工过程中,除使用上面所说各种一次性消耗材料外,还使用那些在施工中不断周转仍保持其原有物质形态的材料,即通常所说的“工具型材料、材料型工具”。这些材料,一般可分为如下四类:

(1)模板,指浇制混凝土用的钢、木或钢木组合的模型板,以及配合模板使用的支撑材料和滑模材料。

(2)挡板,指土方工程用的挡土板以及支撑材料。

(3)架料,指搭脚手架用的竹、木杆和跳板,以及钢管脚手。

(4)其他,如塔吊使用的轻轨、枕木等。

由于上列材料与一次性消耗材料不同,在核算上将它们归并在“周转材料”科目之中,并对其损耗价值采用分次摊销计入工程成本的方法。

由于周转材料在施工中能反复使用,它的价值是逐渐转移于工程成本中的,因此在核算上既要反映它的原值,又要反映它的损耗价值。根据这个要求,对周转材料应在“周转材料”科目下分别设置“在用周转材料”和“周转材料摊销”两个二级科目,用以反映在用周转材料的原值和损耗价值。

企业所属各施工单位领用周转材料时,要填制“领料单”。会计部门根据“领料单”,自“库存材料”科目的贷方转入“周转材料”科目的借方。如果周转材料在购入时即与主要材料分开核算,则在“周转材料”科目下还要增设“在库周转材料”二级科目,用以核算在库周转材料的原值。周转材料在使用过程中损耗的价值,要计入“周转材料——周转材料摊销”科目的贷方和“工程施工”或“生产成本——工程施工成本”科目的借方,并计入各工程成本的“材料费”项目。施工单位对领用的周转材料,要加强实物管理并合理使用。

周转材料损耗价值的摊销,可以采用如下三种方法:

(1)定额摊销法,即根据每月实际完成的建筑安装工程量和规定的周转材料消耗定额计算各月的摊销额。

周转材料每月摊销额=该月完成的建筑安装工程量×单位工程量周转材料消耗定额

(2)分期摊销法,即根据周转材料预计使用期限,计算其每期的摊销额。

$$\text{周转材料每月摊销额}=\frac{\text{周转材料原值}\times(1-\text{残值占原值的百分比})}{\text{预计使用月数}}$$

(3)分次摊销法,即根据周转材料预计使用的次数,计算其每次的摊销额。

$$\text{周转材料每使用一次摊销额}=\frac{\text{周转材料原值}\times(1-\text{残值占原值的百分比})}{\text{预计使用次数}}$$

在实际核算工作中,对于木模的摊销额,通常根据完成立模数量(m^3)和每平方米立模平均损耗的模板来计算。竹脚手的摊销额,通常根据搭建面积(m^2)和每平方米搭建面积平均损耗的竹脚手来计算。

每平方米立模平均损耗木模和每平方米搭建面积平均损耗竹脚手的计算公式如下:

$$\text{每平方米立模平均损耗木模}=\frac{\text{每平方米立模需要木材}(m^2)\times\text{每平方米木材价格}-\text{残值}}{\text{预计周转次数}}$$

$$每平方米搭建面积平均损耗竹脚手=\frac{每平方米搭建面积需要毛竹根数\times每根毛竹价格-残值}{预计周转次数}$$

对于木模的摊销，有的企业往往采用按预算定额中每立方米混凝土工程消耗定额先行摊销，然后于年终或工程竣工时按实际损耗数调整。这种摊销方法虽然简便，但往往与实际木模消耗情况严重脱节。这是因为有的混凝土工程（如基础、地坪工程）数量很大，使用的木模相对来说却很少；而有的混凝土工程（如雨篷工程）数量很小，而使用的木模却很多。为了使木模摊销额接近实际消耗情况，对雨篷等工程，在核算时不宜采用这种摊销方法。

为了简化核算手续，在周转材料日常收发按计划价格计价时，对周转材料的成本差异，可按各月周转材料摊销额合计及当月材料成本差异分摊率来计算。各月分摊的周转材料成本差异，应计入"工程施工"或"生产成本——工程施工成本"科目的借方和"材料成本差异"科目的贷方。如果实际成本小于计划价格成本，用红字计入"工程施工"或"生产成本——工程施工成本"科目的借方和"材料成本差异"科目的贷方。

每月终了，会计部门应根据施工部门所通知的实际完成工程量，编制"周转材料摊销额计算表"（见表 11-14），计算各项工程成本应分摊的周转材料摊销额。

表 11-14　周转材料摊销额计算表

20××年 6 月　　　　单位：元

周转材料名称	木模		竹脚手		补摊或冲销额	摊销额合计	分摊成本差异（+2%）	摊销额总计
摊销率	5.00 元/m³		0.8 元/m³					
工程编号名称	立模数量/m²	摊销额	搭建面积/m²	摊销额				
103 厂房建筑工程	120	600			100	700	14	714
104 办公楼建筑工程			1 500	1 200		1 200	24	1 224
合　计	120	600	1 500	1 200	100	1 900	38	1 938

记账：　　　　制表：

"周转材料摊销额计算表"中各工程的摊销额总计数，要分别计入"工程施工成本明细分类账"的"材料费"项目。

课后练习题

一、单项选择题

1. 计算原材料耗用成本最符合实际的方法是（　　）。

A. 个别计价法　　B. 综合加权平均法

C. 先进先出法　　D. 移动加权平均法

2. 原材料的期末结存金额接近市场价格的计价方法是（　　）。

A. 个别计价法　　B. 综合加权平均法

C. 先进先出法　　D. 移动加权平均法

3. 企业取得购货折扣时，应（　　）。

A. 列入“营业外收入”账户　　B. 冲减材料采购成本
C. 归入小金库不入账　　D. 冲减“财务费用”账户

二、多项选择题

1. 按原材料在施工生产中所起的作用不同，可分为主要材料、(　　)。
A. 机械配件　　B. 辅助材料
C. 结构件　　D. 其他材料
2. 外购存货的成本由(　　)组成。
A. 相关的税费　　B. 购买价款
C. 运输费　　D. 采购费用
3. 发出材料的原始凭证有(　　)。
A. 限额领料单　　B. 大堆材料用量计算单
C. 集中配料耗用计算表　　D. 领料单
4. 存货的可变现净值是指企业在日常活动中，存货估计的售价减去(　　)后的金额。
A. 估计的销售费用　　B. 估计的管理费用
C. 至完工将要发生的成本　　D. 相关税费

三、判断题

1. 周转材料是指在施工生产中能够多次周转使用，并逐渐转移其价值的工具型材料。(　　)
2. 原材料的采购费用包括运输费、装卸费、保险费，以及合理的运输损耗费。(　　)
3. 材料采用计划成本法核算时，除单位成本发生很大变动等特殊情况外，在年度内一般不作调整。(　　)
4. 月末计算分摊材料成本差异时，计算的结果如果是正数，表示节约；如果是负数，表示超支。(　　)

四、实务题

习题一
【目的】练习原材料采用计划成本法的核算。
【要求】
1. 根据资料(一)，开设“原材料——主要材料”账户所属的明细分类账户和“材料成本差异——主要材料”账户所属的明细分类账户，并开设“材料采购——主要材料”账户所属的明细分类账户。
2. 根据资料(二)，编制会计分录。
3. 根据会计分录登记“材料采购——主要材料”账户所属明细分类账户，“原材料——主要材料”账户所属明细分类账户和“材料成本差异——主要材料”账户所属的明细分类账户。
4. 根据资料(三)，编制会计分录。
【资料】
(一)杭州建筑公司(小规模纳税人)6 月 1 日有关账户的期初余额如下。

1."原材料——主要材料(金属材料)"　　120 150 元
2."原材料——主要材料(硅酸盐材料)"　　57 800 元
3."材料成本差异——主要材料(金属材料)"(借方余额)　　1 798 元
4."材料成本差异——主要材料(硅酸盐材料)"(贷方余额)　　1 102 元
5."其他应付款——暂估应付款"账户(贷方余额)　　3 1050 元

(二)6 月份发生下列有关的经济业务。

1. 1 日,冲转上月末按 69 元/ t 计划成本入账的石子 450 t。

2. 3 日,银行转来东山采石场托收凭证,并附来发票,列明石子 450 t,60.80 元/ t,金额 27 360元,运费和装卸费发票金额 3 150 元,经审核无误,当即承付,查该批石子上月末已入库。

3. 8 日,收到银行转来上海钢铁厂的托收凭证,并附来增值税专用发票,列明 16cm 钢筋 24t,4 000 元/t,金额 96 000 元,增值税额 16 320 元,运费和装卸费发票金额 1 480 元,经审核无误,当即承付。

4. 11 日,仓库转来收料单,上海钢铁厂发来的 24 t 钢筋,已验收入库,钢筋计划成本为 4 820 元/t,予以转账。

5. 16 日,银行转来江西水泥厂托收凭证,并附来发票,列明水泥 200 t,309 元/ t,金额 61 800元,运费和装卸费发票金额 3 980 元,经审核无误,当即承付。

6. 18 日,仓库转来收料单,江西水泥厂发来的 200 t 水泥已验收入库,水泥的计划成本为 333 元/ t,予以转账。

7. 25 日,银行转来安徽建材市场托收凭证,并附来发票,开列黄砂 300 t,56.60 元/ t,金额 16 980 元,运费和装卸费发票金额 2 420 元,经审核无误,当即承付。

8. 28 日,仓库转来收料单,安徽建材市场发来的黄砂 300 t,已验收入库,黄砂的计划成本为 65 元/ t,予以转账。

9. 30 日,编制材料采购汇总表,据以结转材料成本差异。

10. 30 日,商务楼工程领用金属材料 72 000 元,领用硅酸盐材料 38 200 元,商品房工程领用金属材料 46 800 元,领用硅酸盐材料 25 600 元,予以转账。

11. 30 日,分摊本月份各种主要材料发出的材料成本差异。

(三)苏州建筑公司 6 月份编制的发出材料汇总表见表 11 - 15。

习题二

【目的】练习委托加工材料的核算。

【要求】编制会计分录。

【资料】曹阳建筑公司(小规模纳税人)4 月份发生下列有关的经济业务:

1.1 日,仓库根据合同发给上海钢厂钢锭 22 t,委托其加工 12cm 钢筋 21.75 t,该钢锭计划成本为 4 300 元/ t,材料成本差异率为 1%。

2.10 日,上海钢厂送来加工完毕的 12cm 钢筋 21.75 t,当即支付其加工费 4 500 元,增值税额 765 元及加工材料往返运输及装卸费 980 元。

3.12 日,仓库转来收料单,上海钢厂加工的 21.75 t 12 cm 钢筋已验收入库,其计划成本为 4 660 元/ t,予以转账。

表 11-15　发出材料汇总表

20××年 6 月 1～30 日

编号：

单位:元

材料类别 \ 用料对象	金属材料		硅酸盐材料		其他主要材料		结构件		机械配件		其他材料		合　计	
	计划成本	差异(差异率 1.2%)	计划成本	差异(差异率－1.5%)	计划成本	差异(差异率 1.8%)	计划成本	差异(差异率－6%)	计划成本	差异(差异率 1.6%)	计划成本	差异(差异率 1%)	计划成本	材料成本差异
工程施工	135 000	1 620	96 800	－1 452	49 000	882	86 900	－869					367 700	181
其中:商务楼工程	75 000	900	54 800	－822	27 500	495	46 400	－464					203 700	109
商品房工程	60 000	720	42 000	－630	21 500	387	40 500	－405					164 000	72
机械作业部门									5 500	88	400	5	6 000	93
辅助生产部门											3 800	38	3 800	38
施工管理部门											900	9	900	9
行政管理部门											600	6	600	6
合计	13 5000	1 620	96 800	－1 452	49 000	882	8 6900	－869	5 500	88	5 800	58	37 900	327

4.18 日，仓库根据合同发给上海钢厂钢锭 15t，委托其加工 18cm 钢筋 14.85t，该钢锭计划成本为 4 300 元/t，材料成本差异率为 1%。

5.27 日，上海钢厂送来加工完毕的 18cm 钢筋 14.85t，当即支付其加工费用 3 600 元、增值税额 612 元及加工材料往返运输及装卸费 680 元。

6.30 日，仓库转来收料单，上海钢厂加工的 18cm 钢筋 14.85t 已验收入库，其计划成本为 4 640 元/t，予以转账。

五、简答题

1.施工企业的材料包括哪些？为什么把周转材料、工具用具和劳保用品也列作施工企业的材料？它们与固定资产有哪些不同？施工企业材料核算的主要内容包括哪些？

2.施工企业材料的实际成本是由哪些费用组成的？什么叫作采购保管费？通常采用什么方法将它计入材料成本？

3.为什么要设置“物资采购”科目？它的作用是什么？在途材料在物资采购明细分类账户中是怎样加以核算的？

4.什么叫作大堆材料？各工程耗用的大堆材料的实际成本是怎样计算的？

5.什么叫作周转材料？它与一般材料和固定资产比较起来，有哪些异同？在一般施工企业里，对木模、竹脚手、定型模板、钢脚手等的摊销额是怎样计算的？

第十二章　工程费用的核算

重点：直接费用与间接费用的归集

难点：辅助生产费用的分配

掌握：费用按经济用途分类的内容以及费用的含义

了解：费用按经济内容分类

第一节　工程费用概述

一、费用的含义和确认条件

费用是指企业在日常活动中发生的、会导致所有者权益减少的、与向所有者权益分配利润无关的经济利益的总流出。

日常活动是指企业为完成其经营目标而从事的经常性活动以及与之相关的活动，施工企业的日常活动是组织和开展施工企业的生产经营活动。而在施工企业的生产经营活动过程中会产生一些费用，通常包括耗费的原材料、周转材料和低值易耗品的摊销，发生的职工薪酬、固定资产的折旧费和修理费、临时设施和无形资产的摊销、办公费用以及各种税费等。施工企业非日常活动发生的各种消耗，如处置固定资产、无形资产的损失、捐赠支出、罚款支出、盘亏损失以及自然灾害造成的各项资产的损失等不能确认为费用，而应当计入损失。

企业确认费用需要同时满足以下三个条件：①与费用相关的经济利益很可能流出企业；②经济利益流出的结果会导致资产的减少或者负债的增加；③经济利益的流出额能够可靠地计量。

二、费用的分类

为了正确地区分施工企业费用的经济内容、用途及其特征，加强对费用的控制和核算，正确计算工程成本，必须对费用进行科学分类，这是正确组织工程成本核算的重要前提。

（一）费用按经济内容分类

费用按经济内容分类就是将企业在施工生产经济活动中发生的费用按其原始形态进行分类。它包括劳动对象、劳动手段和活劳动三个方面。为了具体反映各种费用的构成和耗用水平，可以将这三方面的费用进一步划分为下列八项费用要素。

1. 外购材料

外购材料是指企业进行经营活动而耗费的一切从外单位购入的各种存货。它包括主要材料、结构件、机械配件、其他材料、周转材料和低值易耗品。

2.外购燃料

外购燃料是指企业为进行施工生产经营活动而耗费的一切从外单位购入的各种燃料。它包括固体燃料、液体燃料和气体燃料。

3.外购动力

外购动力是指企业为进行施工生产经营活动而耗费的一切从外单位购入的各种动力，包括电力、热力和蒸汽等。

4.职工薪酬

职工薪酬是指企业为获得职工提供服务而给予的各种形式报酬以及其他相关支出。它包括职工工资、奖金、津贴和补贴、职工福利费、住房公积金、社会保险费、工会经费和职工教育经费等。

5.折旧费

折旧费是指企业拥有或者控制的固定资产按照使用情况计提的固定资产折旧费用。

6.利息支出

利息支出是指企业因筹集资金而发生的有关费用，减去银行存款利息收入后的净额。

7.税金

税金是指企业应计入费用的各种税费。主要有营业税、房产税、车船税、土地使用税和印花税等。

8.其他费用

其他费用是指不属于以上各项费用要素，但应计入施工费用和期间费用的耗费。如修理费、租赁费、办公费、水电费、劳动保护费、差旅费、保险费、咨询费、业务招待费等。

(二)费用按经济用途分类

费用按经济用途不同，可分为工程成本和期间费用。

1.工程成本

工程成本是指企业在施工生产过程中所发生的，按一定的成本核算对象归集的各项施工生产费用。由于施工生产费用有的直接用于建筑安装工程，有的间接用于建筑安装工程，为了具体反映计入工程成本的施工生产费用的各种用途，提供工程成本构成情况的信息，还需要将其进一步划为若干个成本项目。成本项目是指施工生产费用按其经济用途分类核算的内容，它通常有以下五个方面。

(1)材料费。它是指施工生产过程中耗费的构成工程实体或者有助于工程形成的主要材料、结构件、其他材料和周转材料的摊销额以及租赁费用。

(2)人工费。它是指施工生产过程中，直接从事工程施工人员的工资、奖金、津贴和补贴、职工福利费、住房公积金和社会保险费等各种职工薪酬。

(3)机械使用费。它是指施工生产过程中使用自有施工机械发生的机械使用费用和租用外单位施工机械发生的租赁费，以及施工机械安装、拆卸和进出场费等。

(4)其他直接费。它是指在施工生产过程中直接发生的，但不能计入“材料费”“人工费”和“机械使用费”项目的其他直接施工费用，如材料二次搬运费、生产工具用具使用费、施工排水降水费、检验试验费、工程定位复测费、场地清理费等。

(5)间接费用。它是指施工管理部门(即企业下属的分公司、项目工程部等)为组织和管理施工所发生的全部支出。它包括施工管理部门人员的工资、奖金、津贴和补贴、职工福利费、住房公积金和社会保险费等各种职工薪酬，固定资产折旧费和修理费、临时设施摊销费、机物料消耗、低值易耗品摊销、取暖费、水电费、办公费、差旅费、财产保险费、工程保险费、劳动保护费、排污费及其他费用。

2.期间费用

期间费用是指企业本期发生的、不能计入施工工程成本而直接计入损益的费用。按照其经济用途不同,可分为管理费用和财务费用两类。

(1)管理费用。它是指企业为组织和管理施工生产经营活动而发生的各项费用,通常是企业行政管理部门发生的费用。

(2)财务费用。它是指企业为筹集施工生产经营活动所需资金而发生的各项费用。

讨论:

费用按经济用途分类在施工企业与工业企业有什么不同?为什么?

第二节　材料费和人工费的核算

一、材料费的核算

工程成本中的材料费,是指在施工中耗用的构成工程实体或有助于形成工程实体的主要材料、结构件、构配件、半成品的成本以及周转材料的摊销费和租赁费等。施工企业的材料,除了主要用于工程施工外,还用于临时设施、福利设施等专项工程支出以及其他非生产性耗用。因此,企业必须建立健全材料管理制度,根据发出材料的用途,严格划分工程耗用与其他耗用的界限,只有直接用于工程的材料才能计入成本核算对象的"材料费"项目。

施工企业建筑安装活动中需要耗费大量的材料,材料品种非常多,大堆材料比重大,各工程往往在同一施工现场,同一时间进行施工。因此,材料费的分配应按照材料费领用的不同情况进行归集分配。

工程直接耗用材料的计量,一般应于材料领用时逐一点数计量,填制领料凭证,直接计入受益成本核算对象成本的"材料费"项目;集中配料或统一下料的,如油漆、玻璃、木材等,则应在领料凭证上注明"集中配料"字样,月末由材料部门会同领料班组,根据配料情况,结合材料耗用定额编制"集中配料耗用计算单",据以分配计入各受益成本核算对象;大堆材料,如露天堆放的砖、瓦、砂、石等,在施工过程中连续零星地被耗用,不易点清数量,也难以分清成本对象,则需要采用实地盘存制来计量材料耗用量,即先由材料员或施工生产班组保管(实行集中搅拌混凝土或砂浆的,由搅拌站验收保管),月末进行实地盘点,并根据"月初结存量+本月收入量-月末盘点结存量=本月耗用量"的计算公式来确定本月实际耗用总量,然后再根据各工程成本对象所完成的实物工程量及材料耗用定额,编制"大堆材料耗用计算单",据以分配计入有关成本核算对象。

材料费用的分配一般是根据各种领料凭证按各个成本计算对象汇总编制"耗用材料分配表",汇总计算各成本计算对象耗用材料计划成本和分摊的材料成本差异。据以计入各项工程成本的材料费项目。

工程施工过程中发生的直接用于形成工程实体的原材料费用,应在"工程施工——××项目"科目中专门设置"直接材料费"成本项目进行核算。

所属辅助生产单位发生的直接用于辅助生产、专设成本项目的各种原材料费用，应在“辅助生产——燃料及动力”科目或“辅助生产——物料消耗”科目进行核算。

所属自有机械进行施工发生的各种燃料及配件等材料的消耗，属于独立建账进行内部独立核算的，应借记“机械作业”科目及其所属“燃料及动力”“折旧及修理”等成本明细账。

施工生产中发生的直接用于生产但没有专设成本项目的各种原材料费用以及用于组织和管理生产活动的各种原材料费用，一般借记“工程施工——间接费用”科目及其明细账的相关费用项目。

工程竣工后的剩余材料，应填制“退料单”，或者用红字填制“领料单”，据以办理材料退库手续。采用按月或按季结算工程成本的，月末或季末，对于已经办理领料手续，但尚未耗用，下月仍需继续使用的材料，应进行盘点，办理“假退料”，即用红字填制一份“领料单”，同时再用蓝字填制一份下月的“领料单”。

【例 12-1】 信达建筑公司第一工区承建新星造纸厂工程 12 月份耗用材料情况见表 12-1。

表 12-1　材料发出汇总分配表

20××年 12 月　　单位：元

材料类别		成本差异率	厂房工程		仓库工程		合　计	
			计划成本	成本差异	计划成本	成本差异	计划成本	成本差异
主要材料	钢材	3%	300 000	9 000	200 000	6 000	500 000	15 000
	水泥	2%	200 000	4 000	150 000	3 000	350 000	7 000
	木材	1.5%	120 000	1 800	100 000	1 500	220 000	3 300
	其他	-5%	40 000	-2 000	30 000	-1 500	70 000	-3 500
	小计		660 000	12 800	480 000	9 000	1 140 000	21 800
	结构件	2%	150 000	3 000	120 000	2 400	270 000	5 400
合计			810 000	15 800	600 000	11 400	1 410 000	27 200

根据材料发出汇总分配表，结转已耗材料成本，会计处理如下：

借：工程施工——厂房工程（材料费）　　810 000
　贷：原材料——主要材料　　660 000
　　　　　　——结构件　　150 000

借：工程施工——仓库工程（材料费）　　600 000
　贷：原材料——主要材料　　480 000
　　　　　　——结构件　　120 000

结转材料成本差异：

借：工程施工——厂房工程（材料费）　　15 800
　贷：材料成本差异——主要材料　　12 800
　　　　　　　　　——结构件　　3 000

借：工程施工——仓库工程（材料费）　　11 400
　贷：材料成本差异——主要材料　　9 000
　　　　　　　　　——结构件　　2 400

二、人工费的核算

工程成本中的“人工费”项目，包括直接从事建筑安装工程施工工人及现场从事运料、配料等辅助工人的工资和职工福利费。

人工费的分配方法，应根据不同的工资支付形式而不同。如果是计件工资，属于直接费用，应直接计入各项工程成本的“人工费”项目；如果是计时工资，只有一个成本核算对象时，也是直接费用，应直接计入该项工程成本；如果同时施工几项工程，则应按实际耗用的工时或定额工时来分配计入各工程成本。工资性津贴和计入成本的奖金，以及其他人工费比照上述办法分配计入成本。人工费的分配通常根据“工资分配汇总表”和“工时汇总表”编制“生产工人工资分配表”来进行。工资分配方法如下：

$$某施工单位平均工资率=\frac{生产工人的人工费}{工日(或工时)总数}$$

$$某工程成本对象的工资额=各该对象实际耗用工日(工时)\times分配系数$$

辅助生产部门的工人、机上人员的人工费、施工管理部门工作人员的人工费，应分别计入“辅助生产”“机械作业”和“工程施工——间接费用”账户，其他部门人员的工资应计入其他各有关账户。

第三节　机械使用费的核算

一、机械使用费的组成

工程成本项目中的机械使用费，指施工企业采用施工机械、运输设备进行机械作业所发生的各项费用。随着工程机械化施工程度的不断提高，机械使用费在工程成本中的比重也日益增长。因此，加强施工机械的管理和核算，对于提高施工机械的利用率，加速施工进度，节约劳动力和降低工程成本都有着重要的意义。

机械使用费包括企业自有施工机械发生的机械使用费和租用外单位施工机械的租赁费，以及施工机械安装、拆卸和进出场费。

1.施工机械的管理

目前，对施工机械的管理一般分为对中小施工机械和大型施工机械两种管理方法。

(1)对中小施工机械，如小型挖土机、机动翻斗车、混凝土搅拌机、砂浆搅拌机等，由土建施工单位使用并负责管理。

(2)对大型施工机械和数量不多的特殊机械设备如大型挖土机、推土机、压路机、大型吊车、升板滑模设备等，由机械施工单位负责管理，根据各土建施工单位施工的需要，由机械施工单位进行施工，或将机械租给土建施工单位，向土建施工单位结算机械台班费或机械租赁费。

2.施工机械的内容

为了便于与预算数对比分析，机械使用费的内容要和机械台班费定额中规定的内容相同，一般包括以下几项：

(1)人工费，指机上操作人员的工资和职工福利费。

(2)燃料及动力费，指施工机械耗用的燃料及动力费。

(3)材料费，指施工机械耗用的润滑材料和擦拭材料等。

(4)折旧及修理费，指对施工机械计提的折旧费、大修理费用摊销和发生的经常修理费，以及租赁施工机械的租赁费。

(5)替换工具、部件费，指施工机械上使用的传动皮带、轮胎、胶皮管、钢丝绳、变压器、开关、电线、电缆等替换工具和部件的摊销和维修费。

(6)运输装卸费，指将施工机械运到施工现场、远离施工现场(若运往其他现场，运出费用由其他施工现场的工程成本负担)和在施工现场范围内转移的运输、安装、拆卸及试车等费用。对小型施工机械，其运输费一般都包括在机械台班费定额内。对大型施工机械的运输费(即大型机械场外运输费)，由于数额较大，在预算定额中大都规定单独计算，而不包括在机械台班费定额内。

(7)辅助设施费，指为使用施工机械而建造、铺设的基础、底座、工作台、行走轨道等费用。

(8)养路费、牌照费，指为施工运输机械(如铲车等)交纳的养路费和牌照费。

(9)间接费用，指机械施工单位组织机械施工、保管机械发生的费用和停机棚的折旧、维修费用等。如果是内部独立核算单位，应设置间接费用明细分类账，进行明细分类核算。

至于施工机械所加工的各种材料，如搅拌混凝土时所用的水泥、砂、石等，应计入工程成本的“材料费”项目，为施工机械担任运料、配料和搬运成品的工人的职工薪酬，应计入工程成本的“人工费”项目。

施工企业使用的施工机械，既有自有施工机械，也有租入外单位施工机械，二者应采用不同的方法核算。

二、自有施工机械使用费的归集与分配

(一)自有施工机械使用费的归集

施工企业使用自有施工机械或者运输设备进行作业所发生的各项费用，应当设置“机械作业”账户，按机械类别或单机作为成本核算对象分别进行归集，通常中小型施工机械以类别作为成本核算对象，大型施工机械或特种施工机械以单机作为成本核算对象。

机械作业的成本项目有人工费、燃料费及动力费、折旧及修理费、其他直接费用和间接费用五项。人工费是指操作和驾驶施工机械和运输设备人员的工资、奖金、津贴、职工福利费等各种职工薪酬。燃料及动力费是指施工机械和运输设备运转所耗用的各种燃料和电力等费用。折旧及修理费是指对施工机械和运输设备计提的折旧费，施工机械和运输设备发生的修理费，以及替换工具和部件(如轮胎、钢丝绳等)的费用等。其他直接费用是指除上列各项费用以外的其他直接费用，它包括施工机械和运输设备所耗用的润滑及擦拭材料费用以及预算定额所规定的其他费用，如养路费、施工机械的搬运、安装、拆卸和辅助设施费等。间接费用是指机械作业部门为组织和管理机械施工和运输作业所发生的各项费用，它包括机械作业部门管理人员的职工薪酬、劳动保护费、办公费以及管理用固定资产的折旧费和修理费等。

【例 12-2】　东兴建筑公司机械作业部门 6 月份领用材料的计划成本为 12 000 元，其中机械配件 3 000 元(掘土机作业组用 1 800 元，混凝土搅拌机作业组用 1 200 元)。燃料7 100元(掘土机作业组用)，润滑及擦拭材料 1 900 元(掘土机作业组用 1 100 元，混凝土搅拌机作业组用 800 元)，材料成本差异为 150 元，其中：机械配件 60 元，燃料 90 元；发生职工薪酬为 23 310 元(工资总额 18 000 元，其他人工费用 5 310 元)，其中挖掘机作业组 11 655 元，混凝土搅拌机

作业组为 7 252 元，管理人员 4 403 元（分摊为挖掘机作业组 2 642 元，混凝土搅拌机作业组为 1 761 元），机修车间分配转入的修理费挖掘机作业组为 9 024 元，混凝土搅拌机作业组为 5 076元，接着发生下列经济业务：

(1)收到四通运输公司发票，开列挖掘机和混凝土搅拌机的搬运费分别为 1332 元和 1212 元，当即签发转账发票付讫，作分录如下：

借：机械作业——挖掘机作业组（其他直接费用）　　1 332

　　机械作业——混凝土搅拌机作业组（其他直接费）　　1 212

　　贷：银行存款　　2 544

(2)6 月 30 日，计提本月份固定资产折旧费 19 886 元，其中挖掘机作业组 11 639 元，混凝土搅拌机作业组 8 247 元，作分录如下：

借：机械作业——挖掘机作业组（折旧及修理费）　　11 639

　　机械作业——混凝土搅拌机作业组（折旧及修理费）　　8 247

　　贷：累计折旧　　19 886

月末根据本月份编制的分计分录，登记“机械作业——挖掘机作业组”和“机械作业——混凝土搅拌机作业组”明细账见表 12－2 和表 12－3。

表 12－2　机械作业明细账

明细账户：挖掘机作业组　　单位：元

20××年		凭证号数	摘要	借方						贷方	余额
月	日			人工费	燃料及动力费	折旧及修理费	其他直接费	间接费用	合计		
6	30	略	领用各种材料		7 100	1 800	1 100		10 000		
			调整材料成本差异		71	36	11		118		
			分配人工费	11 655				2 642	14 297		
			分配转入修理费			9 024			9 024		
			支付掘土机搬运费				1 332		1 332		
			计提折旧费			11 639			11 639		46 410

表 12－3　机械作业明细账

明细账户：混凝土搅拌机作业组　　单位：元

20××年		凭证号数	摘要	借方						贷方	余额
月	日			人工费	燃料及动力费	折旧及修理费	其他直接费	间接费用	合计		
6	30	略	领用各种材料			1 200	800		2 000		
			调整材料成本差异			24	8		32		
			分配人工费	7 252				1 761	9 013		
			耗用电力		1 800				1 800		
			分配转入修理费			5 076			5 076		
			支付混凝土搅拌机搬运费				1 212		1 212		
			计提折旧费			8 247			8 247		27 380

"机械作业"是成本类账户，用以核算企业及其内部核算的施工单位、机械站和运输队使用自用施工机械和运输设备进行机械化施工和运输作业等所发生的各项费用。企业发生机械作业和运输作业支出时，计入借方；月末将其各种作业成本结转各受益工程成本时，计入贷方，结转后应无余额。

(二)自有施工机械使用费的分配

机械作业各明细账户按成本核算对象分别归集的自有施工机械使用费，月末应根据各成本核算对象的受益程度，采用一定的方法进行分配。通常采用以下三种分配方法。

1. 台班分配法

台班分配法是指以工程成本核算对象实际使用施工机械的台班数进行分配的方法。其计算公式如下：

$$\text{某种机械台班使用费分配率}=\frac{\text{该种机械本月实际发生的使用费}}{\text{该种机械本月实际工作台班数}}$$

$$\begin{matrix}\text{某受益对象应分配的}\\\text{某种机械使用费}\end{matrix}=\begin{matrix}\text{受益对象实际使用}\\\text{该种机械台班数}\end{matrix}\times\begin{matrix}\text{该种机械台班数}\\\text{使用费分配率}\end{matrix}$$

【例 12-3】 1月31日，嘉定建筑公司"机械作业——塔吊作业组"明细账户归集的机械使用费为22 275元，本月实际工作45个台班，其中：厂房工程30个台班，办公楼工程15个台班，用台班分配法分配塔吊使用费如下：

$$\text{塔吊台班使用费分配率}=\frac{22\ 275}{30+15}=495(\text{元/个})$$

$$\text{厂房工程应分配塔吊使用费}=30\times495=14\ 850(\text{元})$$

$$\text{办公楼工程应分配塔吊使用费}=15\times495=7\ 425(\text{元})$$

2. 工作量分配法

作业量分配法是指以施工机械作用于各工程成本核算对象实际完成的作业量为基础进行分配的方法。其计算公式如下：

$$\text{某种机械作业量分配率}=\frac{\text{该种机械本月实际发生的使用费}}{\text{该种机械本月实际完成的工作量}}$$

$$\begin{matrix}\text{某受益对象应分配的}\\\text{某种机械使用费}\end{matrix}=\begin{matrix}\text{某种机械为该受益}\\\text{对象提供的作业量}\end{matrix}\times\begin{matrix}\text{该种机械作}\\\text{业量分配率}\end{matrix}$$

【例 12-4】 6月30日，东兴建筑公司"机械作业——挖掘机作业组"明细账户归集的机械使用费为46 410元，其为商品房工程完成掘土作业量1 600m^3，为商务楼工程完成掘土作业量500m^3；"机械作业——混凝土搅拌机作业组"明细账户归集的机械使用费为27 380元，其为商品房工程完成搅拌混凝土作业量1 270m^3，为商务楼工程完成搅拌混凝土作业量580m^3，分别用作业量分配法分配机械使用费见表12-4。

$$\text{挖掘机作业量分配率}=\frac{46\ 410}{1\ 600+500}=22.10$$

$$\text{混凝土挖掘机作业量分配率}=\frac{27\ 380}{1\ 270+580}=14.80$$

根据分配结果，作分录如下：

借：工程施工——商品房工程(机械使用费)　　54 156

　　工程施工——商务楼工程(机械使用费)　　19 634

贷:机械作业——挖掘机作业组　　46 410

机械作业——混凝土搅拌机作业组　　27 380

表 12-4　机械使用费分配表

20××年6月30日　　单位:元

受益对象	挖掘机			混凝土搅拌机			合计
	作业量/m^3	分配率	分配额	作业量/m^3	分配率	分配额	
商品房工程	1 600	22.10	35 360.00	1 270	14.80	18 796.00	54 156.00
商务楼工程	500	22.10	11 050.00	580	14.80	8 584.00	19 634.00
合计	2 100	—	46 410.00	1 850	—	27 380.00	73 790.00

3.预算分配法

预算分配法是指以实际发生的机械使用费占预算成本的比率进行分配的方法。其计算公式如下:

$$\text{某种机械使用费分配率}=\frac{\text{该种机械本月实际发生的使用费}}{\text{全部受益成本核算对象的机械使用费预算成本}}\times 100\%$$

$$\text{某受益对象应分配的机械使用费}=\text{该受益对象的机械使用费预算成本}\times\text{该种机械使用费分配率}$$

【例 12-5】　崇明建筑公司"机械作业——混凝土搅拌机作业组"明细账户归集了机械使用费为18 810元,各工程的机械使用费的预算成本为19 800元,其中:商品房工程10 800元,安居房工程9 000元,用预算分配法机械使用费如下:

$$\text{混凝土挖掘机分配率}=\frac{18\ 810}{19\ 800}=0.95$$

$$\text{商品房工程应分配混凝土搅拌机使用费}=10\ 800\times 0.95=10\ 260(\text{元})$$

$$\text{安居房工程应分配混凝土搅拌机使用费}=9\ 000\times 0.95=8\ 550(\text{元})$$

三、租入施工机械租赁费的归集与分配

从外单位或本企业其他内部独立核算的机械站租入施工机械支付的租赁费,一般可以根据"机械租赁费结算账单"所列金额,直接计入有关成本核算对象的"机械使用费"成本项目。如果发生的租赁费由两个或两个以上成本核算对象共同负担,则根据所支付的租赁费总额和各个成本核算对象实际使用台班数分配计入有关成本核算对象。计算公式如下:

$$\text{某成本核算对象应负担的租赁费}=\text{该成本核算对象实际使用台班数}\times\text{平均台班租赁费}$$

$$\text{平均台班租赁费}=\frac{\text{支付的租赁费总额}}{\text{租入机械作业总台班数}}$$

对于施工企业各工程项目租赁施工机械而支出的租赁和进出场费,应根据结算账单直接计入有关各工程成本"机械使用费"项目,不通过"机械作业"账户。账务处理见如下分录:

借:工程施工 ——××工程(机械使用费)　　×××

贷:银行存款　　×××

【例 12-6】　6月30日,东兴建筑公司第一项目部签发转账支票27 888元,支付经营租赁租入塔吊的租赁费。塔吊为商品房工作36个台班,为商务楼工作20个台班,用台班分配法分配塔吊的租赁费如下：

$$塔吊租赁费分配率=\frac{27\ 888}{36+20}=498(元/个)$$

$$商品房应分配塔吊租赁费=36\times498=17\ 928(元)$$

$$商务楼应分配塔吊租赁费=20\times498=9\ 960(元)$$

根据分配的结果，作分录如下：

借：工程施工——商品房（机械使用费）　　17 928

　　工程施工——商务楼（机械使用费）　　9 960

　　贷：银行存款　　27 888

第四节　其他直接费的核算

一、其他直接费的组成

工程成本中的“其他直接费”，是指不包括在人工费、材料费、机械使用费项目内而在预算定额以外，在施工现场发生的其他直接生产费用。主要包括以下各项：

(1)施工过程中耗用的水、电、风、汽费。

(2)冬雨季施工费，指为保证工程质量，采取保暖、防雨措施而增加的材料、人工和各项设施的费用。

(3)夜间施工增加费，指组织夜间连续施工而发生的照明设施摊销费和夜餐补助费等。

(4)因场地狭小等原因而发生的材料二次搬运费。

(5)土方运输费。

(6)仪器仪表使用费，指通信、电子等设备安装工程所需安装、测试仪器仪表的摊销及维修费用。

(7)生产工具用具使用费，指施工生产所需不属于固定资产的生产工具及检验工具等的购置、摊销和维修费，以及支付给工人自备工具补贴费。

(8)检验试验费，指对建筑材料、构件和建筑安装物进行一般鉴定、检查所发生的费用，包括自设实验室进行试验所耗用的材料和化学药品等费用，以及技术革新和研究试制试验费。

(9)特殊工种培训费。

(10)工程定位复测费、工程点交费及场地清理费等。

此外，铁路、公路、通信、输电、长距离输送管道等工程在原始森林、高原、沙漠等特殊地区施工的，还包括特殊地区施工增加费。

二、其他直接费的核算

各施工单位在现场耗用的水、电、风、汽和运输等作业，如由企业所属辅助生产单位自己供应，应通过“辅助生产”或“生产成本——辅助生产成本”科目，将发生的费用先计入“辅助生产”或“生产成本——辅助生产成本”科目的借方（如由企业内部独立核算运输队进行运输作业，应通过“机械作业”或“生产成本——机械作业成本”科目核算），然后根据各个成本计算对象耗用的数量，按照上节所述机械使用费的分配方法，对各个成本计算对象进行分配，将分配数计入

“工程施工”科目的借方和各项工程成本的“其他直接费”项目：

借：工程施工——××工程(其他直接费)　　　　×××

　　贷：辅助生产或生产成本——辅助生产成本　　　　×××

各施工单位在现场耗用的水、电、风、汽和运输等作业，如由其他企业或企业所属内部独立核算单位供应，可按实际结算数计入“工程施工”科目的借方和各项工程成本的“其他直接费”项目：

借：工程施工——××工程(其他直接费)　　　　×××

　　贷：银行存款或内部往来　　　　×××

对于不能直接计入各个成本计算对象的水、电、风、汽等费用，可在月终根据各个成本计算对象的实际用量、定额用量、预算成本或工料实际成本等，编制“水、电、风、汽、运输费用分配表”，将各项费用分配于各个成本计算对象。

对于在施工现场发生的各项冬雨季施工费、夜间施工增加费、仪器仪表使用费、生产工具用具使用费、检验试验费、特殊工种培训费、特殊地区施工增加费、工程定位复测费、工程点交费及场地清理费，凡能直接计入各成本计算对象的，应直接计入；不能直接计入各成本计算对象的，应先汇总登记，然后按照定额用量预算费用或以工程的工料成本作为分配基数，分配计入各成本核算对象。

【例 12－7】　6 月 30 日，东兴建筑公司第一项目工程部收到电力公司账单，开列耗电 21 800度，单价 0.60 元，计电费 13 080 元；自来水公司账单，开列用水 6 200m^3，单价 1.80 元，计水费 11 160 元；运输公司账单，开列运输土方 6 873t·km，单价 4 元，计运输费 27 492 元。这三项费用均为施工现场直接耗用。电表显示商品房耗电 13 800 度，商务楼工程耗电 8 000 度；水表显示商品房工程耗水 4 000m^3，商务楼工程耗水 2 200m^3；运输记录反映运输商品房工程土方 4 354t·km，运输商务楼工程土方 2 519t·km。根据各工程受益程度分配其他直接费用见表 12－5。

表 12－5　其他直接费分配表

20××年 6 月 30 日

	电费			水费			运输费			合计/元
	用电量/度	单价/(元/度)	分配额/元	用水量/m^3	单价/(元/m^3)	分配额/元	作业量/(t·km)	单价/(元/t·km)	分配额/元	
商品房工程	13 800	0.60	8 280	4 000	1.80	7 200	4 354	4.00	17 416	32 896
商务楼工程	8 000	0.60	4 800	2 200	1.80	3 960	2 519	4.00	10 076	18 836
合计	21 800	0.60	13 080	6 200	1.80	11 160	6 873	4.00	27 492	51 732

根据其他直接费分配表，作分录如下。

借：工程施工——商品房工程(其他直接费)　　　　32 896

　　工程施工——商务楼工程(其他直接费)　　　　18 836

　　贷：应付账款　　　　51 732

施工企业在施工现场耗用的水、电、汽和运输作业，若由企业所属辅助生产部门供应，在这些部门发生生产费用时，应列入“生产成本——辅助生产成本”相关明细账户的借方，月末再采用一定的方法进行分配后，转入“工程施工”总账账户的借方及其所属各明细账户“其他直接费”成本项目中去。

第五节　间接费用的核算

一、间接费用的内容

间接费用是指企业内部各施工单位(工区、分公司、工程处、项目部、施工队)为组织和管理工程施工所发生的全部支出。这些支出不能确定其为某项工程所应负担,因而无法将它直接计入各个成本核算对象。

(1)临时设施摊销费,指为保证施工和管理的正常进行而建造的各种临时性生产和生活设施,如临时宿舍、文化福利及公用设施,仓库、办公室、加工厂,以及规定范围内道路、水、电管线等临时设施的摊销费。

(2)管理人员工资薪酬,指施工单位管理人员的工资、奖金和工资性津贴等。

(3)劳动保护费,指用于施工单位职工的劳动保护用品和技术安全设施的购置、摊销和修理费,供职工保健用的解毒剂、营养品、防暑饮料、洗涤肥皂等物品的购置费或补助费,以及工地上职工洗澡、饮水的燃料费等。

(4)办公费,指施工单位管理部门办公用的文具、纸张、账表、印刷、邮电、快报、会议、水电、烧水和集体取暖(包括现场临时宿舍取暖)用煤等费用。

(5)差旅交通费,指施工单位职工因公出差期间的旅费、住勤补助费,市内交通费和误餐补助费,职工探亲路费,劳动力招募费,职工离退休、退职一次性路费,工伤人员就医路费,工地转移费,以及现场管理使用的交通工具的油米、燃料、养路费及牌照费等。

(6)折旧费,指施工单位施工管理和试验部门等使用属于固定资产的房屋、设备、仪器,以及不实行内部独立核算的辅助生产单位的厂房等的折旧费。

(7)修理费,指施工单位施工管理和试验部门等使用属于固定资产的房屋、设备、仪器,以及不实行内部独立核算的辅助生产单位的厂房等的经常修理费和大修理费。

(8)工具用具使用费,指施工单位施工管理和试验部门等使用不属于固定资产的工具、器具、家具和检验、试验、测绘、消防用具等的购置、摊销和维修费。

(9)保险费,指施工管理用财产、车辆保险费,以及海上、高空、井下作业等特殊工种安全保险费。

(10)工程保修费,指工程竣工交付使用后,在规定保修期以内的修理费用。应采用预提方式计入。

(11)其他费用,指上列各项费用以外的其他间接费用,如工程排污费等。

从间接费用明细项目中,可以看出它与材料费等变动费用不同。它属于相对固定的费用,其费用总额并不随着工程量的增减而成比例增减。就单位工程分摊的费用来说,则随着工程数量的变动成反比例的变动,即完成工程数量增加,单位工程分摊的费用随之减少;反之,完成工程数量减少,单位工程分摊的费用随之增加。因此,超额完成工程任务,也可降低工程成本。

施工单位间接费用的总分类核算,在“工程施工——间接费用”科目进行,在发生时,都要自“临时设施摊销”“库存材料”或“原材料”“周转材料”“材料成本差异”“应付职工薪酬”“银行存款”“库存现金”“累计折旧”“长期待摊费用”等科目的贷方转入“工程施工——间接费用”科目的借方，作如下分录入账：

借：工程施工——间接费用　×××
　贷：临时设施摊销　×××
　　库存材料或原材料　×××
　　低值易耗品——低值易耗品摊销　×××
　　材料成本差异　×××
　　应付职工薪酬　×××
　　银行存款　×××
　　库存现金　×××
　　累计折旧　×××
　　长期待摊费用　×××

间接费用的明细分类核算，一般要按施工单位设置"间接费用"明细分类账，将发生的间接费用按明细项目分栏登记。

二、间接费用的分配

每月终了，应对间接费用进行分配。因为间接费用是在企业下属的直接组织和管理生产活动的单位发生的费用，这些施工单位同时进行多项工程的施工，其发生的费用也应由这些工程共同负担，所以必须对间接费用进行分配。

间接费用的分配方法，主要有直接费比例法和人工费比例法。

(1)所谓直接费用比例法，就是以各项工程(即成本计算对象)发生的直接费为基数分配间接费用的一种方法。其计算公式如下：

$$间接费用分配率=\frac{本月实际发生的全部间接费用}{各项工程本月实际发生的直接费之和}\times 100\%$$

某项工程应分配的间接费用＝该项工程本月实际发生的直接费×间接费用分配率

(2)所谓人工费比例法，就是以各项工程发生的人工费为基数分配间接费用的一种方法。其计算公式如下：

$$间接费用分配率=\frac{本月实际发生的全部间接费用}{各项工程本月实际发生的人工费之和}\times 100\%$$

某项工程应分配的间接费用＝该项工程本月实际发生的人工费×间接费用分配率

在建筑安装工程预算定额中，建筑工程和金属结构安装工程按直接费的百分率、水电安装工程和设备安装工程按人工费的百分率来确定间接费用定额(目前成本项目中间接费用的内容，相当于工程预算成本中现场经费的内容，这里所说间接费用定额，也相当于工程预算成本中的现场经费定额)。这样，在核算工作中，如果一个施工单位既有建筑工程，又有水电安装工程，在分配间接费用时如采用上述直接费比例法或人工费比例，就难以将分配的间接费用和按定额计算的间接费用进行对比。在这种情况下，就应按各项工程间接费用定额计算的间接费用的比例进行分配：

某项工程本月应分配的间接费用＝

$$本月实际发生的间接费用\times\frac{\begin{matrix}该项工程本月实际发生\\的直接费或人工费\end{matrix}\times\begin{matrix}该项工程规定的\\间接费用定额\end{matrix}}{\sum\left(\begin{matrix}各项工程本月实际发生\\的直接费或人工费\end{matrix}\times\begin{matrix}各项工程规定的\\间接费用定额\end{matrix}\right)}$$

在实际核算工作中，对于间接费用的分配，往往先计算本月实际发生的间接费用与按间接费用定额计算的间接费用的百分比，再将各项建筑安装工程按定额计算的间接费用进行调整。即

某项工程本月应分配的间接费用＝

$$\text{该项工程本月实际发生的直接费或人工费}\times\text{该项工程规定的间接费用定额}\times\frac{\text{本月实际发生的间接费用}}{\sum(\text{各项工程本月实际发生的直接费或人工费}\times\text{各项工程规定的间接费用定额})}$$

【例 12-8】 某施工单位在20××年6月份，计发生应分配的间接费用22 218元，各项工程在6月份内发生的直接费、人工费和它们的间接费用定额见表12-6。

表 12-6　间接费用定额表

项目	分配标准	间接费用定额
厂房建筑工程	直接费136 000元	6%
办公楼建筑工程	直接费111 000元	6%
宿舍建筑工程	直接费55 000元	6%
厂房水电安装工程	人工费3 040元	100%

根据上列公式，可为各项工程算得6月份应分配的间接费用。

厂房建筑工程应分配的间接费用＝

$$136\ 000\times6\%\times\frac{22\ 218}{(136\ 000\times6\%+111\ 000\times6\%+55\ 000\times6\%+3\ 040\times100\%)}=$$

$$136\ 000\times6\%\times\frac{22\ 218}{21\ 160}=8\ 568(\text{元})$$

办公楼建筑工程应分配的间接费用$=111\ 000\times6\%\times\frac{22\ 218}{21\ 160}=6\ 993(\text{元})$

宿舍建筑工程应分配的间接费用$=55\ 000\times6\%\times\frac{22\ 218}{21\ 160}=3\ 465(\text{元})$

厂房水电安装工程应分配的间接费用$=3\ 040\times100\%\times\frac{22\ 218}{21\ 160}=3\ 192(\text{元})$

根据上面计算，就可编制“间接费用分配表”(见表12-7)。

表 12-7　间接费用分配表

20××年6月　　　　单位：元

本月实际发生的间接费用	22 218	实际数占定额计算数的百分比		22 218÷21 160＝105%
工程名称	直接费或人工费	定额/(%)	按定额计算数	分配数
厂房建筑工程	136 000	6	8 160	8 568
办公楼建筑工程	111 000	6	6 660	6 993
宿舍建筑工程	55 000	6	3 300	3 465
厂房水电安装工程	3 040	100	3 040	3 192
合　计			21 160	22 218

对于分配到各项工程成本的间接费用，应自“工程施工——间接费用”科目的贷方转入“工

程施工”科目的借方，并计入各项工程施工成本明细分类账的“间接费用”项目。

借：工程施工——厂房建筑工程（间接费用）　8 568
　　——办公楼建筑工程（间接费用）　6 993
　　——宿舍建筑工程（间接费用）　3 465
　　——厂房水电安装工程（间接费用）　3 192
　贷：工程施工——间接费用　22 218

【例 12－9】 6 月 30 日，东兴建筑公司第一项目工程部列入“间接费用”明细账户的经济业务如下：

（1）计提本月份固定资产折旧费 12 970 元，摊销本月份临时设施费 8 882 元，用五五摊销法摊销工具、劳动保护用品费 5 785 元，摊销本月份负担的财产保险费 1 100 元，作分录如下：

借：工程施工——间接费用　28 737
　贷：累计折旧　12 970
　　临时设施摊销　8 882
　　低值易耗品——低值易耗品摊销　5 785
　　待摊费用　1 100

（2）签发转账支票支付本月份电费 1 800 元，电话费 898 元，作分录如下：

借：工程施工——间接费用　2 698
　贷：银行存款　2 698

第六节　辅助生产费用的归集与分配

一、辅助生产费用概述

辅助生产部门是指为施工生产服务而进行的材料（或产品）生产和劳务供应的部门。辅助生产部门是企业内部的非独立核算的生产单位。施工企业的辅助生产部门主要有机修车间、混凝土搅拌站、混凝土预制构件场、发电厂、供水站等。辅助生产部门在为本项目工程提供服务的基础上，有剩余生产能力的，也可以对外单位提供部分服务，以充分发挥其生产能力。

辅助生产费用是指辅助生产部门为开展生产活动而发生的费用。其实质就是辅助生产部门生产的材料（产品）或提供的劳务的成本。由于辅助生产部门生产的材料（产品）和劳务，首先是为施工生产服务的，包括直接服务和间接服务，这部分辅助生产费用必然成为企业工程成本的组成部分；其次，是为企业行政管理部门服务的，这部分辅助生产费用也就成为企业的期间费用；再次，如果有为外单位服务的，这部分辅助生产费用则作为企业的其他业务成本。很显然辅助生产部门生产的材料（产品）和劳务成本的高低，对企业的材料（产品）成本和期间费用的高低有着很大的影响，并且只有辅助生产部门生产的材料（产品）和劳务的成本确定分配以后，才能计算企业的工程成本和确定企业的期间费用。因此正确、及时地计算辅助生产部门生产的材料（产品）和劳务的成本，合理分配辅助生产费用，对于降低工程成本、节约费用，以及正确计算工程成本和期间费用有着重要的意义。

二、辅助生产费用的归集

辅助生产部门所发生的各项生产费用，应按照成本对象核算和成本项目进行归集。辅助生产部门的成本核算对象可按生产的材料(产品)和提供劳务的部门(类别)确定。成本项目有材料费、人工费、其他直接费用和间接费用。材料费是指辅助生产部门耗用的各种材料的实际成本。人工费是指辅助生产部门发生的生产工人的各种职工薪酬。其他直接费用是指除材料费、人工费以外的其他直接费用，包括燃料和动力、固定资产的折旧费和修理费等。间接费用是指为组织和管理辅助生产活动所发生的费用。

【例 12-10】 东兴建筑公司第一项目工程部所属机修车间6月30日发生的经济业务如下：

(1)6月30日，收到电力公司账单，列明耗用电力7 000度，每度0.60元，计4 200元，其中：机械作业部门混凝土搅拌机作业组耗用3 000度，机修车间耗用4 000度，账款当即签发转账支票支付，作会计分录如下：

借：机械作业——混凝土搅拌机作业组——燃料及动力费　　1 800
　　生产成本——辅助生产成本——机修车间(其他间接费用)　　2 400
　　贷：银行存款　　4 200

(2)6月30日，计提机修车间本月份固定资产折旧费1 990元，作分录如下：

借：生产成本——辅助生产成本——机修车间(其他直接费用)　　1 990
　　贷：累计折旧　　1 990

月末根据本月份编制的会计分录登记"生产成本——机修车间"明细账见表12-8。

表 12-8　生产成本——辅助生产成本明细账

三级明细账户：机修车间　　　　单位：元

20××年		凭证号数	摘要	借方					贷方	借或贷	余额
月	日			材料费	人工费	其他直接费用	间接费用	合计			
6	30	略	领用材料	7 000				7 000		借	7 000
			调整材料成本差异	90				90		借	7 090
			分配本月份职工工资		10 800		3 200	14 000		借	21 090
			计提其他人工费用		3 186		944	4 130		借	25 220
			耗用电力			2 400		2 400		借	27 620
			计提折旧			1 990		1 990		借	29 160

"生产成本"是成本类账户，用以核算企业进行工业性生产发生的各项生产费用，包括生产各种自制材料(产品)、自制工具和提供劳务等。企业辅助生产部门发生各种生产费用时，计入借方；企业辅助生产部门的完工的材料(产品)、工具或劳务的成本，经过分配转出时，计入贷方，期末如有余额在借方，表示企业辅助生产部门的在产品成本。

三、辅助生产费用的分配

(一)单一辅助生产部门生产费用的分配

施工企业发生的辅助生产费用按成本核算对象归集后，月末需要在各受益对象中进行分配。对于只有一个辅助生产部门的企业可以直接将辅助生产费用分配给受益对象，其计算公式如下：

$$\text{辅助生产部门材料(产品)或劳动的分配率}=\frac{\text{该辅助生产部门归集的辅助生产费用}}{\text{该辅助生产部门提供的材料(产品)或劳务总量}}$$

$$\text{各受益对象应分配的辅助生产费用}=\text{该受益对象获得材料(产品)或劳务的数量}\times\text{受益辅助生产部门材料(产品)或劳务的分配率}$$

【例 12-11】 6 月 30 日，东兴建筑公司"生产成本——辅助生产成本——机修车间"账户共归集了辅助生产费用 29 160 元。该车间为各部门服务 1 050 工时，其中为机械作业部门的挖掘机作业组服务 320 工时，混凝土搅拌机作业组服务 180 小时，为施工管理部门服务 60 工时，为东湖建筑公司服务 490 小时，分配本月份辅助生产费用如下：

$$\text{机修车间劳务分配率}=\frac{29\ 610}{1\ 050}=28.20$$

挖掘机作业组应分配的修理费＝320×28.20＝9 024(元)

混凝土搅拌机作业组应分配的修理费＝180×28.20＝5 076(元)

施工管理部门应分配的修理费＝60×28.20＝1 692(元)

东湖建筑公司应分配的修理费＝490×28.20＝13 818(元)

根据分配的结果作分录如下：

借:机械作业——挖掘机作业组(折旧及修理费)	9 024	
机械作业——混凝土搅拌机作业组(折旧及修理费)	5 076	
工程施工——××工程(间接费用)	1 692	
其他业务成本	13 818	
贷:生产成本——辅助生产成本(机修车间)		29 610

此笔分录结转以后，"生产成本——辅助生产成本(机修车间)"账户期末余额为零。

(二)多个辅助生产部门生产费用的分配

当施工企业有多个辅助生产部门时，辅助生产部门也往往相互提供材料(产品)或劳务，例如修理车间为发电车间修理设备，而发电车间又为修理车间提供电力。在这种情况下，各辅助生产车间归集的生产费用实际上还包括从其他辅助部门转入的生产费用。为了正确计算各辅助生产部门材料(产品)或劳务的成本，在分配辅助生产费用之前，应首先在各辅助生产部门之间就相互提供的材料(产品)或劳务进行分配，然后才向辅助生产部门以外的受益部门进行分配，分配的方法主要有直接分配法和交互分配法。

1. 直接分配法

直接分配法是指不考虑各辅助生产部门相互提供材料(产品)或劳务的情况，将各种辅助生产费用直接分配给辅助生产部门以外的各受益的对象的方法。其计算公式如下：

$$\text{辅助生产部门材料(产品)或劳务的分配率}=\frac{\text{该辅助生产部门归集的生产费用}}{\text{该辅助生产部门提供材料(产品)或劳务的总量}-\text{其他辅助生产部门对该材料(产品)或劳务的耗电量}}$$

$$\text{各受益部门应分配的辅助生产费用}=\text{该部门受益材料(产品)或劳务总量}\times\text{辅助生产部门材料(产品)或劳务的分配率}$$

【例 12-12】 20××年 6 月份，天平建筑公司修理车间和发电车间两个辅助生产部门发生的辅助生产费用分别为 27 500 元和 18 900 元，向各受益对象提供劳务的资料见表 12－9。

表 12－9　辅助生产部门向各部门提供劳务汇总表

受益对象	修理工时数/工时	供电度数/度
修理车间	—	2 000
发电车间	100	—
商务楼工程	—	18 000
商品房工程	—	16 800
机械作业部门	510	2 800
施工管理部门	40	400
行政管理部门	100	2 000
华昌建筑公司	350	—
合　计	1 100	40 000

采用直接分配法分配辅助生产费用见表 12－10。

$$\text{修理车间工时费分配率}=\frac{27\ 500}{1\ 100-100}=27.5$$

$$\text{发电车间电力费用分配率}=\frac{18\ 900}{42\ 000-2\ 000}=0.472\ 5$$

表 12－10　辅助生产费用分配表(直接分配法)

20××年 6 月 30 日　　　　单位:元

项目		修理车间	发电车间	合计金额
辅助生产费用		27 500.00	18 900.00	46 400.00
产品或劳务的供应量		1 000	40 000	
分配率		27.50	0.472 5	
商务楼工程	耗用数量		18 000	
	分配金额		8 505.00	8 505.00
商品房工程	耗用数量		16 800	
	分配金额		7 938.00	7 938.00
机械作业部门	耗用数量	510	2 800	
	分配金额	14 025.00	1 323	15 348.00
施工管理部门	耗用数量	40	400	
	分配金额	1 100.00	189.00	1 289.00
行政管理部门	耗用数量	100	2 000	
	分配金额	2 750.00	945	3 695.00
华昌建筑公司	耗用数量	350		
	分配金额	9 625.00		9 625.00
合　计		27 500.00	18 900.00	46 400.00

根据辅助生产费用分配表分配的结果，作分录如下：

借:工程施工——商务楼工程　　8 505
　工程施工——商品房工程　　7 938
　机械作业　　15 348
　生产成本——间接费用　　1 289
　管理费用　　3 695
　其他业务成本　　9 625
　贷:生产成本——辅助生产成本(修理车间)　　27 500
　　生产成本——辅助生产成本(发电车间)　　18 900

直接分配法简便易行,但由于没有考虑辅助生产部门内部相互提供材料(产品)或劳务的因素,因此分配的结果不够准确,这种方法仅适用于辅助生产部门之间相互提供材料(产品)或劳务不多的企业。

2. 交互分配法

交互分配方法是指辅助生产部门之间先进行一次相互分配,然后将归集的辅助生产费用在辅助生产部门以外的受益对象之间进行直接分配的方法。

采用交互分配法,辅助生产费用的分配应分两步进行。

(1)各辅助生产部门直接发生的费用被称为待分配辅助生产费用,将其在各辅助生产部门之间进行相互分配,其他部门暂不分配。其计算公式如下:

$$\text{交互分配前辅助生产部门材料(产品)或劳务的分配率}=\frac{\text{该辅助生产车间交互分配前归集的生产费用}}{\text{该辅助生产车间提供材料(产品)或劳务总量}}$$

$$\text{辅助生产部门应分配的其他辅助生产部门的费用}=\text{该辅助生产部门耗用其他辅助生产部门的材料(产品)或劳务的数量}\times\text{交互分配前该被耗用的材料(产品)或劳务的分配率}$$

(2)将待分配辅助生产费用,加上交互分配时从其他辅助生产部门分配转入的费用,减去交互分配时转给其他辅助生产部门的费用,成为辅助生产部门交互分配后归集的生产费用,被称为对外分配的费用,再将其用直接分配法在辅助生产部门以外各受益对象之间进行分配。其计算公式如下:

$$\text{交互分配后辅助生产部门材料(产品)或劳务的分配率}=\frac{\text{该辅助生产车间交互分配后归集的生产费用}}{\text{该辅助生产部门以外的受益对象耗用的材料(产品)或劳务总量}}$$

【例 12-13】 仍以前述直接分配法的资料,按交互分配法编制辅助生产费用分配表见表 12-11。

表 12-11　辅助生产费用分配表交互分配法

20××年6月30日　　　　单位:元

项目		修理车间			发电车间			合计金额
		数量/工时	单位成本(分配率)	分配金额	数量/度	单位成本(分配率)	分配金额	
待分配辅助生产费用		1 100	25.00	27 500.00	42 000	0.45	18 900.00	46 400.00
交互分配	修理车间			+900.00	−2 000		−900.00	
	发电车间	−100		−2 500.00			+2 500.00	
对外分配辅助生产费用		1 000	25.90	25 900.00	40 000	0.512 5	20 500.00	46 400.00

续 表

项目		修理车间			发电车间			合计金额
		数量/工时	单位成本（分配率）	分配金额	数量/度	单位成本（分配率）	分配金额	
对外分配	商务楼工程				18 000		9 225.00	9 225.00
	商品房工程				16 800		8 610.00	8 610.00
	机械作业部门	510		13 209.00	2 800		1 435.00	14 644.00
	施工管理部门	40		1 036.00	400		205.00	1 241.00
	行政管理部门	100		2 590.00	2 000		1 025.00	3 615.00
	华昌建筑公司	350		9 065.00				9 065.00

（1）根据辅助生产车间交互分配的计算结果，作分录如下：

借：生产成本——辅助生产成本（修理车间）　900
　生产成本——辅助生产成本（发电车间）　2 500
　贷：生产成本——辅助生产成本（修理车间）　2 500
　　生产成本——辅助生产成本（发电车间）　900

（2）根据对外分配的计算结果，作分录如下：

借：工程施工——商务楼工程　9 225
　工程施工——商品房工程　8 610
　机械作业——水电费　14 644
　工程施工——间接费用　1 241
　管理费用——水电费　3 615
　其他业务成本　9 065
　贷：生产成本——辅助生产成本（修理车间）　25 900
　　生产成本——辅助生产成本（发电车间）　20 500

交互分配法由于在辅助生产部门内部相互提供的材料（产品）或劳务全面地进行了一次相互分配，基本上反映了辅助生产部门之间相互提供材料（产品）或劳务的关系，从而提高了分配结果的正确性。但该方法要经过两次分配，增加了计算的工作量。因此这种方法适用于各辅助生产部门之间相互提供材料（产品）或劳务较多，而提供的数量却不平衡的企业。

课后练习题

一、单项选择题

1.（　　）是指施工管理部门为组织和管理工程施工所发生的全部支出。

A. 其他直接费　　B. 管理费用　　C. 间接费用　　D. 期间费用

2. 对于领用的材料能够点清数量、分清用料对象的应在领料凭证内填明用料对象，（　　）。

A. 根据领料凭证汇总材料费分配计入各受益对象

B.“以存计耗”倒挤材料耗用量，并据以分配计入各受益对象

C. 采用摊销的方法分配计入各受益对象

D. 直接计入各受益对象

3.(　　)的分配可以采用预算分配法。

A. 其他直接费　　B. 间接费用　　C. 机械使用费　　D. 自有机械使用费

二、多项选择题

1. 企业确认费用需要同时满足的条件是(　　)。

A. 与费用相关的经济利益应当很可能流出企业

B. 经济利益流出企业的结果会导致资产的减少或者负债的增加

C. 费用是在日常活动中形成的

D. 经济利益的流出额能够可靠地计量

2. 期间费用的列支方式有(　　)。

A. 直接支付　　B. 转账摊销　　C. 预付待摊　　D. 预提待付

三、判断题

1. 费用是指企业在日常活动中发生的，会导致所有者权益减少的，与向所有者分配利润无关的经济利益的总流出。(　　)

2. 机械使用费包括施工企业在建筑工程和安装工程中使用自有施工机械所发生的各种使用费和使用租入机械发生的租赁费。(　　)

四、实务题

习题一

【目的】练习机械作业的核算。

【要求】

1. 根据自有机械发生费用情况表，做出归集中型机械、起重机和搅拌机作业费用的会计处理；

2. 按台班分配法分配中型机械使用费，编制“中型机械使用费分配表”，并做出机械使用费分配的会计处理；

3. 按作业量分配法分配起重机使用费，编制“机械使用费分配表”，并做出机械使用费分配的会计处理；

4. 按预算分配法分配搅拌机使用费，编制“机械使用费分配表”，并做出机械使用费分配的会计处理。

【资料】振兴建筑公司承担了一所高校的教学楼和图书馆施工任务，20××年6月独立核算的机械队发生机械使用费资料和机械作业量统计资料，见表12-12和表12-13：

表 12-12　自有机械发生费用情况表　　单位：元

经济业务内容	中型机械		塔式起重机	搅拌机
	挖土机	载重汽车		
机械操作人员薪酬	7 050	3 525	10 575	46 000
燃料及电费	4 450	1 870	1 970	1 900
机械折旧费	3 100	560	4 330	28 000
维修费	400	430	1 900	6000
合　计	15 000	6 385	18 775	81 900

表 12-13　自有机械作业量及预算资料统计表　　单位：元

项目	挖土机	载重汽车	起重机	搅拌机
计划单价	390 元/台班	1.2 元/t· km	360 元/台班	预算机械费
教学楼	23	2 900	25	58 500
图书馆	15	3 500	30	71 500
合　计	38	6 400	55	130 000

习题二

【目的】练习间接费用的核算。

【要求】编制以上经济业务的会计分录。

【资料】光大建筑公司 20××年 8 月发生了下列经济业务：

1. 施工单位管理用房屋建筑物的原值为 300 000 元，月折旧率为 2‰；施工单位管理用其他固定资产原值为 100 000 元，月折旧率为 6‰。

2. 应摊销固定资产大修理费支出为 600 元。

3. 本月管理人员工资总额为 18 240 元。

4. 用银行存款支付差旅交通费 4 155 元，办公用文具 743 元。

5. 领用其他材料(按计划价格计算)7 700 元，其中 7 000 元为交通车辆油料，700 元为办公用消耗材料。该月份材料成本差异率为 1%。

6. 领用一次性报耗的周转材料实际成本为工具用具 725 元，劳保用品 800 元。

7. 用银行存款支付防暑饮料 3 600 元。

8. 本月各项建筑安装工程的直接费和人工费见表 12-14：

表 12-14　直接费和人工费

成本核算对象	工程性质	费用性质	金额/元
201	建筑工程	直接费	250 000
201	建筑工程	直接费	210 000
203	建筑工程	直接费	250 000
301	安装工程	人工费	3 000
建筑工程间接费用定额为直接费的 6%			
安装工程间接费用定额为人工费的 10%			

五、简答题

机械使用费包括哪些内容，如何进行费用的归集和分配？

第十三章　工程成本的核算

重点：工程成本的计算

难点：未完施工成本的计算

掌握：施工企业成本计算方法

了解：工程成本的明细分类核算

第一节　施工企业工程成本概述

一、工程成本核算的意义

(1)通过工程成本核算，将企业发生的各项费用按照成本开支范围和它的用途并按一定程序计算各项工程成本，及时、准确地反映各项工程和企业的实际成本水平，为企业制定经营战略提供根据。

(2)通过工程成本核算，可以及时了解施工过程中人力、物力、财力的耗费，检查各项费用的耗用情况和间接费用定额的执行情况，分析成本升降的原因，挖掘降低工程成本的潜力，发挥竞争优势，增强企业核心竞争力。

(3)通过工程成本核算，可以计量施工企业内部各所属施工单位的经济效益和各项承包工程合同的盈亏，分清各个单位的成本责任，有利于提高成本控制的刚性。同时结合相应的奖惩制度，有利于强化企业内部约束和激励机制。

(4)通过工程成本核算，积累各种不同类型的工程成本及经济技术资料，为制订成本控制(预算)目标提供依据，同时也为企业准确制定工程报价提供依据，有利于提高中标率。

二、工程成本的种类

施工企业应根据建筑安装工程的特点和成本管理的要求，分别确定工程预算成本、工程计划成本和工程实际成本。

1. 工程预算成本

工程预算成本是指施工企业根据施工图设计和预算定额、预算单价以及有关取费标准，通过编制施工图预算确定的工程成本。它反映了工程成本的社会平均水平。工程预算成本加上期间费用、计划利润和税金后就形成了工程造价。

2. 工程计划成本

工程计划成本是指施工企业根据确定的降低成本指标，以工程预算成本为基础，在考虑了增产节约、内部挖掘潜力等技术措施的情况下，确定的工程成本计划。它反映了施工企业在计划期内应达到的成本水平，是控制成本支出的标准。计划成本通常小于预算成本，其差额是施工企业降低工程成本的奋斗目标。

3. 工程实际成本

工程实际成本是指施工企业按照确定的成本核算对象归集的实际施工生产费用。它反映了施工企业实际的生产耗费水平。将实际成本与计划成本相比较，可以考核成本计划的完成情况。将实际成本与计划成本相比较，可以确定工程成本的降低额或超支额，以反映企业的经营管理水平。

三、工程成本核算对象

成本核算对象是指在成本核算时，选择的归集施工生产费用的目标。合理地确定工程成本核算对象，是正确组织工程成本核算的前提。建造合同是指为建造一项或数项在设计、技术、功能、最终用途等方面密切相关的工程而订立的合同。由于施工企业是通过建设单位签订建造合同而承接工程的，因此企业要根据签订的建造合同的具体情况，确定工程成本核算对象，分为以下四种情况。

1. 以单项建造合同工程作为成本核算对象

施工企业通常应当按照单项建造合同工程作为成本核算对象来归集施工生产费用，计算工程成本。因为施工图预算是按照单项建造合同工程编制的，所以按单项建造合同工程作为成本核算对象，这样便于与其预算成本相比较，以检查工程预算的执行情况，分析和考核成本节约或超支的情况。

2. 以每个工程作为成本核算对象

施工企业签订的一项建造合同包括建造数项工程，并同时应满足下列三个条件：

(1)每项工程均有独立的建造计划；

(2)与客户就每项工程单独进行谈判，双方能够接受或拒绝与每项工程有关的合同条款；

(3)每项工程的收入和成本都可以单独辨认。

届时应以每项工程作为成本核算对象。

3. 以一组建造合同工程作为成本核算对象

施工企业签订了一组建造合同工程，该组合同无论对应单个客户还是多个客户，同时满足下列三个条件：

(1)该组建造合同按一揽子交易签订；

(2)该组建造合同密切相关，每项建造合同实际上已构成一项综合利润率的组成部分；

(3)该组建造合同同时或依次履行。

届时应当将该组合同合并为单项建造合同工程，并以此作为成本核算对象。

4. 以部分工程作为成本核算对象

一个工程由多个承包施工单位共同完成，各个承包施工单位应当以各自完成的部分工程作为成本核算对象。

四、工程成本核算组织

我国的大中型施工企业通常实行总公司、分公司和项目工程部三级管理体制。在这一管理体制下，项目工程部在分公司的领导和指导下，负责签发工程任务单和定额领料单，登记工程各种直接消耗和间接费用的原始记录，核算本工程的直接费用，并进行成本分析。分公司在总公司领导和指导下，完成工程成本的核算工作，并分析成本升降的原因，分公司归集分配间接费用，并计算工程成本，编制成本报表，进行成本分析。总公司核算本部的期间费用，审核、汇总各分公司的成本报表，进行全面的成本分析。

我国的小型施工企业通常实行公司和项目工程部两级管理体制。在这一管理体制下，公司的核算内容不变，分公司的核算内容则由项目工程部完成。

施工企业无论采用哪一种管理体制，都要重视基层的成本核算工作。因为基层发生的施工生产费用是工程成本的直接费用，所以基层成本核算质量的高低，对企业的成本核算工作起着决定性的作用。

五、工程成本核算的要求

(一)做好成本核算的基础工作

为了确保成本核算工作的顺利进行，提高成本信息的质量，施工企业必须做好以下各项成本核算的基础工作。

1. 建立和健全科学的定额管理制度

定额是指施工企业在一定的施工生产技术和设备条件下，施工生产经营过程中的各种人力、物力和财力的消耗标准和应达到的水平。定额管理制度是指以定额为依据，安排生产计划、组织施工生产和控制消耗的一种科学管理制度。企业制定的各项定额，既要先进合理，又要切实可行。定额既是编制成本计划的依据，又是审核和控制施工生产费用的标准，同时，在工程成本核算中，也需要按照工程定额消耗量或定额费用的比例进行费用的分配。因此，定额就成为衡量企业工作数量和质量的客观尺度。凡是能够制定定额的这种消耗，都应制定定额。

施工企业的定额按其经济内容分，主要有：①材料消耗定额，它是签发"定额领料单"，考核材料消耗情况的主要依据；②劳动消耗定额，它是签发"工程任务单"，考核各施工班组工效的主要依据；③机械台班定额，它是考核机械设备利用程度的依据；④费用定额，它是控制各项费用开支的标准。

施工企业建立和健全定额管理制度，对提高劳动生产率，节约材料消耗，提高机械设备利用率，减少费用支出，降低工程成本有着非常重要的作用。

2. 建立和健全原始记录制度

原始记录是指按照规定的格式和要求，对施工生产经营活动中各种成本费用发生的时间、地点、用途和金额所做的最初的书面记录。原始记录是进行工程成本核算、开展日常工程成本控制和进行工程成本考核与分析的主要依据。

施工企业工程成本核算的原始记录主要有领料单、限额领料单、退料单、工程任务单、考勤记录、劳动工时记录、机械使用记录、周转材料摊销分配表、低值易耗品摊销表、间接费用分配表和未完工程盘点表等。

施工企业应当根据工程成本核算和有关职能部门管理的需要，建立和健全科学合理的原始记录制度，以规范各种原始记录的格式、填写要求、传递程序和保管，并加强对原始记录内容的审核，以保证原始记录的真实和准确。

3. 建立企业内部的结算制度、制定内部结算价格

内部结算价格是指施工企业内部各部门相互提供材料、产品、作业和劳务，进行收付结算

的制度。企业在施工生产经营活动过程中，各分公司、项目工程部之间往往会相互提供原材料、产品、作业和劳务，为了保证工程成本核算的准确性，简化成本核算工作，并便于开展分公司、项目工程部的内部考核制度，以明确经济责任，就需要制定合理的内部结算价格，建立一套完整的内部结算制度。

施工企业内部结算价格通常以施工预算定额、单位估价表、地区材料预算价格，结合市场行情和企业实际情况予以确定。

4.建立和健全财产物资管理制度

施工企业对于各种财产物资的收发、领退，以及在不同的工程成本核算对象之间的转移，都应当办理必要的手续，填制或者取得相应的凭证，以防止被冒领、滥用。对于库存以及施工现场堆放的各种材料物资应定期进行清查盘点，发现短缺或溢余，应及时查明原因，对期末已领未用的材料，应及时办理退料或“假退料”手续，以确保成本、费用的准确性，并有利于保护企业财产物资的安全。

(二)严格遵守成本开支范围，划清各种费用支出的界限

成本开支范围是指财政部对企业生产经营活动中发生的各项费用允许在成本中列示的范围。企业的施工生产经营活动是多方面的，费用的用途也是多种多样的。为了正确地核算施工生产经营活动中发生的各项费用，正确地计算工程成本和归集期间费用，就必须划清以下五个方面的费用界限。

1.划清收益性支出与资本性支出及营业外支出的界限

收益性支出是指企业为了取得当期收益而发生的支出。因此收益性支出应当全部列入当期的成本、费用，通过与当期的收益相配比，可以从当期的收益中得到补偿。收益性支出包括领用的材料、发生的人工费用等用于施工生产和用于组织和管理施工生产的经营活动以及为筹集施工生产经营资金所发生的各种费用。

资本性支出是指企业为了取得多个会计年度的收益而发生的支出。因此，资本性支出应予以资本化。作为企业的长期资产，只能在以后的各受益期逐期转入成本费用，从企业的收入中陆续得到补偿。资本性支出包括购建固定资产、购置或自创无形资产和发生的长期待摊费用等支出。

划清收益性支出和资本性支出，可以正确核算企业各会计年度的成本、费用和资产，从而为正确核算企业资产的价值和各期的损益奠定了基础。如果将资本性支出列入收益性支出，将会多计本会计年度的成本、费用，少计资产的价值，其结果是少计了本年度利润；反之，如果将收益性支出列入资本性支出，将会多计资产的价值，少计本会计年度的成本、费用，其结果是虚增了本年度的利润。

营业外支出是指企业发生的与其生产经营业务无直接关系的各项支出。因此，营业外支出不得计入成本或费用。营业外支出包括非流动资产处置损失、公益性捐赠损失、非常损失、盘亏损失、赔偿金、违约金等各种支出。

划清收益性支出和营业外支出，可以为正确核算工程成本和营业利润创造条件。如果将营业外支出列入收益支出，其结果是多计工程成本或期间费用，从而少计了营业利润；反之，如果将收益性支出列入营业外支出，其结果是少计了工程成本或期间费用，从而增加了营业利润。

因此企业必须划清收益性支出与资本性支出及营业外支出的界限，防止出现多计成本、费用或少计成本、费用的现象。

2.划清工程成本与期间费用的界限

根据成本开支范围的规定，施工企业在工程施工过程中发生的直接费用和间接费用应计入工程成本。而期间费用是在会计期间内为企业提供了一定的施工生产条件，以保持其施工生产能力所发生的费用，应计入当期损益。

3.划清各个会计期间的费用界限

企业是按会计期间来核算工程成本和利润的，并据以分析和考核成本计划和利润预算的完成情况。因此在核算工程成本时必须划清各个会计期间的费用界限。

企业应根据权责发生制的要求，将本期已经支付的、收益期较长的费用列入待摊费用，并按其受益期分期摊销转入成本、费用；将本期已经发生的、尚未支付的费用作为应付费用，预先提取计入本期的成本、费用。通过跨期摊提，划清各个会计期间的费用，以正确核算各个会计期间的工程成本和期间费用，为正确核算各期间利润奠定基础。要防止任意地利用待摊和应付的方法，借以调节各期的利润。

4.划清各个工程成本的费用界限

企业通常同期施工生产多个工程，这就需要分别核算各个工程的成本，以分析和考核各个工程成本计划、定额或标准的执行情况。

各个工程成本总括起来看有两种情况：一种是属于某个工程单独发生的直接费用，如耗用的材料，应直接计入该工程的成本；另一种是各个工程共同发生的间接费用，则应采取科学合理的分配方法，通过分配计入各个工程的成本。只有划清各个工程之间的费用界限，才能正确反映各个工程的成本。

5.划清已完工程成本与未完工程成本的界限

企业各个工程的施工周期往往与会计期间不一致，这将导致会计期末已完工程和未完工程同时存在。因此，在进行工程成本核算时，应将各成本核算对象归集的施工生产费用，在已完工程和未完工程之间进行分配。届时应根据具体条件采用适当的方法，在已完工程与未完工程之间进行分配，分别计算出已完工程成本和未完工程成本，以便将已完工程成本与工程预算成本进行比较，考核工程成本的节约或超支，以加强工程成本管理。

企业应严格划清已完工程与未完工程成本的界限，要防止出现人为地提高或降低未完工程成本，借以调节已完工程成本。

六、工程成本核算程序

工程成本核算程序是指施工企业具体组织工程成本核算的步骤。施工企业通常有以下五个成本核算程序。

1.归集本月份发生的各项施工生产费用

将本月份发生的各项施工生产费用，按其用途和发生的地点归集到“工程施工——合同成本”“工程施工——间接费用”“生产成本”“机械作业”等相关的账户。

2.按各受益对象分配辅助生产费用

月末将“生产成本——辅助生产成本”账户归集的辅助生产费用，向各受益对象进行分配，计入“机械作业”“工程施工”等相关的账户。

3.按各受益对象分配机械使用费

月末将“机械作业”账户归集的机械使用费，向各受益对象进行分配，计入“工程施工——合同成本”各相关的明细分类账户。

4.按各受益对象分配工程施工的间接费用

月末将“工程施工——间接费用”账户归集的工程施工间接费用，向各受益对象进行分配，计入“工程施工——合同成本”各相关的明细分类账户。

5.计算并结转已完工程或竣工工程成本

月末计算出已完工或竣工工程成本，并将其从“工程施工——合同成本”账户转入“工程结算成本”账户。未完工程成本仍保留在“工程施工——合同成本”账户。

第二节　工程成本的结算

工程成本的结算，一般要配合工程价款结算，采用与工程价款结算时间相一致的结算期。即采用按月结算工程价款的工程，企业应以月为成本结算期；采用分段结算工程价款的工程，企业应以合同规定的工程价款结算期（即合同规定各个工程部位完工月份）为工程成本结算期；采用竣工后一次结算工程价款的工程，企业应在工程竣工后结算已完工程成本。

一、已完工程预算成本的计算

施工企业采用按月结算工程成本时，必须及时计算月度已完工程的预算成本和实际成本。

所谓已完工程（又称“已完施工”），就是已完成定额中规定的一定组成部门内容的工程，通常为分部分项工程。分部分项工程是构成建筑工程的工程实体，规定有一定的工作内容和计量单位，可用来正确确定已完工程的数量，鉴定已完工程的质量，同时具有正确计算工程单价的条件。这部分已完成预算定额中规定工程内容的分部分项工程，虽不具有完整的使用价值，也不是施工企业的竣工工程，但是由于企业对这部分工程不再需要进行任何施工活动，已可确定工程数量和工程质量，故可将它作为已完成工程，计算它的预算成本和预算造价，并向发包单位进行点交和结算。

已完工程预算成本的计算，是根据已完工程实物量、预算单价和定额进行的。它的计算公式如下：

$$\begin{matrix}\text{本月已完成建筑}\\\text{工程预算成本}\end{matrix}=\sum\left[\begin{matrix}\text{本月实际完成}\\\text{建筑工程量}\end{matrix}\times\text{预算单价}\times(1+\text{间接费用定额})\right]$$

$$\begin{matrix}\text{本月已完成安装}\\\text{工程预算成本}\end{matrix}=\sum\left(\begin{matrix}\text{本月实际完成}\\\text{安装工程量}\end{matrix}\times\text{预算单价}+\begin{matrix}\text{本月已完成安装}\\\text{工程人工费}\end{matrix}\times\text{间接费用定额}\right)$$

必须指出，目前工程预算成本不仅包括工程施工成本的内容，而且包括企业管理费和财务费用。因此，计算已完、未完工程的预算成本要剔除企业管理费和财务费用，即根据直接费预算单价加按现场经费定额计算的现场经费计算，本章所说间接费用定额即工程预算成本中的现场经费定额。

在实际工作中，已完工程预算成本通常是由统计部门于月末先行实地丈量已完工程实物量，然后根据预算单价和间接费用定额，在“已完工程结算表”中进行计算。对于各项已完工程，都要注明定额编号，以便成本计算人员根据定额编号查阅预算单价中材料费、人工费等单价，算出各项已完工程的材料费、人工费、机械使用费和其他直接费。

【例 13-1】 墙面抹灰工程每平方米的预算单价（直接费）为 3.36 元，其中：材料费为 2.48元，人工费为 0.76 元，机械使用费为 0.08 元，其他直接费为 0.04 元。则

在 1 500m^2 墙面抹灰工程的预算成本中，直接费＝3.36×1 500＝5 040（元），其中

材料费＝2.48×1 500＝3 720（元）

人工费＝0.76×1 500＝1 140（元）

机械使用费＝0.08×1 500＝120（元）

其他直接费＝0.04×1 500＝60（元）

"已完工程结算表"的格式见表 13-1。

表 13-1　已完工程结算表

20××年 6 月

单位工程编号名称：办公楼建筑工程　　单位：元

定额编号	工程名称	计量单位	预算单价	已完工程		预算成本按成本项目分析			
				数量	预算成本	材料费	人工费	机械使用费	其他直接费
6-27	墙体抹灰工程	m^2	3.36	1 500	5 040	3 720	1 140	120	60
				（以下从略）					
	直接费合计				116 000	92 800	14 500	6 960	1 740
	加：间接费用（6%）				6 960				
	预算成本				122 960				

制表：

二、未完施工成本的计算

施工企业在工程施工过程中，除了已完工程外，还有一部分已投入人工、材料，但没有完成预算定额中规定的工程内容，不易确定工程数量和工程质量的工程，这部分工程，通常称为"未完施工"，又称"未完工程"。

要计算已完工程的实际成本，必先计算未完施工的实际成本。因为在本月施工工程实际成本中包括了月末未完施工成本，只有从本月施工工程实际成本中，减去月末未完施工成本，加上月初未完施工成本，才能算出本月已完工程实际成本。由于计算未完施工的实际成本是比较困难的，所以为了简化计算手续，都以预算成本代替。

未完施工成本的计算，通常由统计人员在"未完施工盘点单"中进行。它的计算方法如下：

(1)盘点未完施工，确定未完施工实物量。月末应由统计人员到施工现场进行实地丈量，确定未完施工的实物量，在"未完施工盘点单"中填列未完施工的名称、已完工序及数量，并注明定额。

(2)计算折合已完工程数量。由于工程预算单价一般是按单位分部工程确定的，所以要计算未完施工成本，必先将未完施工的实物量，折合为已完分部工程的实物量。为此，必须根据

各分部工程的已完工序内容，确定各工序的折合系数。如黄砂石灰浆底、纸筋面墙面抹灰工程，规定应抹两遍，如只抹了底层，而底层预算工料费占墙面抹灰工程工料费的80%，则底层抹灰折合系数为80%。假如某月在250m² 墙面抹灰工程上只抹底层，则折合已完抹灰工程数量为

$$折合已完工程数量=未完施工数量\times折合系数=250\times80\%=200m^2$$

(3)计算未完施工成本。未完施工成本可按折合已完工程数量、预算单价(直接费)和间接费用定额计算。它的计算公式如下：

$$未完施工建筑工程成本=\sum[(未完施工建筑工程折合已完工程数量\times预算单价)\times(1+间接费用定额)]$$

$$未完施工安装工程成本=\sum[(未完施工安装工程折合已完工程数量\times预算单价)+(未完施工安装工程人工费\times间接费用定额)]$$

【例13-2】 接上例，如果每平方米墙面抹灰工程预算单价为3.36元，间接费用定额为6%，则250m² 墙面抹灰未完施工成本如下：

$$(250\times80\%)\times3.36\times(1+6\%)=712.32(元)$$

"未完施工盘点单"的格式见表13-2。

如果月初月末未完施工相差不大，也可考虑在季末进行盘点，以简化核算手续。在这种情况下，季度第一、第二月份月末未完施工成本即按季初(即上季末)未完施工成本计算。

对于未完施工比重较大，而且月初、月末数相差较悬殊的工程，为了正确计算成本和结算工程利润，也可考虑按如下公式计算未完施工的实际成本：

$$未完施工实际成本=\frac{月初未完施工实际成本+本月工程实际成本}{本月已完工程数量+月末未完施工折合已完工数量}\times月末未完施工折合已完工程数量$$

采用这种计算方法，本月工程实际成本必须按照分部分项工程分别计算，即以分部分项工程为成本计算的对象，因为不同分部分项工程的工程量是不能相加计算的。

表13-2　未完施工盘点单

单位工程编号名称：办公楼建筑工程　　　　盘点日期：20××年5月30日

定额编号	分部工程名称	已完工序名称	已完工序		折合已完工程		预算单价	预算成本	预算成本按成本项目分析			
			单位	数量	单位	数量			材料费	人工费	机械使用费	其他直接费
6-27	墙面抹灰工程	黄砂、石灰、砂浆底层	m²	250	m²	200	3.36	672.00	496.00	152.0	16.00	8.00
					(以	下	从	略)				
	直接费合计 加：间接费用							8 000.00 480.00	6 400.00	1 120.00	320.00	160.00
	总计							8 480.00				

三、已完工程实际成本和工程预算成本的计算

根据本月已完工程预算成本、本月施工工程实际成本(即“工程施工成本明细分类账”中本月工程实际成本)和月初、月末未完施工成本,就可计算本月已完工程实际成本和本月施工工程预算成本。

本月已完工程实际成本＝本月工程实际成本＋月初未完施工成本－月末未完施工成本

本月工程预算成本＝本月已完工程预算成本＋月末未完施工成本－月初未完施工成本

由此可知,本月已完工程成本,包括月初未完施工成本,但不包括月末未完施工成本。本月工程成本,包括月末未完施工成本,但不包括月初未完施工成本。它们之间的相互关系,如图 13－1 所示。

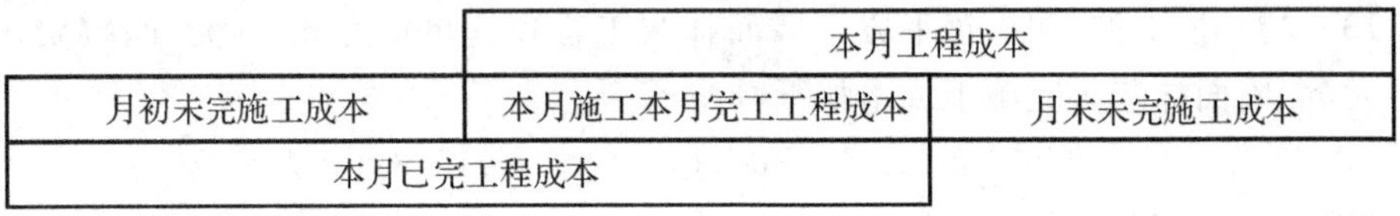

图 13－1　本月工程成本与本月已完工程成本的相互关系

对于已向发包单位进行点交结算的已完工程的实际成本,应自“工程施工”科目的贷方转入“工程结算”科目的借方:

借:工程结算　　　　122 960

　贷:工程施工——合同成本　　　　122 960

“工程结算”科目是“工程施工”科目的备抵科目,用来核算企业根据合同完工进度向客户开出工程价款结算账单的价款,其借方在合同完成前不登记,期末贷方余额反映企业在建合同累计已办理结算的工程价款。合同完成后与“工程施工”科目对冲。

四、分段工程成本结算和竣工工程成本结算

施工企业如果对采用分段结算工程价款办法的工程,按分段工程结算成本,那么应按照合同规定,在各个规定部位工程完工以后,要编制“已完工程结算表”,并对未完成合同规定的部位的工程加以盘点,编制“未完工程盘点单”,计算未完工程成本。“已完工程结算表”和“未完工程盘点单”的格式和编制方法,基本上与上面所说的“已完工程结算表”和“未完施工盘点单”相同,所不同的是用部位工程代替分部工程。当然,部位工程成本,仍是按有关分部工程成本加总求得的。

在算得未完工部位工程成本后,即可按照下列公式计算各月已完工部位工程实际成本:

本月已完工部位工程实际成本＝工程施工成本明细分类账中未结转工程实际成本－未完工程盘点单中未完工部位工程成本

对已向发包单位进行结算的已完工部位工程实际成本,在结转工程成本的同时,要在该项工程“工程施工成本明细分类账”中将已结转的已完工部位工程成本用红字加以记录。

如果对采用竣工后一次结算工程价款办法的工程,在竣工后一次结算成本,只要在“工程施工成本明细分类账”中记录其发生的成本,于单位工程竣工以后一次将它结转。

第三节　工程成本的明细分类核算

为了计算各项建筑安装工程的实际成本，会计部门在接到施工单位的“开工报告”后，就要根据上述有关成本计算对象的说明，为各该单项工程、单位工程或同类工程开设“工程施工成本明细分类账”（也叫“工程成本卡片”），用以记录各项工程的成本。同时，不论各工程施工期限的长短，都须等到工程竣工，将各项发生或应摊费用全部计入后，工程施工成本明细分类账的记录方为完整。

为了反映和考核年度内各施工单位施工工程成本的超降情况，并便于编制各施工单位的工程成本表，除了按成本计算对象设置“工程施工成本明细分类账”外，还要按施工单位设置“工程施工成本明细分类账”，用以记录各该施工单位在年度内施工工程的成本。由于按施工单位设置“工程施工成本明细分类账”是为了反映年度内施工工程成本的超降情况，因此，它按年开设账页。这是与按成本计算对象设置的“工程施工成本明细分类账”不同的地方。即前者按时间划分，后者按成本计算对象划分；前者用以编制“工程成本表”，后者用以编制“单位工程竣工成本决算”。

“工程施工成本明细分类账”的格式，除了按成本项目反映工程实际成本外，最好同时反映月末未完施工成本和已完工程的实际成本和预算成本，以便反映各月已完工程的成本超降和施工盈亏情况。“工程施工成本明细分类账”中各成本项目的实际成本栏，登记施工单位或该项工程各月发生的和分配的各项费用，这些费用根据上文所述“耗用材料分配表”“周转材料摊销额计算表”“人工费分配表”“机械使用费分配表”“水、电、风、汽、运输费用分配表”“间接费用分配表”等所列数字计入。

按施工单位和按成本计算对象设置的“工程施工成本明细分类账”的格式，列示见表13－3和表13－4。

讨论：

施工企业工程成本的计算与工业企业产品成本计算的异同点。

表 13-3　工程施工成本明细分类账

施工单位：　　　　　　　　　　　　　　　　　　　　单位：元

20××年		凭证号数	摘要	工程实际成本						工程预算成本	月末未完施工成本	已完工程	
月	日			材料费	人工费	机械使用费	其他直接费	间接费用	合计			实际成本	预算成本
5	31		1～5月累计	（从略）							23 000		
6	30		耗用主要材料	114 240					114 240				
	30		耗用结构件	138 350					138 350				
			耗用其他材料	14 160					14 160				
			摊销周转材料	7 130					7 130				
			分配人工费		45 560				45 560				
			分配机械使用费			15 200			15 200				
			分配水、电、风、汽、运输费				3 960		3 960				
			分配间接费用					22 218	22 218				
			本月合计	273 880	45 560	15 200	3 960	22 218	360 818	377 110	24 610	359 508	375 800

表 13-4　工程施工成本明细分类账

发包单位：　　　　　　　　　　　　　　　　工程面积：1 530m³
工程造价：1 192 500 元
工程编号名称：办公楼建筑工程　　　　　　　　　　层数：4
开工日期：20××年 4 月 1 日
工程结构：混合　　　　　　　　　　　　　　　　楼高：15m
竣工日期：　　年　月　日　　　　　　　　　　　单位：元

20××年		凭证号数	摘要	工程实际成本						工程预算成本	月末未完施工成本	已完工程	
月	日			材料费	人工费	机械使用费	其他间接费	间接费用	合计			实际成本	预算成本
5	31			（从略）							11 200		
6	30		耗用主要材料	40 800					40 800				
			耗用结构件	46 560					46 560				
			耗用其他材料	4 216					4 216				
			摊销周转材料	1 224					1 224				
			分配人工费		12 400				12 400				
			分配机械使用费			4 940			4 940				
			分配水、电、风、汽、运输费				1 060		1 060				
			分配间接费用					6 993	6 993				
			本月合计	92 800	12 400	4 940	1 060	6 993	118 193	120 560	8 800	120 593	122 960

课后练习题

一、单项选择题

1. 施工企业通常应当(　　)作为成本核算对象。

A. 以每个工程　　B. 以单项建造合同工程

C. 以部分工程　　D. 以一组建造合同工程

2. 固定资产折旧是属于(　　)的列支方式。

A. 直接支付　　B. 转账摊销　　C. 预付待摊　　D. 预提待付

二、多项选择题

1. 工程成本的成本项目由(　　)组成。

A. 材料费　　B. 燃料费　　C. 人工费　　D. 机械使用费

E. 其他直接费　　F. 间接费用

2. 施工企业确定工程成本核算对象有以单项建造合同工程作为成本核算对象、(　　)等多种情况。

A. 以每个工程作为成本核算对象

B. 以一组建造合同工程作为成本核算对象

C. 以全部工程作为成本核算对象

D. 部分工程作为成本核算对象

3. 施工企业做好成本核算的基础工作包括建立和健全科学的定额管理制度、(　　)等。

A. 严格遵守成本开支范围

B. 建立企业内部结算制度和结算价格

C. 建立和健全记录制度

D. 建立和健全财产物资管理制度

三、判断题

1. 工程成本是指企业在施工生产中所发生的,按一定的成本核算对象归集的费用。(　　)

2. 工程预算成本是指施工企业根据施工图设计和预算定额、预算单价及有关取费标准确定的工程成本。(　　)

3. 工程成本核算有做好成本核算的基础工作和严格遵守成本开支范围,划清各种费用的界限两个方面的要求。(　　)

四、实务题

【目的】练习工程成本的核算。

【要求】

1. 编制“人工费分配表”“职工薪酬计提表”“临时设施摊销计算表”做出有关工程成本的会

计处理；

2. 根据会计处理登记“间接费用明细账”，编制“间接费用分配表”做出间接费用分配的会计处理；

3. 根据会计处理登记“工程施工——合同成本(教学楼)”明细账，“工程施工——合同成本(图书馆)”明细账。结转已完工教学楼、图书馆工程实际成本的会计处理。

【资料】兴华建筑公司承担的高校教学楼和图书馆工程施工，工期 15 个月，20×1 年 4 月开始施工，截止到 20×2 年 5 月 31 日，教学楼和图书馆工程开工累计实际成本资料，见表13－5。

表 13－5　施工费用累计数　　单位：元

累计成本	人工费	材料费	机械使用费	其他直接费	间接费用
教学楼开工累计成本	499 079.20	4 210 000	305 482.46	131 396.19	435 363.8
图书馆开工累计成本	644 092.61	4 307 000	352 343.1	232 337.49	614 257.26

20×2 年 6 月，发生下列经济业务：

1. 分配发生的施工项目管理人员工资 61 000 元，生产人员的计件工资 356 000 元，其中教学楼人员计件工资 220 000 元，图书馆人员计件工资 136 000 元。

2. 分配发生的施工生产人员计时工资 360 000 元，当月实际耗费工日数 6 000 工日，其中教学楼工程 3 200 工日、图书馆工程 2 800 工日。

3. 根据公司所在地规定，按职工工资总额的 25％计提各种社会保险费、10.5％计提住房公积金；根据国家统一规定，按照职工工资总额的 2％计提工会经费、1.5％计提职工教育经费；根据税法规定，按工资总额的 14％计提职工福利费。

4. 领用主要材料等 3 646 000 元，其中：教学楼耗用 1 466 000 元，图书馆耗用 2 180 000元。

5. 摊销模板、脚手架等周转材料 116 490 元，其中：教学楼摊销 48 960 元，图书馆摊销 67 530元。

6. 领用生产用具等低值易耗品 14 528 元，其中：教学楼用 6 213 元，图书馆用 8 315 元(采用一次摊销法)。

7. 分配机械独立核算单位的机械使用费 122 060 元，其中：教学楼分配 58 487.74 元，图书馆分配 63 572.26 元。

8. 摊销施工现场搭建的临时房屋设施费(搭建时发生的实际成本 267 000 元，不考虑净残值，本月应摊销的临时设施费按施工人员的工资薪酬比例分摊)。

9. 施工耗用水电费 3 860 元(施工耗用水电费由业主提供，结算工程价款抵扣)，其中：教学楼耗用 2 230 元，图书馆耗用 1 530 元，项目管理耗用 100 元。

10. 计提项目管理用的办公设备折旧费 32 100 元。

11. 以现金报销施工管理人员的差旅费 12 000 元。

12. 施工项目办公室报销办公用品 3 000 元。劳保用品 8 000 元，办公设备修理费 600 元。上述费用通过银行转账支付。

13. 以银行存款支付排污费 10 000 元。

14.分配间接费用(采用直接费比例法分配)。

15.结转已完工教学楼工程的实际成本(累计已结算的工程价款930万元)。

16.结转已完工图书馆工程的实际成本(累计已结算的工程价款1 100万元)。

五、简答题

1.什么是成本核算对象?怎样确定工程成本核算对象?

2.正确计算成本必须划清哪几方面的费用界限?

3.简述工程成本核算的程序。计算工程成本一般应设置哪些会计科目?

4.机械使用费包括哪些内容?如何进行费用的归集和分配?

5.什么叫作已完工程?什么叫作未完工程?为什么必须将施工工程分为已完工程和未完工程?未完工程成本是怎样进行计算的?

第十四章　工程收入的核算

重点：工程价款结算的核算
掌握：建造合同收入的构成、工程价款结算的方式
了解：建造合同的分类、分立与合并

第一节　建造合同收入

一、建造合同的含义和特点

1. 建造合同的含义

建造合同是指为建造一项或数项在设计、技术、功能、最终用途等方面密切相关的资产而订立的合同。这里的资产是指房屋、道路、桥梁、水坝等建筑物以及船舶、飞机、大型机械设备等。

2. 建造合同的特点

建造合同属于经济合同范畴，但它不同于一般的材料采购合同和劳务合同，它的特点主要表现在以下四个方面：①先有买主（即客户），后有标的（即资产），建造资产的造价在签订合同时已经确定；②资产的建设期长，一般都要跨越一个会计年度，有的长达数年；③所建造的资产体积大、造价高；④建造合同一般为不可取消的合同。

二、建造合同的分类、分立与合并

（一）建造合同的分类

建造合同按照所含风险的承担者不同，可分为固定造价合同和成本加价合同两种。

1. 固定造价合同

固定造价合同是指按照固定的合同价或固定单价确定工程款的建造合同。例如，施工企业为客户建造一座桥梁，建造合同规定总造价为 15 000 000 元。又如，施工企业为客户建造一幢商品房，合同规定商品房建筑面积 4 800m^2，每平方米 2 850 元，这类合同均为固定造价合同。

2. 成本加价合同

成本加价合同是指以合同约定或其他方式议定的成本为基础，加上该成本的一定比例或定额费用确定工程价款的建造合同。例如，施工企业为建造一座医院，建造合同规定以建造该座医院的实际成本为基础，加收 5%的定额费用作为总造价，这个合同为成本加价合同。

（二）建造合同的分立与合并

施工企业通常应当按照单项建造合同进行会计核算。但是，在某些情况下，为了反映一项

或一组合同的实质,需要将单项合同进行分立或将数项合同进行合并。

1. 建造合同的分立

建造合同分立有以下两种情况。

(1)一项建造合同包括建造数项资产时,当该建造合同同时满足下列条件:①每项资产均有独立的建造计划;②与客户就每项资产单独进行谈判,双方能够接受或拒绝与每项资产有关的合同条款;③每项资产的收入和成本可以单独辨认。届时每项资产应当分立为单项合同。

(2)建造合同追加资产时,当追加资产的建造满足下列条件之一的:①追加资产在设计、技术或功能上与原合同包括一项或数项资产存在重大差异;②议定该追加资产的造价时,不需要考虑原合同价款。届时应当将追加部分作为单项合同。

2. 建造合同的合并

一组合同无论对应单个客户还是多个客户,同时满足下列条件的:①该组合同按照一揽子交易签订;②该组合同密切相关,每项合同实际上已构成一项综合利润率工程的组成部分;③该组合同同时或依次履行。届时应当将该组合同合并为单项合同。

三、建造合同收入

(一)建造合同收入的组成

建造合同收入,由合同中规定的工程造价(即合同初始收入)和因合同变更、索赔、奖励等形式的收入两个部分组成。

1. 合同中规定的工程造价

施工企业与发包单位双方在最初签订工程承包合同中商定的其初始合同金额,它构成建造合同收入的基本内容。

2. 因合同变更、索赔、奖励等形成的收入

这部分收入并不构成合同双方在签订合同时已在合同中商定的合同总金额,而是在执行合同过程中,由于合同工程内容或施工条件变更、索赔、奖励等原因形成的追加收入。施工企业不能随便确认这部分收入,它需经过发包单位签证同意以后,才能构成施工企业的建造合同收入。

(1)合同变更。它是指客户为改变合同规定的作业内容而提出的调整。合同变更款应当在同时满足下列条件时:①客户能够认可因变更而增加的收入;②该收入能够可靠地计量。届时才能构成合同收入。

(2)索赔款。它是指因客户或第三方的原因造成的、向客户或第三方收取的、用以补偿不包括在合同造价中的成本的款项。索赔款应当在同时满足下列条件时:①根据谈判情况,预计对方能够同意该项索赔;②对方同意接受的金额能够可靠地计量。届时才能构成合同收入。

(3)奖励款。它是指工程达到或超出规定的标准,客户同意支付的额外款项。奖励款应当在同时满足下列条件时:①根据合同目前完成情况,足以判断工程进度和工程质量能够达到或超过规定标准;②奖励金额能够可靠地计量。届时才能构成合同收入。

(二)建造合同收入的确定

在资产负债表日,施工企业应当准确、及时地确认合同收入,以便分析和考核合同的执行情况。届时应以建造合同的结果能否可靠估计来确定合同收入的方法。

1. 建造合同的结果能够可靠估计

建造合同的结果能够可靠估计的，施工企业在资产负债表日应当采用完工百分比法确认合同收入和合同费用。建造合同分为固定造价合同和成本加成合同两种类型，不同类型的建造合同，判断其结果能够可靠估计的前提条件也不同，现分述之。

(1)固定造价合同的结果能否可靠估计。其依据以下四个条件进行判断：①合同总收入能够可靠地计量；②与合同相关的经济利益很可能流入企业；③实际发生的合同成本能够清楚地区分和可靠地计量；④合同完工进度和为完成合同尚需发生的成本能够可靠确定。当同时满足这四个条件时，则固定造价合同的结果能够可靠估计。

(2)成本加成合同的结果能否可靠估计。其依据以下两个条件进行判断：①与合同相关的经济利益很可能流入企业；②实际发生的合同成本能够清楚区分和可靠计量。当同时满足这两个条件时，则成本加成合同的结果能够可靠估计。

2. 建造合同的结果不能可靠估计

建造合同的结果不能可靠估计的，施工企业不能采用完工百分比法确认合同收入和合同费用，而应当遵循谨慎性会计信息质量要求，区别以下两种情况进行处理。

(1)合同成本能够收回的。在这种情况下，合同收入根据能够收回的实际合同成本予以确认，合同成本在其发生的当期确认为合同费用。

(2)合同成本不可能收回的。在这种情况下，合同成本在发生时立即确认为合同费用，不确认合同收入。

讨论：

施工企业收入构成与工业企业收入构成的差异。

第二节　工程价款结算的方式

一、工程价款的概念

工程价款是指施工企业因承包建筑安装工程，按照建造合同的规定，向建设单位点交已完工程，并收取的工程款项。施工企业通过工程价款结算，既能促使建设单位切实履行建造合同，又能及时补偿其在施工生产过程中的资金耗费，以保证再施工生产的顺利进行。

二、工程价款的结算办法和结算方式

(一)工程价款的结算办法

根据财政部、建设部颁发的《建设工程价款结算暂行办法》的规定，工程价款结算应按照合同约定办理，合同未作约定或约定不明的，发、承包双方应依据下列规定与文件协商处理：①国家有关法律、法规和规章制度；②国务院建设行政主管部门、省、自治区、直辖市或有关部门发布的工程造价计价标准、计价办法等有关规定；③建设项目的合同、补充协议、变更签证和现场签证，以及经发、承包人认可的其他有效文件；④其他可依据的材料。

该办法还规定，包工包料工程的预付款按合同约定拨付。原则上预付比例不低于合同金

额的10%，不高于合同金额的30%。在具备施工条件的前提下，发包人应在双方签订合同后一个月或不迟于约定的开工日期前7日内预付工程款，发包人不按约定预付，承包人应在预付时间到期后10日内向发包人发出要求预付的通知，发包人收到通知后仍不按要求预付，承包人可在发出通知14天后停止施工，发包人应从约定应付之日起向承包人支付应付款的利息（利率按同期银行贷款利率计），并承担违约责任。预付的工程款必须在合同中约定抵扣的方式，并在工程进度款中进行抵扣。

（二）工程价款的结算方式

施工企业对于已完工程或竣工工程，应与发包单位结算工程价款。建筑安装工程价款的结算，一般可采用以下几种方式。

1.按月结算，即在月终按已完分部分项工程结算工程价款

施工企业在采用按月结算工程价款方式时，要先取得各月实际完成的工程数量，并按照工程预算定额中的工程直接费预算单价、间接费用定额和合同中采用利税率，计算出已完工程造价。实际完成的工程数量，由施工单位根据有关资料计算，并编制"已完工程月报表"，然后按照发包单位编制"已完工程月报表"，将各个发包单位的本月已完工程造价汇总反映。再根据"已完工程月报表"编制"工程价款结算账单"，与"已完工程月报表"一起，分送发包单位和经办银行，据以办理结算。

按月结算工程价款的，可实行旬末和月中预支，月终结算。跨年施工的工程在年终进行工程盘点，办理年度结算。施工企业与发包单位应于合同完成进行工程合同价款结算时，确认为收入实现，实现的收入额为承发包双方结算的合同价款总额。

2.分段结算，即按工程形象进度划分的不同阶段（部位），分段结算工程价款

施工企业在采用分段结算工程价款方式时，要在合同中规定工程部位完工的月份，根据已完工程部位的工程数量计算已完工程造价，按发包单位编制"已完工程月报表"和"工程价款结算账单"。

分段结算可以按月预支工程款，在完成合同规定的工程形象进度或工程阶段，与发包单位进行工程价款结算时，确认为工程收入的实现。本期实现的收入额，为本期已结算的分段工程价款金额。

3.竣工后一次结算，即在单项工程或建设项目全部建筑安装工程竣工以后结算工程价款

对于工期较短、能在年度内竣工的单项工程或小型建设项目，可在工程竣工后编制"工程价款结算账单"，按合同中工程造价一次结算。

建筑项目或单项工程全部建筑安装工程建设期在12个月以内，或者工程承包合同价值在100万元以下的，可以实行工程价款每月月终预支，竣工后一次结算的办法。实行旬末或月中预支，月终结算，竣工后清算办法的工程合同，应分期确认合同价款收入的实现，即各月份终了，与发包单位进行已完工程价款结算时，确认为承包合同已完工部分的工程收入实现，本期收入额为月终结算的已完工程价款金额。

"工程价款结算账单"是办理工程价款结算的依据。工程价款结算账单中所列应收工程款应与随同附送的"已完工程月报表"中的工程造价相符，"工程价款结算账单"除了列明应收工程款外，还应列明应扣预收工程款、预收备料款、发包单位供给材料价款等应扣款项，算出本月实收工程款。

为了保证工程按期收尾竣工，工程在施工期间，不论工程长短，其结算工程款，一般不得超

过承包工程价值的95%，结算双方可以在5%的幅度内协商确定尾款比例，并在工程承包合同中订明。施工企业如已向发包单位出具履约保函或有其他保证的，可以不留工程尾款。

“已完工程月报表”和“工程价款结算账单”的格式见表14－1、表14－2。

表14－1　已完工程月报表

发包单位名称：　　　　　　　　　20××年6月30日　　　　　　　　　　　单位：元

单项工程和单位工程名称	合同造价	建筑面积 m^2	开工日期	竣工日期	实际完成数		备注
					至上月(期)止已完工程累计	本月(期)已完工程	
厂房建筑工程	1 192 500	1 530	20××/4/1				

施工企业：　　　　　　　　　　　　　　　　　　　　　　　编制日期：20××年7月1日

表14－2　工程价款结算账单

发包单位名称：　　　　　　　　　20××年6月30日　　　　　　　　　　　单位：元

单项工程和单位工程名称	合同造价	本月(期)应收工程款	应扣款项			本月(期)实收工程款	尚未归还	累计已收工程款	备注
			合计	预收工程款	预收备料款				
厂房建筑工程	1 192 500	153 700	75 000	75 000		78 700		384 150	

施工企业：　　　　　　　　　　　　　　　　　　　　　　　编制日期：20××年7月1日

三、预收工程款和预收备料款的收取和归还

根据建筑安装工程建设周期长、造价高的特点，施工企业往往难以垫支施工期间所需的流动资金，因此，施工单位在签订承包工程合同时，可与发包单位商定预收一定数额的工程款和备料款。

在一般情况下，采用按月结算工程价款的施工企业，可在月中预收上半月的工程款。采用分段结算工程价款或竣工后一次结算工程价款的施工企业，可按月预收当月工程款。施工企业在预收工程价款时，应根据实际工程进度，填制“工程价款预收账单”，分送发包单位和经办银行办理预收款手续。“工程价款预收账单”的格式见表14－3。

表14－3　工程价款预收账单

发包单位名称：　　　　　　　　　20××年6月16日　　　　　　　　　　　单位：元

单项工程和单位工程名称	合同造价	上半月完成数	预收上半月工程款	预收当月工程款	应扣预收款项	实收款项	备注
厂房建筑工程	1 192 500	75 000	75 000	(分段结算、竣工后一次结算按月预收时填列)		75 000	

施工企业：　　　　　　　　　　　　　　　　　　　　　　　　　财务负责人：

施工企业在月中或按月预收的工程价款，应在按月结算或分段结算、竣工后一次结算工程价款时，从应收工程款中扣除，并在“工程价款结算账单”中列出应扣除的预收工程款。

工程主要建筑材料由施工单位采购储备的，可在签订工程承包合同时，与发包单位商定预

收一定数额的备料款。在这种情况下，施工企业在按月结算或分段结算、竣工后一次结算工程价款时，还应扣除应归还的预收备料款。

预收备料款的额度，建筑工程一般不得超过当年建筑工程（包括水、电、暖、卫等）总值的25%，大量采用预制构件的工程，可以适当加大比例；安装工程一般不得超过安装工程总值的10%，安装材料用量较大的工程，可以适当增加。施工企业向发包单位预收的备料款，应在工程后期随着工程所需材料、结构件储备的减少，以抵充工程价款形式陆续归还，到工程完工时全部归还。在实际工作中，也可将预收备料款的额度定为全年承包工程总值的25%，在累计已收工程价款占当年承包工程总值50%的月份起，按当月超过当年承包工程总值50%的已完工程价值的50%抵作预收备料款归还。这样，到工程完工，归还相当于当年承包工程总值25%（50%×50%）的全部预收备料款。

必须指出，随着生产资料市场的开放，施工企业可从当地市场随时采购所需建筑材料以后，施工企业也就没有必要再向发包单位预收备料款了。

四、工程结算收入和已完工程价款的计算

施工企业在结算工程价款时，应计算已完工程的工程价款。

由于合同中的工程造价，是施工企业在工程投标时中标的标书中的标价，它往往在施工图预算的工程预算价值上下浮动。因此已完工程的工程价款，不能根据施工图预算中的工程预算价值计算，只能根据合同中的工程造价计算。为了简化计算手续，可先计算合同工程造价与工程预算成本的比率，再根据这个比率乘以已完工程预算成本，算得已完工程价款。其计算公式如下：

$$\text{某项工程已完工程价款}=\text{该项工程已完工程预算成本}\times\frac{\text{该项工程合同造价}}{\text{该项工程预算成本}}$$

式中，该项工程预算成本为该项工程施工图预算中的总预算成本，该项工程已完工程预算成本是根据实际完成工程量和相应的预算（直接费）单价和间接费用定额算得的预算成本。如预算中间接费用定额包括管理费用和财务费用，要先将间接费用定额中的管理费用和财务费用调整出来。

【例 14-1】 某项工程的预算成本为 954 000 元，合同造价为 1 192 500 元，当月已完工程预算成本为 122 960 元，则

$$\text{当月已完工程价款}=122\ 960\times\frac{1\ 192\ 500}{954\ 000}=122\ 960\times1.25=153\ 700(\text{元})$$

至于合同变更收入，包括因发包单位改变合同规定的工程内容或因合同规定的施工条件变动等原因，调整工程造价而形成的工程结算收入。如某项办公楼工程，原设计为钢窗，后发包单位要求改为铝合金窗，并同意增加合同变更收入 20 万元，则这项合同变更收入可在完成铝合金窗安装后与其他已完工程价款一起结算，作为工程结算收入。

索赔款，是因发包单位或第三方的原因造成、由施工企业向发包单位或第三方收取的用于补偿不包括在合同造价中的成本的款项，如某施工企业与电力公司签订一份工程造价 2 000 万元建造水电站的承包工程合同，规定建设期是 20×0 年 3 月至 20×3 年 8 月，发电机由发包单位采购，于 20×2 年 8 月交付施工企业安装。该项合同在执行过程中，由于发包单位在 20×3年 1 月才将发电机运抵施工现场，延误了工期，经协商，发包单位同意支付延误工期款

30 万元，这 30 万元就是因发生索赔款而形成的收入，亦应在工程价款结算时作为工程结算收入。

奖励款，是指工程达到或超过规定的标准时，发包单位同意支付给施工企业的额外款项。如某施工企业与城建公司签订一项合同造价为 3 000 万元工程承包合同，建设一条高速公路，合同规定建设期为 20×0 年 1 月 4 日至 20×2 年 6 月 30 日，在合同执行中于 20×2 年 3 月工程已基本完工，工程质量符合设计要求，有望提前 3 个月通车，城建公司同意向施工企业支付提前竣工奖 35 万元。这 35 万元就是因发生奖励款而形成的收入，也应在工程价款结算时作为工程结算收入。

第三节　工程价款结算的核算

一、工程价款结算的核算

施工企业与发包单位关于预收备料款、工程款和已完工程款的核算，应在“预收账款——预收备料款”“预收账款——预收工程款”“应收账款——应收工程款”等科目进行。

1.“预收账款——预收备料款”科目

该科目用以核算企业按照合同规定向发包单位预收的备料款（包括抵作备料款的材料价值）和备料款的扣还。科目的贷方登记预收的备料款和拨入抵作备料款的材料价值。科目的借方登记工程施工达到一定进度时从应收工程款中扣还的预收备料款，以及退还的材料价值。科目的贷方余额反映已经向发包单位预收但尚未从应收工程款中扣还的备料款。本科目应按发包单位的户名和工程合同进行明细分类核算。

2.“预收账款——预收工程款”科目

该科目用以核算企业根据工程合同规定，按照工程进度向发包单位预收的工程款和预收工程款的扣还。科目的贷方登记预收的工程款，科目的借方登记与发包单位结算已完工程价款时从“应收账款——应收工程款”中扣还预收的工程款。科目的贷方余额反映已经预收但尚未从应收工程款中扣还的工程款。本科目应按发包单位的户名和工程合同进行明细分类核算。

3.“应收账款——应收工程款”科目

该科目用以核算企业与发包单位办理工程价款结算时，按照工程合同规定应向其收取的工程价款。科目的借方登记根据“工程价款结算账单”确定的工程价款，科目的贷方登记收到的工程款和根据合同规定扣还预收的工程款、备料款。科目的借方余额反映尚未收到的应收工程款。本科目应按发包单位的户名和工程合同进行明细分类核算。

4.“工程结算收入”科目

该科目用以核算企业承包工程实现的工程结算收入，包括已完工程价款收入、合同变更收入、索赔款和奖励款。施工企业的已完工程价款收入，应于其实现时及时入账。

（1）实行竣工后一次结算工程价款的工程合同，应于合同完成，施工企业与发包单位进行工程合同价款结算时，确认为收入实现。实现的收入额为承发包双方结算的合同造价。

（2）实行月中预支、月终结算、竣工后清算的工程合同，应分期确认合同价款收入的实现。即各月份终了，与发包单位进行已完工程价款结算时，确认为承包合同已完工部分的工程收入实现。本期收入额为月终结算的已完工程价款。

(3)实行分段结算工程价款的工程合同,应按合同规定的工程形象进度,分次确认已完工部位工程收入的实现。即应于完成合同规定的工程形象进度或工程部位,与发包单位进行工程价款结算时,确认为已完工程收入的实现。本期实现的收入额,为本期已结算的分段工程价款。合同变更收入、索赔款和奖励款,应在发包单位签证结算时,确认为工程结算收入的实现。施工企业实现的各项工程结算收入,应计入科目的贷方。期末,本科目余额应转入"本年利润"科目。结转后,本科目应无余额。

5."工程结算"科目

该科目核算施工企业根据建造合同约定向发包单位办理结算的累计金额。本科目可按建造合同进行明细核算。企业向发包企业办理工程价款结算,按应结算的金额,借记"应收账款"等科目,贷记本科目。合同完工时,应将本科目余额与相关工程施工合同的"工程施工"科目对冲,借记本科目,贷记"工程施工"科目。本科目期末贷方余额,反映企业尚未完工建造合同已办理结算的累计金额。

如果"工程施工"科目余额大于"工程结算"科目余额,其差额反映施工企业建造合同已完工部分但尚未办理结算的价款总额,应作为一项流动资产,通过在资产负债表的"存货"项目中增设的"已完工尚未结算款"项目列示。

如果"工程施工"科目余额小于"工程结算"科目余额,其差额反映施工企业建造合同未完工部分但已办理结算的价款总额,应作为一项流动负债,通过资产负债表的"预收账款"项目中增设的"已结算尚未完工工程"项目列示。该项目反映的信息能促使施工企业采取有力措施,加快建设进度,降低企业负债。

【例 14-2】 现举例说明施工企业与发包单位关于预收备料款和工程价款结算的核算方法。

企业根据工程承包合同规定,向发包单位预收备料款 298 125 元时,应计入"银行存款"科目的借方和"预收账款——预收备料款"科目的贷方:

借:银行存款　　298 125

　　贷:预收账款——预收备料款　　298 125

企业如有从发包单位收入抵作备料款的主要材料时,应计入"物资采购"科目的借方和"预收账款——预收备料款"科目的贷方。同时应将主要材料的计划价格成本计入"库存材料"或"原材料"科目的借方和"物资采购"科目的贷方。

企业在月中按上半月实际工程进度向发包单位预收工程款 75 000 元时,应计入"银行存款"科目的借方和"预收账款——预收工程款"科目的贷方:

借:银行存款　　75 000

　　贷:预收账款——预收工程款　　75 000

月末根据提出的"工程价款结算账单",结算应收工程款 153 700 元时,应计入"应收账款——应收工程款"科目的借方和"工程结算"科目的贷方:

借:应收账款——应收工程款　　153 700

　　贷:工程结算　　153 700

从应收工程款中扣还预收的工程款 75 000 元时,应计入"预收账款——预收工程款"科目的借方和"应收账款——应收工程款"科目的贷方:

借:预收账款——预收工程款　　75 000

　贷:应收账款——应收工程款　　75 000

如有从应收工程款中扣还预收的备料款,应计入“预收账款——预收备料款”科目的借方和“应收账款——应收工程款”科目的贷方。

收到发包单位的应收工程款 78 700 元(153 700－75 000)时,计入“银行存款”科目的借方和“应收账款——应收工程款”科目的贷方:

借:银行存款　　78 700

　贷:应收账款——应收工程款　　78 700

月末,确认建造合同收入和费用时:

借:工程结算成本　　122 960

　工程施工——合同毛利　　30 740

　贷:工程结算收入　　153 700

工程完工时,将“工程施工”账户余额与“工程结算”账户余额对冲,已完工程的实际成本 122 960 元,做如下会计分录:

借:工程结算　　153 700

　贷:工程施工——合同成本　　122 960

　　　　　——合同毛利　　30 740

同时应将本月应交的增值税 26 129 元(153 700×17%)、应交城市维护建设税 1 829.03 元(26 129×7%)和应交教育费附加 783.87 元(26 129×3%),计入“工程结算税金及附加”科目的借方和“应交税费”科目的贷方:

借:工程结算税金及附加　　28 741.9

　贷:应交税费——应交增值税(销项税额)　　26 129

　　　　　——应交城市维护建设税　　1 829.03

　　　　　——应交教育费附加　　783.87

施工企业对年度内各月的利润,如采用“账结”的办法,应在月终将“工程结算收入”和“工程结算成本”“工程结算税金及附加”科目的余额,分别转入“本年利润”科目的贷方和借方:

借:工程结算收入　　153 700

　贷:本年利润　　153 700

借:本年利润　　128 032.10

　贷:工程结算成本　　122 960

　　工程结算税金及附加　　5 072.10

施工企业如对年度内各月的利润采用“表结”的办法,应在年终将“工程结算收入”和“工程结算成本”“工程结算税金及附加”科目的余额,分别转入“本年利润”科目的贷方和借方。

结转后的“工程结算收入”“工程结算成本”和“工程结算税金及附加”科目,期末应无余额。

二、与分包单位结算工程价款的核算

一个工程项目如果有两个以上施工企业同时交叉作业,根据国家对建设工程管理的要求,建设单位和施工企业要实行承发包责任制和总分包协作制。在这种情况下,要求一个施工企业作为总包单位向建设单位(发包单位)总承包，对建设单位负责，再由总包单位将专业工程分包给专业性施工企业施工，分包单位对总包单位负责。

在实行总分包的情况下，如果总分包单位对主要材料、结构件的储备资金都由工程发包单位以预付备料款供应的，总包单位对分包单位要按照工程分包合同规定预付一定数额的备料款和工程款，并进行工程价款的结算。为了反映与分包单位发生的备料款和工程款的预付和结算情况，应设置“预付账款——预付分包备料款”“预付账款——预付分包工程款”和“应付账款——应付分包工程款”三个科目。

1.“预付账款——预付分包备料款”科目

用以核算企业按照工程分包合同规定，预付给分包单位的备料款(包括拨给抵作预付备料款的材料价值)和备料款的扣回。科目的借方登记预付给分包单位的备料款和拨给抵作备料款的材料价值。科目的贷方登记与分包单位结算已完工程价款时，根据合同规定的比例从应付分包单位工程款中扣回的预付备料款，以及分包单位退回的材料价值。科目的借方余额反映尚未从应付工程款中扣回的备料款。本科目应按分包单位的户名和分包合同进行明细分类核算。

2.“预付账款——预付分包工程款”科目

用以核算企业按照工程分包合同规定预付给分包单位的工程款。科目的借方登记根据工程进度预付给分包单位的分包工程款。科目的贷方登记月终或工程竣工时与分包单位结算的已完工程价款和从应付分包单位工程款中扣回预付的工程款。科目的借方余额反映预付给分包单位尚未从应付工程款中扣回的工程款。本科目应按分包单位的户名和分包合同进行明细分类核算。

3.“应付账款——应付分包工程款”科目

用以核算企业与分包单位办理工程结算时，按照合同规定应付给分包单位的工程款。科目的贷方登记根据经审核的分包单位提出的“工程价款结算账单”结算的应付已完工程价款。科目的借方登记支付给分包单位的工程款和根据合同规定扣回预付的工程款和备料款。科目的贷方余额反映尚未支付的应付分包工程款。本科目应按分包单位的户名和分包合同进行明细分类核算。

【例 14-3】 现举例说明总包施工企业与分包单位关于预付备料款和工程价款结算的核算方法：

企业根据预付备料款额度，通过银行向分包单位预付备料款 27 600 元时，应计入“预付账款——预付分包备料款”科目的借方和“银行存款”科目的贷方：

借：预付账款——预付分包备料款　　27 600

　贷：银行存款　　27 600

企业与发包单位办好手续，由发包单位拨给分包单位主要材料一批，计价 20 000 元，抵作预付备料款时，应计入“预付账款——预付分包备料款”科目的借方和“预收账款——预收备料款”科目的贷方：

借：预付账款——预付分包备料款　　20 000

　贷：预收账款——预收备料款　　20 000

企业按工程分包合同规定，于月中根据工程进度预付给分包单位 15 000 元工程款时，应计入“预付账款——预付分包工程款”科目的借方和“银行存款”科目的贷方：

借：预付账款——预付分包工程款　　15 000

　　贷：银行存款　　15 000

月末根据经审核的分包单位提出的"工程价款结算账单"结算应付已完工程款 32 000 元时，应计入"工程施工"科目的借方和"应付账款——应付分包工程款"科目的贷方：

借：工程施工　　32 000

　　贷：应付账款——应付分包工程款　　32 000

企业根据合同规定，从应付分包工程款中扣除预付的工程款 15 000 元和预付备料款 2 000元时，应计入"应付账款——应付分包工程款"科目的借方和"预付账款——预付分包工程款""预付账款——预付分包备料款"科目的贷方：

借：应付账款——应付分包工程款　　17 000

　　贷：预付账款——预付分包工程款　　15 000

　　　　预付账款——预付分包备料款　　2 000

从银行存款支付分包单位工程款 15 000 元(32 000－17 000)时，应计入"应付账款——应付分包工程款"科目的借方和"银行存款"科目的贷方：

借：应付账款——应付分包工程款　　15 000

　　贷：银行存款　　15 000

第四节　其他业务收入的核算

施工企业除了从事建筑安装工程的施工业务，获得建造合同收入外，往往还从事一些其他经营活动，并获得其他业务收入。施工企业的其他经营业务主要有销售商品、提供劳务和让渡资产使用权。

一、销售商品业务

销售商品是指施工企业销售商品和材料的业务。企业确认销售商品收入必须同时满足下列五个条件：①企业已将商品所有权上的主要风险和报酬转移给购货方；②企业既没有保留通常与所有权相联系的继续管理权，也没有对已售出的商品实施有效控制；③收入的金额能够可靠计量；④相关的经济利益很可能流入企业；⑤相关的已发生或将发生的成本能够可靠地计量。

我国对销售商品收入要征收增值税，增值税是价外税，即不包括在商品货款中。增值税的纳税人同负税人是分离的，纳税人是销售商品的单位或个人，负税人却是购进商品的单位或个人。因此施工企业在销售商品时，还要代税务部门收取增值税。

增值税纳税人按照其经营规模大小不同，可分为小规模纳税人和一般纳税人。小规模纳税人的增值税税率为 3%，一般纳税人增值税税率为 17%。由于施工企业不经常发生增值税应税行为，因此可以选择按小规模纳税人纳税。

施工企业在销售产品或材料时，按收到的款项，借记"银行存款"账户，按实现的销售收入，贷记"其他业务收入"账户；按应收的增值税额，贷记"应交税费"账户。施工企业在结转销售产品或材料的成本时，借记"其他业务成本"账户，贷记"库存商品"或"原材料"账户。

【例 14－4】　浦江建筑公司所属的预制构件厂销售给嘉兴建筑公司空心板 150 m^3，单件

420 元,金额 63 000 元,增值税 1 890 元。

(1)收到全部存款项 64 890 元,存入银行,作分录如下:

借:银行存款　　64 890

　贷:其他业务收入——产品销售收入　　63 000

　　应交税费——应交增值税(销项税额)　　1 890

(2)该空心板的单位成本为 360 元,结转其销售成本,作分录如下:

借:主营业务成本——产品销售成本　　54 000

　贷:库存商品　　54 000

施工单位将收取的增值税额交纳给税务部门时,再借记“应交税费——应交增值税”账户;贷记“银行存款”账户。

“其他业务收入”是损益类账户,用以核算企业确认的除主营业务活动以外的其他经营活动实现的收入。企业确定其他业务收入时,计入贷方;月末将其余额结转“本年利润”账户时,计入借方。

“其他业务成本”是损益类账户,用以核算企业确认的除主营业务活动以外的其他经营活动所发生的支出。企业发生其他企业成本时,计入借方;月末将其余额结转“本年利润”账户时,计入贷方。

“库存商品”是资产类账户,用以核算企业库存的各种产品的成本。当产品验收入库时计入借方;当产品领用或对外销售结转其成本时,计入贷方;期末余额在借方,表示结存库存产品的成本。

二、提供劳务

施工企业在完成施工生产主营业务的同时,往往开展多种经营,对外提供机械作业和运输业务劳务,以增加企业收入。施工企业应在劳务完成时确认收入,并在当期结转提供劳务的成本。

【例 14-5】 浦江建筑公司所属机械站 9 月份为青浦公司挖掘 1 200m^3 土方,每立方米 26 元。

(1)9 月 28 日,当即收到挖掘土方款,存入银行,作分录如下:

借:银行存款　　31 200

　贷:其他业务收入——提供劳务收入　　31 200

(2)9 月 30 日,挖掘土方,每立方米应分摊成本 22 元,予以转账,作分录如下:

借:其他业务成本——提供劳务成本　　26 400

　贷:机械作业　　26 400

三、让渡资产使用权业务

施工企业让渡资产使用权业务有出租固定资产业务和转让无形资产使用权业务。让渡资产使用权收入同时满足以下两个条件:①相关的经济利益很可能流入企业;②收入的金额能够可靠地计量,才能予以确认。

施工企业确认出租固定资产收入和转让无形资产使用权收入时,贷记“其他业务收入”账户。出租固定资产计提的折旧费和因出租固定资产所发生的相关费用,以及因转让无形资产使用权而发生的费用,均应作为让渡资产使用权的成本,列入“其他业务成本”账户。

【例 14-6】 武泰建筑公司出租给奉贤建筑公司挖掘机 2 台，合同规定每辆按月收取租金 2 500 元。

(1)6 月 28 日，收到本月份出租挖掘机租金 5 000 元，存入银行，作分录如下：

借：银行存款 5 000

　　贷：其他业务收入——让渡资产使用权 5 000

(2)6 月 30 日，计提本月份出租 2 辆挖掘机的折旧费 3 000 元，作分录如下：

借：其他业务成本——让渡资产使用权成本 3 000

　　贷：累计折旧 3 000

课后练习题

一、单项选择题

1. 建造合同是指为建造一项或数项在(　　)等方面密切相关的资产而订立的合同。

A. 设计、施工、功能、最终用途　　B. 设计、技术、功能、最终用途

C. 设计、施工、功能、技术　　D. 设计、技术、施工、最终用途

2.(　　)是指因客户或第三方的原因造成的、向客户或第三方收取的、用以补偿不包括在合同造价中的成本的款项。

A. 奖励款　　B. 合同变更　　C. 其他收入　　D. 索赔款

3.(　　)的建造合同，当期确认与计量的合同收入，等于该项合同的总收入，当期确认与计量的合同费用，等于该项合同的实际总成本。

A. 当年开工当年未完工　　B. 当年开工当年完工

C. 以前年度开工本年仍未完工　　D. 以前年度开工本年度完工

4. 对于当年开工，当年不能竣工的工程，应采用(　　)的结算方式。

A. 竣工后一次结算　　B. 按月支付结算　　C. 分段结算与支付

二、多项选择题

1. 收入具有(　　)特征。

A. 收入是与所有者投入资本无关的经济利益流入

B. 收入会导致所有者权益的增加

C. 收入会导致资产的增加

D. 收入是在企业日常活动中形成的

2. 建造合同的特点主要有(　　)。

A. 所建造的资产体积大，造价高

B. 资产的建设期长，一般都要跨越一个会计年度，有的长达数年

C. 建造合同一般为不可取消合同

D. 先有买主，后有标底

3. 一项包括建造数项资产的建造合同，当该建造合同同时满足下列条件：(　　)。届时每项资产应当分立为单项合同。

A. 每项资产均有独立建造计划

B. 每项资产的合同收入与合同成本可以单独辨认

C. 与客户就每项资产单独进行谈判，双方能够接受或拒绝与每项资产有关的合同条款。

D. 每项资产的收入和成本可以单独辨认

4. 施工企业判断成本加价合同的结果能否可靠估计必须同时满足的前提条件是(　　)。

A. 合同总收入能够可靠地计量

B. 与合同相关的经济利益很可能流入企业

C. 实际发生的合同成本能够清楚地区分和可靠地计量

D. 合同完工进度和为完成合同尚需发生的成本能够可靠确定

5. 企业确定商品销售收入必须同时满足的条件是：企业已将商品所有权上的主要风险和报酬转移给购货方，企业既没有保留通常与所有权相联系的继续管理权，也没有对已售出的商品实施有效的控制，(　　)。

A. 相关的已发生的成本能够可靠地计量

B. 收入的金额能够可靠地计量

C. 相关的经济利益很可能流入企业

D. 相关的已发生或将发生的成本能够可靠地计量

三、判断题

1. 建造合同按照所含风险的承担者不同，可分为固定造价合同和成本加价合同两种。(　　)

2. 固定造价合同是指按照固定的合同价确定工程款的建造合同。(　　)

3. 一组合同同时满足下列条件的：该组合同按一揽子交易签订；该组合同密切相关，每项合同实际上已构成一项综合利润率工程的组成部分。届时应当将该组合同合并为单项合同。(　　)

4. 建造合同收入由合同初始收入和合同变更、索赔、奖励等形式的收入组成。(　　)

5. 合同初始收入是指企业与客户在双方签订的合同中最初商定的合同总金额，它构成了合同收入的基本内容。(　　)

6. 建造合同的结果不能可靠估计，合同收入根据能够收回的实际成本予以确认，合同成本在其发生的当期确认为合同费用。(　　)

四、实务题

习题一

【目的】练习工程价款结算的核算。

【要求】编制会计分录。

【资料】长宁建筑公司与长安房地产公司签订一项包工包料的商品房建造合同，合同总金额为 57 500 000 元，工程于 20×2 年 11 月 1 日开工，预计于 20×4 年 10 月 31 日竣工。合同约定开工前 7 天预收工程款 12%，商品房工程采用按月收取工程进度款的结算方式，届时按比例扣除已预收的工程价款。该合同发生下列有关的经济业务。

1. 20×2 年 10 月 25 日，预收长安房地产公司建造商品房工程款 6 900 000 元，存入银行。

2.20×2 年 11 月 30 日，建造的商品房根据已完工程月报表所列本月已完工程 2 285 000 元，填具工程价款结算账单，经长安房地产公司签证，按已完工程的比例扣除预收工程款后，向其办理结算工程价款。

3.20×2 年 12 月 5 日，收到长安房地产公司付来 11 月份商品房工程价款 2 010 800 元，存入银行。

4.20×2 年 12 月 31 日，建造的商品房根据已完工程月报表所列已完工程 2 310 000 元，填具工程价款结算账单，经长安房地产公司签证，按已完工工程比例扣除预收工程款后，向其办理结算工程价款。

5.20×3 年 1 月 3 日，收到长安房地产公司付来去年 12 月商品房工程价款 2 032 800 元。

6.20×4 年 10 月 20 日，建造的商品房已竣工，已完工程月报表列明至上月止累计已完工程 55 374 000 元，本月已完工程 2 126 000 元，填具工程价款结算单，经长安地产公司签证，按已完工程比例扣除预收工程款后，向其办理价款的清算。

习题二

【目的】练习其他业务收入的核算。

【要求】编制会计分录。

【资料】宁波建筑公司 9 月份发生下列有关的经济业务。

1.9 日，该公司所属的预制构件厂销售给绍兴建筑公司空心板 180m^3，单价 425 元，金额 76 500 元，增值税 2 295 元，款项尚未收到。

2.15 日，该公司所属的预制构件厂销售给余姚建筑公司空心板 120m^3，单价 425 元，金额 51 000 元，增值税 1 530 元，款项当即收到，存入银行。

3.25 日，该公司所属机械作业站 9 月份为新滨建筑公司挖掘土方 1 500m^3，26.40 元/m^3，当即收到挖掘土方款，存入银行。

4.29 日，收到本月份出租给宁海建筑公司载重汽车 3 辆的租金 7 800 元，存入银行。

5.30 日，本月份出售空心板的单位成本为 362 元，结转其销售成本。

6.30 日，本月份为新滨建筑公司挖掘的土方，应分摊成本 22.10 元/m^3，予以转账。

7.30 日，计提本月份出租给宁海建筑公司的载重汽车的折旧费 5 070 元。

五、简答题

1.试述建造合同收入的组成。

2.工程价款结算方式有哪些？

3.工程价款结算的核算包括哪些内容？

4.与分包单位结算工程价款需要设置哪些账户？

第十五章　专项工程和临时设施的核算

重点：临时设施的核算

掌握：临时设施搭建、摊销、清理的核算

理解：临时设施的概念

了解：专项工程支出的概念

第一节　专项工程支出的核算

施工企业除了承包建筑安装工程的施工任务外，还往往有企业固定资产的建造、扩建、改建工程，固定资产的修理工程，需要安装设备的购置机器安装工程，以及临时设施的建造工程等建设任务。这些与企业固定资产、临时设施建造、安装、修理等有关的工程，统称为专项工程。与专项工程有关的支出，均应在“专项工程支出”科目进行核算。

为了便于计算固定资产和临时设施的价值，专项工程支出科目的明细分类核算，一般应以具有使用价值的固定资产或临时设施为对象。对于房屋和建筑物，一般应以一个完整、独立的房屋或建筑物（如厂房、办公室、仓库、宿舍等，包括一般土建工程和水、暖、电、卫、通风工程等）为一个核算的对象，并按工程成本项目分栏进行明细核算。各种需要安装的机械设备，应按单体设备或联动设备（包括设备、设备安装工程、设备基础、支柱等建筑工程）为一个核算对象，并按设备购置费、设备安装费、设备基础费等分栏进行明细核算。为了简化核算手续，也可将同一车间的各项需要安装设备，设置一张明细分类账，分栏登记各项设备的购置费，以及整个车间各项设备的安装费和基础费，于设备安装试运转并经验收后，再将安装费和基础费按一定标准对各项设备进行分配，从而算得各项设备的实际建设成本。

各项专项工程由企业自行施工时，对于外购专门用于专项工程的物资，应在“专项工程支出”科目下设置“专项工程物资”二级科目进行核算。如果专项工程物资品种不多，可按实际成本进行日常收发的计价。企业在采购专项工程物资支付买价和运杂费时，应计入“物资采购”科目的借方和“银行存款”等科目的贷方，做如下会计分录：

借：物资采购

　　贷：银行存款

在收到外购专项工程物资时，应将其实际成本计入“专项工程支出——专项工程物资”科目的借方和“物资采购”科目的贷方，作如下分录入账：

借：专项工程支出——专项工程物资

　　贷：物资采购

专项工程物资的日常收发如按计划价格计价，在收到外购专项工程物资时，应按计划价格成本计入“专项工程支出——专项工程物资”科目的借方；按实际成本计入“物资采购”科目的贷方，将实际成本与计划价格成本的差异计入“材料成本差异”科目的借方或贷方。

专项工程施工领用材料物资时，应将领用材料物资的实际成本或计划价格成本计入“专项工程支出——专项工程物资”科目的贷方；将主要材料等的计划价格成本计入“库存材料”科目的贷方。如某施工企业建造钢窗加工厂时领用专项工程物资 200 000 元(实际成本)，主要材料 500 000 元(计划价格成本)，应做如下分录入账：

借：专项工程支出　700 000
　贷：专项工程支出——专项工程物资　200 000
　　库存材料　500 000

月末分摊领用材料物资的材料成本差异时，再将分摊的材料成本差异计入“专项工程支出”科目的借方和“材料成本差异”科目的贷方(如为贷方差异用红字)。如领用主要材料按材料成本差异分摊率 2%计算，共应分摊成本差异 10 000 元(500 000×2%)时，应做如下分录入账：

借：专项工程支出　10 000
　贷：材料成本差异　10 000

专项工程耗用辅助生产等部门提供的水、电、设备安装、修理和运输等劳务时，应按月根据实际成本计入“专项工程支出”科目的借方和“辅助生产”科目的贷方。如上述钢窗加工厂工程共耗用各辅助生产部门提供劳务成本 50 000 元时，应做如下分录入账：

借：专项工程支出　50 000
　贷：辅助生产　50 000

专项工程施工过程中发生的工资以及其他各项支出，应计入“专项工程支出”科目的借方和“应付职工薪酬”“银行存款”等科目的贷方。如上述钢窗加工厂工程在施工过程中，共发生工资 30 000 元，应付职工福利费 4 200 元，用银行存款支付其他支出 25 800 元时，应做如下分录入账：

借：专项工程支出　60 000
　贷：应付职工薪酬　34 200
　　银行存款　25 800

如果专项工程用银行借款或外币借款建造，则应将工程在建期间的借款利息和因外币折合率变动而发生的汇兑损益，计入“专项工程支出”科目的借方和“长期借款”等科目的贷方，列为专项工程成本并计入固定资本成本。专项工程完工并支付使用后发生的借款利息和汇兑损益，应将它计入企业的财务费用。

专项工程完工交付使用时，应结算工程的实际成本，将它计入“固定资产”“临时设施”科目的借方和“专项工程支出”科目的贷方。如上述钢窗加工厂工程在完工交付使用时，应将其发生的设计成本 820 000 元(700 000+10 000+50 000+60 000)计入“固定资产”科目的借方和“专项工程支出”科目的贷方，作如下分录入账：

借：固定资产　820 000
　贷：专项工程支出　820 000

施工企业购入的需要安装设备在交付使用之前，有关设备的采购成本，应计入“专项工程支出”科目的借方和“银行存款”等科目的贷方。发生的设备安装费用，应计入“专项工程支出”

科目的借方和“辅助生产”“银行存款”等科目的贷方。设备安装完成交付使用时，再将其全部成本自“专项工程支出”科目的贷方转入“固定资产”科目的借方。

专项工程如以发包方式给企业内部独立核算的施工单位进行施工建设，应在办理工程价款结算时，将工程结算价款计入“专项工程支出”科目的借方和“内部往来款”科目的贷方，做如下分录入账：

借：专项工程支出

　　贷：内部往来款

承包工程的内部独立核算施工单位在办理工程价款结算时，应将工程价款结算收入计入“应收内部单位款”科目的借方和“工程结算收入”科目的贷方。

第二节　临时设施的核算

一、施工企业临时设施的内容

施工企业的临时设施是为了保证施工和管理的正常进行而建造的各种临时性生产、生活设备及建筑物。

施工企业之所以需要搭建临时设施，是由于建筑安装工程的固定性和建筑施工的流动性引起的。每当施工队伍进入新的建筑工地时，为了保证施工的顺利进行，必须搭建一些临时设施。这些临时设施，在工程完工以后，就失去了它原来的作用，必须拆除或作其他处理。

建筑工地搭建的临时设施，通常可分为大型临时设施和小型临时设施，包括如下内容。

(一)大型临时设施

(1)施工人员的临时宿舍。

(2)食堂、浴室、医疗室、图书馆、理发室和托儿所等现场临时性文化福利设施。

(3)施工单位及附属企业临时办公室。

(4)现场各种临时仓库和施工机械设备库。

(5)临时铁路专用线、轻便铁路、塔式起重机路基、临时道路、厂区刺网、围墙等。

(6)施工过程中应用的临时给水、排水、供电、供热和管道(不包括设施)等。

(7)施工现场的混凝土构建预制厂、混凝土搅拌站、钢筋加工厂、木材加工厂及配合单位的附属加工厂等临时性建筑物。

(二)小型临时设施

(1)现场施工和警卫安全用的小型临时设备，如作业棚、机棚、休息棚、茶炉棚、化灰池、施工用不固定的水管、电线、宽三米以内的便道、临时刺网。

(2)保管器材用的小型临时设施，如简易料棚、工具储藏室等。

(3)行政管理用的小型临时设施，如工地收发室等。

目前施工企业在施工现场所需的临时设施(包括大型临时设施和小型临时设施)，一种是由建设单位投资搭建，产权归建设单位所有，其费用由建设单位摊入建设成本，无偿供施工单位使用。另一种是由施工企业利用向发包单位收取的临时建设费来建造，其收取办法，目前有如下两种：

一是由企业按照地区规定的临时设施费的取费标准与工程价款一起向发包单位收取。临时设施费的取费标准，由各个地区根据具体情况，经过测算确定。

二是由企业按照施工组织设计的规划，编制临时设施预算，经有关部门审批后，向发包建设单位收取。

施工企业在施工过程中，应尽量利用施工现场可供用作临时设施的原有建筑物。必须搭建的临时设施，也应根据自然条件、工期长短，奔着就地取材、因陋就简的原则加以解决，做到既满足施工的需要，又节约搭建临时设施的费用开支。对于拆除临时设施的参与材料，要及时回收，防止丢失。

二、临时设施搭建、摊销、清理的核算

为了全面反映临时设施的搭建、摊销、拆除清理情况，企业应设置“临时设施”“临时设施摊销”和“固定资产清理——临时设施清理”三个科目进行核算。

(一)临时设施搭建的核算

施工企业购置、搭建临时设施发生的各项支出，应计入“临时设施”科目的借方。但对需要通过建筑安装施工活动才能完成的临时设施，其支出应先通过“专项工程支出”科目进行核算，于临时设施搭建完成交付使用时，再由“专项工程支出”科目进行核算，于临时设施搭建完成交付使用时，再由“专项工程支出”科目将其实际成本转入“临时设施”科目的借方。

如某施工企业在施工现场搭建临时办公室和仓库过程中，共领用建筑材料 193 000 元，应付工人工资 50 000 元、职工福利费 7 000 元时，应先将其领用的材料费和发生的人工费等计入“专项工程支出”科目的借方和“库存材料”“应付职工薪酬”等科目的贷方，做如下分录入账：

借：专项工程支出	250 000	
贷：库存材料		193 000
应付职工薪酬		57 000

在搭建完成交付使用时，再将其实际成本 250 000 元由“专项工程支出”科目的贷方转入“临时设施”科目的借方：

借：临时设施	250 000	
贷：专项工程支出		250 000

(二)临时设施摊销的核算

施工企业的临时设施，应根据其使用期限和服务对象合理确定分摊方法，按月进行摊销。由于临时设施一般在工程完工后必须拆除，因此临时设施的使用期限，不得长于工程施工期限，即要按耐用期限和工程施工期中较短者来作为使用期限。临时设施月摊销额的计算公式如下：

$$\text{临时设施施工月摊销额}=\frac{\text{临时设施原值}\times(1-\text{预计净残值率})}{\text{使用期限(月)}}$$

如上述临时办公室和仓库，预计净残值率为 4%，它虽可使用 4 年，但由于工程施工期限为 2 年，就应在 24 个月内进行摊销。

$$\text{月摊销额}=\frac{250\ 000\times(1-4\%)}{24}=10\ 000\text{元}$$

临时设施的摊销额，应分摊计入各有关工程的施工成本。为了简化核算手续，可与工地发

生的其他间接费用一并进行分配。

施工企业每月摊销的临时设施摊销额，应将它计入“工程施工——间接费用”科目的借方和“临时设施摊销”科目的贷方，做如下分录入账：

借：工程施工——间接费用　　10 000

　贷：临时设施摊销　　10 000

（三）临时施工拆除清理的核算

施工企业在工地搭建的临时设施，在不需用或不能继续使用时，要加以拆除清理。临时设施的拆除清理，应通过“固定资产清理——临时设施清理”科目进行核算。在拆除清理临时设施时，应将临时设施的账面净值（账面原值减已提摊销额）计入“固定资产清理——临时设施清理”科目的借方；将临时设施的账面原值计入“临时设施”科目的贷方；将已提摊销额计入“临时设施摊销”科目的借方；收回的残料价值和发生的变价应计入“库存材料”“银行存款”等科目的借方和“固定资产清理——临时设施清理”科目的借方和“营业外收入——处理临时设施净收益”科目的贷方；如临时设施的账面净值和清理费用大于收回残料价值和变价收入，为清理净损失，应将它计入“营业外支出——处理临时设施净损失”科目的借方和“固定资产清理——临时设施清理”科目的贷方。现举例说明其核算方法如下：

如上述施工企业在工程完工时将原值250 000元、已提摊销额220 000元的临时办公室和仓库拆除清理。在清理过程中，共发生清理人工费5 000元，收回残料作价20 000元入库，则在开始清理临时设施、注销临时设施原值和已提摊销额时，应做如下分录入账：

借：固定资产清理——临时设施清理　　30 000

　　临时设施摊销　　220 000

　贷：临时设施　　250 000

发生清理人工费时：

借：固定资产清理——临时设施清理　　5 000

　贷：应付职工薪酬　　5 000

收回残料作价入库时：

借：库存材料　　20 000

　贷：固定资产清理——临时设施清理　　20 000

由于临时设施账面净值30 000元（250 000－220 000）加清理费用5 000元大于收回残料变价收入20 000元，发生清理净损失15 000元（30 000＋5 000－20 000），应将它自“固定资产清理——临时设施清理”科目的贷方转入“营业外支出——处理临时设施净损失”科目的借方，做如下分录入账：

借：营业外支出——处置临时设施净损失　　150 000

　贷：固定资产清理——临时设施清理　　150 000

讨论：

施工企业临时设施拆除清理与工业企业固定资产清理的比较。

课后练习题

实务题

【目的】练习临时设施的核算。

【要求】编制会计分录。

【资料】南市建筑公司承接商品房工程后发生下列有关的经济业务。

1.20×2 年 1 月 2 日，在施工现场购置简易房屋 1 间，作为施工管理临时办公室，该房屋价款 196 000 元，当即签发转账支票付讫，简易房屋已验收使用。

2.20×2 年 1 月 3 日，在施工现场自行搭建临时仓库、临时职工宿舍和工地收发室，分别领用材料 125 000 元、160 000 元和 32 000 元。

3.20×2 年 1 月 31 日，分配本月份搭建临时仓库、临时职工宿舍和工地收发室应负担的职工薪酬，金额分别为 12 600 元、15 500 元和 2 500 元。

4.20×2 年 1 月 31 日，搭建的临时仓库、临时职工宿舍和工地收发室已全部竣工，达到预定可使用状态，验收使用。

5.20×2 年 2 月 28 日，商品房施工期为 30 个月，购置的简易房屋施工期满后，预计仍可按原值的 55%出售，计提其本月份摊销额。

6.20×2 年 2 月 28 日，临时仓库、临时职工宿舍和工地收发室净残值率分别为 10%、20%和 5%，分别计提其本月份摊销额。

7.20×4 年 7 月 31 日，商品房工程已竣工，相关的各种临时设施已计提了 30 个月的摊销，今经批准将分别进行清理，予以转账。

8.20×4 年 8 月 6 日，出售简易房屋 1 间，取得出售收入 110 000 元，存入银行。

9.20×4 年 8 月 8 日，简易房屋清理完毕，根据清理的结果转账。

10.20×4 年 8 月 10 日，分配拆除临时仓库、临时职工宿舍和工地收发室人员的职工薪酬分别为 4 500 元、4 750 元和 900 元。

11.20×4 年 8 月 11 日，拆除临时仓库、临时职工宿舍和工地收发室的残料估价分别为 18 500元、38 920 元和 2 500 元，已验收入库。

12.20×4 年 8 月 12 日，临时仓库、临时职工宿舍和工地收发室已清理完毕，根据清理的结果转账。

第十六章　施工企业财务报告

掌握：施工企业会计报表的分类

了解：施工企业会计报表表内项目名称

第一节　施工企业资产负债表

一、资产负债表

资产负债表是总括反映施工企业的每一会计期末（月末、年末）全部资产、负债和所有者（股份制施工企业为股东）权益情况的会计报表（见表16－1）。其基本结构可用“资产＝负债＋所有者（股东）权益”这个会计等式来表达。在会计等式的左方，列示企业在这一时日持有的不同形态资产的价值；与此相对照，在会计等式的右方，则列示企业对不同债权人承担的偿债责任（即负债）和偿债以后归属于所有者（股东）的权益。

资产负债表能为不同的报表使用者提供各自所需的会计信息：①企业所掌握的经济资源及其配置状况；②企业所担负的长短期债务；③企业所有者（股东）所拥有的净资产；④企业偿还债务的能力；⑤企业发展的财力前景。

在资产负债表中，资产项目分为流动资产、长期投资、固定资产、专项工程、无形资产及递延资产、其他资产和递延税项等七类。负债项目分为流动负债、长期负债和递延税项等三类。这种分类为分析企业财务状况提供了一个重要的指标，即企业的流动资产减去流动负债后的净额，是企业流动资产在抵偿流动负债后能保证企业在正常施工生产经营活动中周转使用所有的营运资金，它表示企业在报告期末的经营财力。

资产负债表的资产方和负债及所有者（股东）权益方，均设置“年初数”和“期末数”两栏。

“年初数”栏内各项数字，应根据上年年末资产负债表“期末数”栏内所列数字填列。上年决算报告经审查需要修改的，应填列经修改后的上年年末资产负债表所列的期末数。如果本年度资产负债表规定的各个项目的名称和内容与上年度资产负债表不相一致时，应该对上年年末资产负债表各项有关数字，按照本年度规定进行调整后，填入本表“年初数”栏内，以便与“期末数”栏内所列的数字相互比较，正确反映各项资产和各项负债及所有者（股东）权益的增减情况。

“期末数”栏内各项目的数字，根据账簿记录中各科目的余额分析填列。因为资产负债表中的项目与会计科目并不完全一致，所以不能根据各会计科目的期末余额简单转录，对于某些项目的金额，必须根据项目的记录进行必要的分析计算和调整。

表 16－1　资产负债表

编制单位：　　　　20××年 12 月 31 日　　　　单位：元

资产	年初数	期末数	资产及所有者权益	年初数	期末数
流动资产：			流动负债：		
货币资金	256 100	402 000	短期借款	320 000	536 000
短期投资			应付票据	280 000	356 000
*减：短期投资跌价准备			应付账款	471 000	583 000
*短期投资净额			预收账款	108 000	160 000
应收票据	566 100	877 400	应付职工薪酬	5 000	7 000
*应收股利			其他应付款	6 000	8 000
*应收利息			未交税金	20 000	75 376
应收账款	750 000	800 000	未付利润	500 000	801 400
减：坏账准备	7 500	8 000	*应付股利		
应收账款净额	742 500	792 000	其他未交款		
预付账款			预提费用		
其他应收款	8 000	10 000	其他流动负债		
待摊费用	48 000	44 000	一年内到期的长期负债		
存货	4 409 300	4 844 000			
其中：在建工程	1 528 000	1 600 540			
*减：存货跌价准备					
*存货净额					
其他流动资产					
待处理流动资产损失					
一年内到期的长期债券投资					
流动资产合计	6 030 000	6 969 400	流动负债合计	1 710 000	2 526 776
长期投资：			长期负债：		
*长期股权投资			长期借款	720 000	1 578 960
*长期债券投资			应付债券		
长期投资合计	200 000	1 107 200	长期应付款		
*减：长期投资减值准备			住房周转金		
*长期投资净额			其他长期负债		
固定资产：			长期负债合计	720 000	1 578 960
固定资产原价	9 637 300	10 300 000	递延税项：		
减：累计折旧	2 916 000	3 640 000	递延税款贷项		
固定资产净值	6 721 300	6 660 000			
固定资产清理					
待处理固定资产净损失					
固定资产合计	6 721 300	6 660 000			
专项工程：					
专项工程	649 100	1 122 400			
无形资产及递延资产：					
无形资产	600 000	600 000			
递延资产	294 000	310 000	负债合计		4 105 736
无形资产及递延资产合计	894 000	910 000			
其他资产：			所有者（股东）权益：		
临时设施	290 800	350 600	实收资本（股本）	9 204 000	9 204 000
减：临时设施摊销	90 500	110 600	资本公积	1 860 000	1 860 000
临时设施净值	200 300	240 000	盈余公积	700 700	916 695
临时设施清理			*其中：公益金		
其他长期资产			未分配利润	500 000	922 569
其他资产合计	200 300	240 000			
递延税项：					
递延税款借项			所有者（股东）权益合计	12 264 700	12 903 264
资产总计	14 694 700	17 009 000	负债及所有者（股东）权益总计	14 694 700	17 009 000

1. 已贴现的商业承况汇票________元；
2. 已包括的固定资产原价中的融资租入固定资产原价________元。

二、股东权益增减变动表

股东权益增减变动表是反映股份制施工企业股东权益增减变动情况的会计报表，用以详细说明资产负债表股东权益类各项目的增减变动的原因，根据“股本”“资本公积”“盈余公积”“利润分配”科目的本年发生额分析填列。

施工企业股东权益增减变动表的格式列示见表16－2。

表16－2　股东权益增减变动表

编制单位：　　　　　　　　　　年度　　　　　　　　　　单位：元

项　目	上年数	本年数
一、股本		
年初余额		
本年增加数		
其中：资本公积转入		
盈余公积转入		
利润分配转入		
发行新股增加股本		
本年减少数		
年末余额		
二、资本公积		
年初余额		
本年增加数		
其中：股本溢价		
资产评估增值		
接受捐赠资产		
投资准备		
住房周转金转入		
本年减少数		
其中：转增股本		
转入损益		
年末余额		
三、法定和任意盈余公积		
年初余额		
本年增加数		
其中：从净利润中提取数		
法定公益金转入数		
本年减少数		
其中：弥补亏损		
转增股本		
分派现金股利		
分派股票股利		
年末余额		
其中：法定盈余公积		

续表

项　目	上年数	本年数
四、法定公益金		
年初余额		
本年增加数		
其中：从净利润中提取数		
本年减少数		
其中：购买职工住房支出		
其他集体福利支出		
年末余额		
五、未分配利润		
年初未分配利润		
本年净利润(净亏损以“－”号表示)		
本年利润分配		
年末未分配利润(未弥补亏损以“－”号表示)		

第二节　施工企业损益表

一、损益表

损益表是反映企业在一定期间经营成果的会计报表。它提供的会计信息，具有如下作用：①用以了解报告期内企业利润的完成情况，考核企业当局的经营业绩；②用以分析企业利润的构成，计算报告期内工程结算收入利润率，与行业平均利润率比较，评定企业的获利能力和在工程投标标价上的竞争实力；③据以预测企业以后年度的盈利水平和偿债能力，为投资者和贷款金融机构在投资抉择、贷款抉择时提供依据。

施工企业损益表的结构，可用以下四个关系式表示：

工程结算收入－工程结算成本－工程结算税金及附加＝工程结算利润

工程结算利润＋其他业务利润－管理费用－财务费用＝营业利润

营业利润＋投资收益＋营业外收入－营业外支出＝利润总额

利润总额－所得税＝净利润

损益表设置“本月数”和“本年累计数”两栏，用以反映各项目的当月实际发生数和年度累计实际发生数。在编报年度报表时，“本月数”栏改为“上年累计数”，填列上年全年累计实际发生数。如果上年度损益表与本年度损益表的项目名称和内容不相一致，应对上年度报表项目的名称和数字按本年度的规定进行调整，填入本表“上年累计数”栏。“本年累计数”栏反映各项目自年初起到本月末的累计实际发生数，根据上月本表本栏数字与本月本表“本月数”栏数字加总填列。

施工企业损益表的格式见表 16－3。

二、利润表

利润表又称损益表。它是目前股份制施工企业用以总括反映企业在一定期间经营成果的会计报表，与上述损益表比较，它在计算营业利润时还要从工程结算利润和其他业务利润中减去“存货跌价损失”。即

营业利润＝工程结算利润＋其他业务利润－存货跌价损失－管理费用－财务费用

表 16－3　损益表

编制单位　　　　　　　　　　20××年度×月份　　　　　　　　　　单位:元

项　目	本月数(上年累计数)	本年累计数
一、工程结算收入		24 380 000
减:工程结算成本		20 893 460
工程结算税金及附加		804 540
二、工程结算利润		2 682 000
加:其他业务利润		539 200
减:管理费用		1 045 000
财务费用		176 300
三、营业利润		1 999 900
加:投资收益		140 800
营业外收入		24 000
减:营业外支出		15 500
四、利润总额		2 149 200
减:所得税		709 236
五、净利润		1 439 964

利润表的编制方法与损益表基本相同。其中“存货跌价损失”项目反映企业提取或转销的存货跌价损失,根据“存货跌价损失”科目的发生额分析填列。

股份制施工企业利润表的格式见表 16－4。

表 16－4　利润表

编制单位:　　　　　　　　　　20××年度×月份　　　　　　　　　　单位:元

项　目	本月数(上年累计数)	本年累计数
一、工程结算收入		
减:工程结算成本		
工程结算税金及附加		
二、工程结算利润		
加:其他业务利润		
减:存货跌价损失		
管理费用		
财务费用		
三、营业利润		
加:投资收益		
营业外收入		
减:营业外支出		
四、利润总额		
减:所得税		
五、净利润		

三、利润分配表

利润分配表是反映企业利润分配情况和年末未分配利润结余情况的会计报表。从报表体系来说，它是伴随着利润的产生或亏损的出现而出现的，与损益表有着因果关系，因此，它是损益表的附表。

施工企业利润分配表的结构，可用以下关系式来展示利润分配过程，即

净利润＋年初未分配利润＝可供分配利润

可供分配利润＋盈余公积补亏－提取盈余公积－应付利润＝年末未分配利润

为了便于与上年利润分配情况进行对比分析，利润分配表除列示“本年实际”数外，还列有“上年实际”数。“本年实际”栏各项目，根据“利润分配”科目及其所属二级科目的记录分析填入。

“净利润”项目，反映企业本年度缴纳所得税后的利润，应与“损益表”中“净利润”项目本年累计数相一致。

“年初未分配利润”项目，反映企业上年末未分配的利润。如与未弥补亏损，用“－”号表示，应与上年本表“年末未分配利润”项目的本年实际栏数相一致。

“盈余公积补亏”项目，反映企业用盈余公积金弥补亏损的数额。

“提取盈余公积”项目，反映企业按照规定从当年税后利润中提取的盈余公积金和公益金。

“应付利润”项目，反映已决定并入账分配给投资者的利润和实行利润上交办法的企业按规定应上交国家财政的利润。

“年末未分配利润”项目，反映企业年末未分配的利润，根据“可供分配利润”加“盈余公积补亏”减“提取盈余公积”“应付利润”后的数额填列。

本年“上年实际”栏各项目一般应根据上年本表“本年实际”栏各项目填列。如果上年本表与本年本表的项目名称和内容不相一致，需将上年度报表项目名称和数字按本年项目内容进行相应的调整，并按调整后的数字填入本表“上年实际”栏内。

施工企业利润分配表的格式见表 16－5。

如果在损益表中仅算到利润总额，则应在表 16－5 利润分配表“净利润”项目之前，增列“利润总额”和“减：所得税”项目。

表 16－5　利润分配表

编制单位：　　　　20××年度　　　　单位：元

项　目	本月实际	上年实际
一、净利润	1 439 964	
加：年初未分配利润	500 000	
二、可供分配利润	1 939 964	
加：盈余公积补亏		
减：提取盈余公积	215 995	
应付利润	801 400	
三、年末未分配利润	922 569	

股份制施工企业的利润分配表是利润表的附表。由于股份制施工企业在利润分配上与其他施工企业不同，它的利润分配表的结构是以如下三个关系式来展示其利润分配过程：

净利润＋年初未分配利润＋盈余公积转入＝可供分配利润

可供分配利润－提取法定盈余公积－提取法定公益金＝可供股份分配利润

可供股东分配利润－应付优先股股利－提取任意盈余公积－应付普通股股利－转作股本的普通股股利＝未分配利润

从上可知股份制施工企业利润分配表与其他施工企业利润分配表不同之处在于：①它在计算可供分配利润之前，增列从“盈余公积转入”项目；②将提取法定公益金从提取盈余公积金中分出单列；③将应付优先股股利、提取任意盈余公积、应付普通股股利、转作股本的普通股股利分项列出。

股份制施工企业利润分配表的编制方法，基本上与上述利润分配表相同。表中各项目“本年实际”栏，根据“利润分配”科目及其所属二级科目的发生额分析填列。

股份制施工企业利润分配表的格式见表 16－6。

表 16－6　利润分配表

编制单位：　　　　20××年度　　　　单位：元

项　目	本月实际	上年实际
一、净利润		
加：年初未分配利润		
盈余公积转入		
二、可供分配利润		
减：提取法定盈余公积		
提取法定公益金		
三、可供股东分配利润		
减：应付优先股股利		
提取任意盈余公积		
应付普通股股利		
转做股本的普通股股利		
四、未分配利润		

第三节　施工企业现金流量表

一、现金流量及其分类

现金流量表是反映企业一定会计期间内有关现金和现金等价物的流入、流出信息的会计报表。

现金流量表中的现金，是指企业的库存现金以及可以随时用于支付的存款。它不仅包括“现金”科目核算的库存现金，还包括企业“银行存款”科目核算的存入金融企业、随时可以用于支付的存款，也包括“其他货币资金”科目核算的外埠存款、银行汇票存款、银行本票存款和在途货币资金。至于银行存款和其他货币资金中有些不能随时用于支付的存款，如不能随时支取的定期存款等，不应作为现金，而应列作投资。

现金等价物是指企业持有的期限短、流动性强、易于转换为已知金额现金、价值变现风险很小的投资。现金等价物虽然不是现金，但其支付能力与现金的差别不大，也可视为现金。如企业为保证支付能力，保持必要的现金，为了不使现金闲置，可以购买短期债券，在需要现金时，随时可以变现。一项投资被确认为现金等价物，必须同时具备如下四个条件：期限短，流动性短，一般是指 3 个月内可到期变现，易于转换为已知金额现金，价值变现风险很小。

现金流量是指某一短时期内企业现金（包括现金等价物，下文同）流入和流出的数量。如企业点交工程、销售商品、提供劳务、出售固定资产、向银行借款等取得现金，形成企业的现金流入；购买原材料、接受劳务、购买固定资产、对外投资、偿还债务等支付现金，形成企业的现金流出。现金流量信息能够表明企业经营状况是否良好，资金是否短缺、企业偿付能力大小，从而为企业管理者、投资者、债权人等报表使用者提供非常有用的信息。应该指出的是，企业现金形式的转换，并不构成现金的流入和流出，如企业从银行提取现金，企业用现金购买将于 3 个月内到期的国库券等。

施工企业的现金流量，可分为经营活动产生的现金流量、投资活动产生的现金流量和筹资活动产生的现金流量三类。

（一）经营活动产生的现金流量

经营活动是指企业投资活动和筹资活动以外所有交易和事项。就施工企业来说，经营活动主要包括承发包工程、提供劳务、经营性租赁、购买材料、接受劳务、缴纳税款等。

经营活动产生的现金流入有承包工程、销售商品、提供劳务收到的现金，收到的租金，收到的税费返还，收到的其他与经营活动有关的现金等。

经营活动产生的现金流出有发包工程、购买商品、接受劳务支付的现金，经营租赁所支付的现金，支付给职工以及为职工支付的现金，支付的营业退税，支付的所得税款，支付的除营业税、所得税以外的其他税费，支付的其他与经营活动有关的现金等。

（二）投资活动产生的现金流量

投资活动是指企业长期资产的构建和不包括在现金等价物范围内的投资及其他处置活动。这里所指的长期资产是指固定资产、临时设施、专项工程、无形资产、递延资产等其他资产等持有期限在一年或一个营业周期以上的资产。所以，将包括在现金等价物范围内的投资排除在外。

投资活动产生的现金流入有收回投资所收到的现金，分得股利或利润所收到的现金，取得债券利息收入所收到的现金，处置固定资产、临时设施、无形资产和其他长期资产而收到的现金净额，收到的其他与投资活动有关的现金等。

投资活动产生的现金支出有购建固定资产、临时设施、无形资产和其他长期资产所支付的现金，权益性投资所支付的现金，债权性投资所支付的现金，支付的其他与投资活动有关的现金等。

（三）筹资活动产生的现金流量

筹资活动是指导致企业资本及债务规模和构成发生变化的活动。这里所说的资本，是指实收资本（股本）、资本溢价（股本溢价）及与资本有关的现金流入和流出项目，包括吸收投资、发行股票、分配利润等。“债务”是指企业对外举债所借入的款项，如发行债券、向金融企业借入款项及偿还债务等。

筹资活动产生的现金流入有吸收权益性投资所收到的现金，发行债券所收到的现金，借款所收到的现金，收到的其他与筹资活动有关的现金等。

筹资活动产生的现金流出有偿还债务所支付的现金，发生筹资费用所支付的现金，借款所收到的现金，收到的其他与筹资活动有关的现金等。

筹资活动产生的现金流出有偿还债务所支付的现金，发生筹资费用所支付的现金，支付股利或利润所支付的现金，偿付利息所支付的现金，融资租赁所支付的现金，减少注册资本所支付的现金，支付的其他与筹资活动有关的现金。

二、现金流量表的作用

编制现金流量表可为企业管理当局改善企业财务状况，投资者、债权人及其他报表使用者正确评价企业财务状况和预测企业发展情况提供会计信息。

1. 可使企业管理当局掌握现金流量信息，搞好资金调整，最大限度地提高资金使用效率，化解财务风险

在市场经济条件下，企业现金流量很大程度上决定着企业的生存和发展能力。即使企业有盈利能力，但如果资金周转不畅，现金调度不灵，就会严重影响企业的发展，甚至影响企业的生存。如在1997年亚洲金融风暴中，香港百富勤公司就因无法及时筹集6 000万美元以偿还到期债务，最终导致崩溃。事实上，当时百富勤公司只是定息业务在东南亚金融危机中蒙受了巨额损失，而集团整体仍是盈利，也远未达到资不抵债，但终因现金不足无法清偿到期债务，被迫清盘。因此，一个企业如被拖欠的工程款和呆滞材料很多，即使账面利润不少，有承包工程，也会使企业无钱购买材料，偿还应付款，组织再生产。所以，企业管理当局根据现金流量表掌握的现金流量信息，可以及时搞好资金调度，合理地利用资金，化解财务风险。

2. 可使投资者、债权人了解企业较真实的财务状况，预测企业的支付能力、偿债能力和未来发展情况

现金流量表提供的信息，能说明企业从经营中获得现金的各种活动，借以偿还债务、分发股利或重新投资以维持或扩大经营的能力。它还能说明在债务和权益方面的各种理财活动，以及现金投资和现金耗用等情况。如通过经营活动净现金流量与流动负债的对比，可以评价企业短期偿债能力的强弱；通过经营活动净现金流量与全部负债的对比，可以说明企业用每年的经营活动现金流量偿付所有债务的能力；通过经营活动净现金流量与普通股票的对比，可以说明企业进行资本支出和支付股票能力的强弱。所以，这些都有助于投资者、债权人了解企业当前的支付能力、偿债能力和支付股票能力，预测企业未来的发展情况，为投资者、债权人进行投资决策、贷款决策提供依据。

3. 可使经济管理部门对企业的财务活动进行监督

现金流量表是以现收现付为基础综合反映企业一定期间现金流入和流出的会计报表。将现金流量信息与资产负债表和利润表（或损益表）提供的信息综合起来考虑，可以综合评价企业是如何获得现金，又是如何运用这些现金的；企业的真实财务状况如何，是否潜伏着重大的风险等。通过掌握、分析现金流量信息，监管部门可以将事后监督转为事前监督，防范和化解潜在风险。

三、施工企业现金流量表及其附注格式

施工企业现金流量表及其附注格式见表16-7。

表16-7　现金流量表

编制单位：　　　　××××年度　　　　单位:元

项　目	金　额
一、经营活动产生的现金流量	
承包工程、销售产品、提供劳务收到的现金	26 910 500
收取的租金	
收到的税费返还	
收到的其他与经营活动相关的现金	108 200
现金流入小计	27 018 700
发包工程、购买商品、接受劳务支出的现金	19 363 386
经营租赁所支付的现金	
支付给职工以及为职工支付的现金	4 504 000
支付的营业税费款	903 540
支付的所得税款	653 860
支付的除营业税、所得税以外的其他税费	10 050
支付的其他与经营相关的现金	150 100
现金流出小计	25 584 936
经营活动产生的现金流量净额	1 433 764
二、投资活动产生的现金流量	
收回投资所得的现金	
分得股利或利润所收到的现金	
取得债券利息收入所得的现金	33 600
处置固定资产、临时设施、无形资产和其他长期资产而收回的现金净额	
收到的其他与投资活动相关的现金	
现金流入小计	33 600
购建固定资产、临时设施、无形资产和其他长期资产所支付的现金	595 164
权益性投资所支付的现金	800 000
债权性投资所支付的现金	
支付的其他与投资活动相关的现金	
现金流出小计	1 395 164
投资活动产生的现金流量净额	−1 361 546

续表

项　目	金　额
三、筹资活动产生的现金流量	
吸收权益性投资所收到的现金	
发行债券所收到的现金	
借款所收到的现金	750 000
收到的其他与筹资活动相关的现金	
现金流入小计	750 000
偿还债务所支付的现金	
发生筹资费用所支付的现金	
分配股利或利润所支付的现金	500 000
偿还利息所支付的现金	176 300
融资租赁所支付的现金	
减少注册资本所支付的现金	
支付的其他与筹资活动相关的现金	
现金流出小计	676 300
筹资活动产生的现金流量净额	73 700
四、汇率变动对现金的影响额	
五、现金及现金等价物净增加额	145 900

附注：

项　目	金　额
一、不涉及现金收支的投资和筹资活动	
以固定资产偿还债务	
以投资偿还债务	
以固定资产进行长期投资	
以存货偿还债务	
融资租赁固定资产	
二、将净利润调节为经营活动的现金流量	
净利润	1 439 964
加：计提的坏账准备或转销的坏账	500
固定资产折旧和临时设施摊销	744 100
无形资产和递延资产摊销	104 000
处置固定资产、临时设施、无形资产和其他长期资产的损失(减收益)	
固定资产和临时设施报废损失	
属于投资活动和筹资活动的财务费用	
投资损失(减收益)	−140 800
递延税款贷项(减借项)	
存货的减少(减增加)	−434 700
经营性应收项目的减少(减增加)	−361 300
经营性应付项目的增加(减减少)	82 000
其他	

续 表

项　目	金　额
经营活动产生的现金流量净额	1 433 764
三、现金及现金等价物增加情况	
货币资金的期末余额	402 000
减:货币资金的期初余额	256 100
现金等价物的期末余额	
减:现金等价物的期初余额	
现金及现金等价物净增加额	145 900

课后练习题

一、单项选择题

1.资产负债表中各项的数据应按企业本期总分类账户或明细分类账户中的(　　)直接填列或经过分析计算调整后填列。

A.期初余额和发生额　　B.期末余额

C.期末余额和发生额　　C.期初余额和期末余额

2.资产负债表中“应收账款”项目内除了包括“应收账款”账户所属各明细分类账户借方余额合计数外,还应包括(　　)。

A.“应付账款”账户所属各明细分类账户借方余额合计数

B.“预收账款”账户所属各明细分类账户借方余额合计数

C.“预付账款”账户所属各明细分类账户借方余额合计数

D.“其他应收款”账户所属各明细分类账户借方余额合计数

3.利润表各项项目的数据应按企业本期总分类账户的(　　)直接填列和或经过计算后填列。

A.发生额　　B.期末余额

C.发生额和期末余额　　D.期初余额和期末余额

4.现金流量表中“借款收到的现金”项目根据(　　)账户贷方发生额的合计数填列。

A.应付账款、短期借款、长期借款　　B.短期借款、长期借款、应付债券

C.短期借款、长期借款、应付债券　　D.短期借款、长期借款

二、多项选择题

1.财务报表分为(　　)。

A.年度财务报表　　B.半年度财务报表

C.季度财务报表　　D.月度财务报表

2.通过对资产负债表的分析,可以了解企业资产的分布是否得当,资产、负债和所有者权益之间的结构是否合理,企业的财务实力是否雄厚,(　　)等。

A. 短期偿债能力的强弱　　　　　　B. 盈利能力的强弱

C. 所有者持有权益的多少　　　　　D. 财务状况的发展趋势

3. 现金流量表中“经营活动产生的现金流入量”应由(　　)等项目组成。

A. 收到的税收返还

B. 销售商品、提供劳务收到的现金

C. 处置固定资产、无形资产和其他长期资产收到的现金

D. 收到其他与经营活动有关的现金

现金流量表中“经营活动产生的现金流量”应由(　　)和收到其他与经营活动有关的现金等项目组成。

A. 销售产品、提供劳务收到的现金

B. 收到的税费返还

C. 取得债券利息收入收到的现金

D. 处置固定资产、无形资产和其他长期资产收到的现金

4. 所有者权益变动表主要反映所有者权益中的实收资本、资本公积、(　　)等项目的增减变动情况。

A. 盈余公积　　　B. 应付股利　　　C. 未分配利润　　　D. 库存股

5. 前期差错通常包括应用会计政策错误、(　　) 等。

A. 应用会计估计错误　　　　　B. 存货、固定资产盘盈错误

C. 疏忽或曲解事实　　　　　　D. 计算错误

三、判断题

1. 编制财务报表要求数字真实、计算准确、内容完整和报送及时。(　　)

2. 资产负债中一年内到期的非流动资产项目应根据“持有至到期投资”和“长期应收款”账户的期末余额分析填列。(　　)

3. 利润表的正表由营业收入、营业利润、利润总额、净利润和每股收益五个部分组成。(　　)

4. 利润分配表中“本年实际金额”栏,应根据“利润分配”账户及其所属明细分类账户的数据分析计算填列。(　　)

5. 现金流量表正表部分由经营活动产生的现金流量、投资活动产生的现金流量、筹资活动产生的现金流量和现金及现金等价物净增加额等组成。(　　)

6. 投资活动产生的现金流入量,应由收回投资收到的现金、取得投资收益收到的现金和收到其他与投资活动有关的现金等项目组成。(　　)

7. 所有者权益变动表由上年年末余额、本年年初余额、本年增减变动金额和本年年末余额四部分组成。(　　)

8. 附注是指对资产负债表、利润表、现金流量表和所有者权益变动表等报表中列示的项目的文字描述或明细资料。(　　)

9. 企业对于不重要的前期差错,不需要调整财务报表相关项目的期初数,但应调整发现当期的相关项目,属于影响损益的,应直接计入本期相关的损益项目。(　　)

施工企业会计测试题

测试题一

一、单项选择题

1. 金额和收款人名称可以授权他人补记的票据是(　　)。

A. 银行本票　　B. 支票　　C. 商业汇票　　D. 银行汇票

2. 企业取得购货现金折扣时,应(　　)。

A. 列入"营业外收入"账户　　B. 冲减材料采购成本

C. 归入小金库、不入账　　D. 冲减"财务费用"账户

3. 企业年终"坏账准备"账户的期末余额在借方,为 380 元,"应收账款"账户余额为 720 000元,按 5‰坏账准备率清算本年度坏账准备,还应提取坏账准备(　　)元。

A. 3 600　　B. －3 600　　C. 3 980　　D. 3 220

4. 已确认减值损失的(　　),在随后的会计期间内,其公允价值上升的,应在原已计提的减值准备金额内予以转回。

A. 持有至到期投资　　B. 可供出售金融资产

C. 交易性金融资产　　D. 长期股权投资

5. 股份支付在授予后,公司在等待期内每个会计期末应将取得职工提供的服务计入成本、费用,计入成本、费用的金额应当按照(　　)的公允价值计量。

A. 金融工具　　B. 金融资产　　C. 资本公积　　D. 衍生工具

6. (　　)是指施工管理部门为组织和管理工程施工所发生的全部支出。

A. 间接费用　　B. 管理费用　　C. 其他直接费　　D. 期间费用

7. 建造合同是指为建造一项或数项在(　　)等方面密切相关的资产而订立的合同。

A. 设计、施工、功能、最终用途　　B. 设计、技术、功能、最终用途

C. 设计、施工、功能、技术　　D. 设计、技术、施工、最终用途

二、多项选择题

1. 施工企业会计的特点是实行分级管理和核算、(　　)等。

A. 以单位工程为对象进行成本核算和成本考核

B. 协作关系复杂

C. 按在建工程的施工进度定期结算工程款和工程实际成本

D. 以承包工程合同收入作为建筑产品的价格

2. 按原材料在施工生产过程中所起的作用不同,可分为主要材料(　　)。

A. 机械配件　　B. 辅助材料　　C. 结构件　　D. 其他材料

3. 企业确认无形资产必须同时满足(　　)的条件。

A. 与该无形资产有关的经济利益很可能流入企业

B. 该无形资产不具备实物形态

C. 该无形资产所提供的经济利益具有不确定性

D. 该无形资产的成本能够可靠地计量

4. 企业采用权益法核算时,当被投资单位(　　)时,应增加长期股权投资。

A. 实现了净利润　　B. 宣告分派现金股利

C. 资本溢价　　D. 收到现金股利

5. 借款费用必须同时具备下列(　　)条件的,才能开始予以资本化。

A. 借款的辅助费用已经发生

B. 为使资产达到预定可使用或者可销售状态所必要的构建或者生产活动已经开始

C. 资产支出已经发生

D. 借款费用已经发生

6. 施工企业确定工程成本核算对象有以单项建造合同工程作为成本核算对象、(　　)等多种情况。

A. 以每个工程作为成本核算对象

B. 以一组建造合同工程作为成本核算对象

C. 以全部工程作为成本核算对象

D. 以部分工程作为成本核算对象

7. (　　)产生应纳税暂时性的差异。

A. 资产的账面价值大于其计税基础时

B. 负债的账面价值大于其计税基础时

C. 资产的账面价值小于其计税基础时

D. 负债的账面价值小于其计税基础时

8. 反映企业营运能力的指标主要有(　　)。

A. 流动资产周转率　　B. 存货周转率

C. 应收账款周转率　　D. 总资产报酬率

三、判断题

1. 周转材料是指在施工生产中能够多次周转使用,并逐渐转移其价值的工具型材料。(　　)

2. 外购的固定资产应按照购买价款、相关税费、使固定资产达到预定可使用状态前所发生的运输费、装卸费、安装费等计量。(　　)

3. 债权折价款是被投资单位为了补偿投资企业以后各期少收利息而预先少付的款项。(　　)

4. 预收账款是指企业按照合同规定向建设单位或发包单位预收的备料款和工程款。(　　)

5.工程成本是指企业在施工生产中所发生的，按一定的成本核算对象归集的费用。 (　　)

6."竣工工程成本决算表"可以反映工程预算的执行情况，分析工程成本降低或超支的原因，并为同类工程积累成本材料。 (　　)

7.施工企业如果发生合同预计总成本超过合同预计总收入，应将预计合同损失确认为当期费用，将其列入"主营业务成本"账户。 (　　)

8.企业年终决算后，"利润分配——未分配利润"账户的余额，倘若在借方，表示未分配利润，倘若在贷方，则表示未弥补亏损。 (　　)

9.企业对于重要的前期差错，可以采用追溯重述法进行更正。 (　　)

四、实务题

上海申达建筑公司第一工程部发生下列有关的经济业务，据以编制会计分录，并登记"工程施工——商品房工程"二级明细账。

1.收到银行转来马鞍山钢铁厂的托收凭证，并附来增值税专用发票，列明钢筋 90 t，3 950 元/t，金额 355 500 元。增值税税额 60 435 元，运费和装卸费发票金额 2 565 元，经审核无误，当即承付。

2.仓库转来收料单，马鞍山钢铁厂发来的 90 t 钢筋已验收入库，钢筋计划成本为 4 612 元/t，并结转材料采购的成本差异。

3.本月份商品房工程领用主要材料 320 000 元，结构件 60 000 元，商务楼工程领用主要材料 250 000 元，结构件 45 000 元，查"原材料——主要材料"明细账户的期初余额为 392 920 元，"材料成本差异——主要材料"的期初余额为 3 044 元，结构件的成本差异率为 1%，予以转账。

4.商品房工程领用新钢管脚手架及其附件一批，计划成本 78 000 元，成本差异率 −0.6%，预计可使用 6 年，预计残值率为 10%，采用分期摊销法摊销。

5.商务楼工程报废使用的手推车 1 辆，原值 350 元，已摊销 50%，手推车残料估价 25 元，已验收入库。

6.本工程部编制的工资结算汇总表列明应发职工薪酬为 224 800 元，其中：商品房工程 102 600 元，商务楼工程 79 800 元，机械作业部门 16 000 元(其中：挖掘机作业组7 800 元，混凝土搅拌机作业组 5 000 元，管理人员 3 200 元)，机修车间 12 600 元，施工管理部门 13 800 元，分配本月份职工工资。

7.按工资总额的 14%、2%、1.5%、5%、2%和 7%，分别计提职工福利费、工会经费、职工教育费、养老保险费、失业保险费和住房公积金。

8.计提固定资产折旧费 24 640 元，其中：挖掘机作业组 10 080 元，混凝土搅拌机作业组 7 020 元，机修车间 1 760 元，施工管理部门 5 780 元。

9.收到运输公司账单，开列运输土方 6 050 t/km，单价 4.10 元，金额 24 805 元，其中：商品房工程 3 600 t/km，商务楼工程 2 450 t/km，账款当即以商业汇票付讫。

10.收到电力公司账单，开列用电 24 100 度，单价 0.60 元，金额 14 460 元，电表显示商品房工程耗电 12 010 度，商务楼工程耗电 9 190 度，施工管理部门耗电 2 900 度，账款当即签发转账支票支付。

11. 作为施工管理临时办公室的简易房屋 1 间，价值 150 000 元，预计使用 2 年，使用完毕后可按原值 40%出售，摊销本月份应负担的费用。

12. 分配本月份归集的机械作业部门共同费用 5 000 元，挖掘机作业组负担 66%，混凝土搅拌机作业组负担 34%。

13. 本月份机修车间归集的生产费用为 27 720 元，该车间为各部门服务 990 工时，其中为挖掘机作业组服务 350 工时，为混凝土作业组服务 200 工时，为施工管理部门服务 50 工时，为大通建筑公司服务 390 工时，分配本月份辅助生产费用。

14. 挖掘机作业组归集的机械使用费为 44 000 元，其为商品房工程完成掘土作业量 1 200 m^3，为商务楼完成掘土作业量800 m^3；混凝土搅拌机作业组归集的机械使用费为 21 000 元，其为商品房工程完成搅拌混凝土作业量 900 m^3，为商务楼工程完成搅拌混凝土作业量600 m^3，分配两个工程应负担的机械作业费。

15. 本工程部本月份归集的间接费用为 51 000 元，采用直接费用比例法分配间接费用(已知商务楼工程直接费用为 442 500 元，商品房工程的直接费用 339 058 元。

16. 商品房已竣工，验收合格，施工费用合计为 7 006 000 元，该商品房的建造合同总额为 7 811 000 元，去年年末确认的合同收入为 4 138 000 元，合同毛利为 436 000 元，合同费用为 3 702 000元，确认与计量本年的合同收入、合同毛利和合同费用。

17. 根据确认商品房今年的合同收入，向汇浦房地产公司办理结算工程价款，查商品房工程今年已预收工程款 736 000 元。

18. 结转竣工商品房已完工程成本。

19. 购进光华公司股票 10 000 股，每股 8 元，以交易金额 3‰支付佣金，1‰缴纳印花税，款项一并签发转账支票支付，该股票为交易目的而持有。光华公司 2 天前已宣告将于 10 天后发放现金股利，每股 0.15 元。

20. 将 15 天前收到的兴达房地产公司签发的 30 天期限的带息商业汇票 1 张，金额为 120 000元，月利息为 6‰，向银行申请贴现，月贴现率为 6.3‰，银行同意贴现，并将贴现款存入银行。

21. 年终决算利润总额为 680 000 元，发生业务招待费 20 000 元，非广告性赞助支出 10 000元，对外投资分得税后利润 8 000 元，“递延所得税负债”账户余额为 19 250 元，“递延所得税资产”账户余额 9 900 元，影响计税基础的有关账户余额为：坏账准备 3 800 元，预计负债 60 000元，“无形资产”账户中有自行开发的专利权 110 000 元，已摊销了 44 000 元，按 25%税率确认本年度所得税费用，前 11 个月已计提了所得税费用 152 150 元，清算本年度应交所得税额(列出算式)。

22. 分别按净利润的 10%和 8%提取法定盈余公积和任意盈余公积。

测试题二

一、单项选择题

1. 原材料的期末结存金额接近市场价格的计价方法是(　　)。

A. 个别计价法　　B. 综合加权平均法　　C. 移动加权平均法　　D. 先进先出法

2. 企业采用加速折旧法是为了(　　)。

A. 在较短时间内收回固定资产的全部投资

B. 合理地提取固定资产折旧

C. 在较短的时间内收回固定资产的大部分投资

D. 在近期内减少企业的利润

3. 交易性金融资产在持有期间收到被投资单位宣告发放的现金股利时,应贷记“(　　)”账户。

A. 交易性金融资产——成本　　B. 应收股利

C. 投资收益　　D. 公允价值变动损益

4. 投资者按照企业章程或合同、协议的约定,实际投入企业的资本是(　　)。

A. 投入资本　　B. 注册资本　　C. 实收资本　　D. 资本公积

5. 施工企业通常应当(　　)作为成本核算对象。

A. 以单项建造合同工程　　B. 以每个工程

C. 以部分工程　　D. 以一组建造合同工程

6. (　　)的建造合同,当期确认与计量的合同收入,等于该合同的总收入,当期确认与计量的合同费用,等于该项合同的实际总成本。

A. 当年开工当年未完工　　B. 当年开工当年完工

C. 以前年度开工本年仍未完工　　D. 以前年度开工本年度完工

二、多项选择题

1. 企业应坚持“钱账分管”的内部控制制度,出纳人员除了负责现金的收付、保管及登记现金日记账和银行存款日记账外,不得兼办(　　)。

A. 费用、收入账簿的登记工作　　B. 债务、债权账簿的登记工作

C. 稽核工作　　D. 会计档案的保管工作

2. 存货按照经济内容的不同,可分为原材料、低值易耗品、(　　)等。

A. 未完成施工及在产品　　B. 已完施工及产成品

C. 委托加工材料　　D. 周转材料

3. 坏账准备提取的方法有(　　)。

A. 余额百分比法　　B. 账龄分析法　　C. 赊账百分比法　　D. 备抵法

4. (　　)期末的公允价值与账面余额不同时,其差额应列入“公允价值变动损益”账户。

A. 可供出售金融资产　　B. 交易性金融资产

C. 投资性房地产　　D. 持有至到期投资

5. 施工企业做好成本核算的基础工作包括建立和健全科学的定额管理制度、(　　)等。

A. 严格遵守成本开支范围

B. 建立企业内部结算制度和结算价格

C. 建立和健全原始记录制度

D. 建立和健全财产物资管理制度

6. 建造合同的特点主要有(　　)。

A. 所建造的资产体积大、造价高

B. 资产的建设期长，一般都要跨越一个会计年度，有的长达数年

C. 建造合同一般为不可取消合同

D. 先有买主，后有标底

三、判断题

1. 负债是企业筹措资金的重要渠道，它实质上反映了企业与债务人之间的一种债权债务关系。（ ）

2. 带息商业汇票贴现时，其实收贴现值有可能大于其票面值，也可能小于其票面值。（ ）

3. 现金折扣是指债权人为鼓励债务人在规定的期限内付款，而给予债务人的一种优惠。（ ）

4. 已计提减值准备的固定资产在以后会计期间其价值回升时，可以在原已计提减值金额的范围内予以转回。（ ）

5. 职工薪酬是指企业为获得职工提供服务而给予各种形式的报酬及其他相关支出。（ ）

6. 股份支付的确认和计量，应当以真实、有效的股份支付协议为基础。（ ）

7. 机械使用费包括施工企业在建筑工程和安装工程中使用自有施工机械所发生的各种费用和使用租入机械发生的租赁费用。（ ）

8. 账目核对是指将企业各种有关账簿记录进行核对，通过核对做到账账相符。（ ）

9. 反映企业盈利能力的指标主要有营业净利率、净资产收益率和总资产报酬率。（ ）

四、实务题

上海嘉定建筑公司第二工程部发生下列有关的经济业务，据以编制会计分录，并登记“工程施工——商品房工程”二级明细账。

1. 本月份商品房工程领用主要材料 350 000 元，结构件 72 000 元，商务楼工程领用主要材料 280 000 元，结构件 48 000 元，主要材料的成本差异率为 −0.6%，结构件的成本差异率为 −0.5%，予以转账。

2. 用分期摊销法摊销建筑工程已领用的钢管脚手架应由本月份负担的费用，商品房工程领用的钢管脚手架为 72 000 元，商务楼工程领用的钢管脚手架为 68 000 元，预计均可使用 6 年，预计残值率为 10%。

3. 商品房工程领用手推车 3 辆，商务楼工程领用手推车 2 辆，手推车每辆 380 元，用五五摊销法摊销。

4. 本工程部编制的工资结算汇总表列明应发职工薪酬为 217 200 元，其中：商品房工程 105 000 元，商务楼工程 81 000 元，机械作业部门 17 000 元（其中：挖掘机作业组 8 200 元，混凝土搅拌机作业组 5 400 元，管理人员 3 400 元），施工管理部门 14 200 元，分配本月份职工工资。

5. 按工资总额的14%、2%、1.5%、5%、2%和7%，分别计提职工福利费、工会经费、职工教育经费、养老保险费、失业保险费和住房公积金。

6. 购进挖掘机1台，专用发票上列明买价108 000元，增值税额18 360元，运输及装卸费发票金额340元，账款一并从银行汇付对方，挖掘机也已收到，达到预定可使用状态，并验收使用。

7. 挖掘机作业组和混凝土搅拌机作业组的各种设备原始价值分别为1080 000元和720 000元，年折旧率均为12%，施工管理部门拥有交通运输工具和各种管理设备，原始价值分别为100 000元和45 000元，年折旧率分别为12%和16%，计提本月份固定资产折旧费。

8. 工程施工期预计20个月，为工程施工搭建的临时职工宿舍和临时仓库的原值共216 000元，预计净残值率为10%，计提本月份应负担的摊销费。

9. 收到电力公司账单，开列用电25 150度，单价0.60元，金额15 090元。电表显示商品房工程耗电12 400度，商务楼耗电9 900度，施工管理部门耗电2 850度，账款当即签发转账支票支付。

10. 分配本月份归集的机械作业部门的共同费用5 600元，挖掘机作业组负担65%，混凝土搅拌机组负担35%。

11. 挖掘机作业组归集的机械使用费为47 925元，其中商品房工程完成掘土作业量1 250 m^3，为商务楼工程完成掘土作业量880 m^3；混凝土搅拌机作业组归集的机械使用费为21 600元，其为商品房工程完成搅拌机作业量960 m^3，为商务楼工程完成搅拌混凝土作业量640 m^3，分配两个工程应负担的机械作业量。

12. 收到运输公司账单，开列运输土方6 600 t/km，单价4.05元，金额26 730元，其中商品房工程3 800 t/km，商务楼工程2 800 t/km，账单当即以转账支票付讫。

13. 本工程部本月份归集的间接费用为54 940元，用直接费用比例法分配间接费用(已知商务楼工程直接费用为477 900元，商品房工程的直接费用6 293 800元。

14. 商品房已竣工，验收合格，施工费用合计为7 202 000元，该商品房的建造合同总金额为8 056 000元，去年年末确认的合同收入为4 825 000元，合同毛利为511 450元，合同费用为4 313 550元，确认与计量本年的合同收入、合同毛利和合同费用。

15. 根据确认商品房今年的合同收入，向兴达房地产公司办理结算工程价款，经查商品房工程今年已预收工程款807 750元。

16. 结转竣工商品房已完工程成本。

17. 年终决算利润总额为700 000元，发生业务招待费22 000元，非广告性赞助支出10 800元，国债利息收入9 000元，“递延所得税负债”账户余额为15 750元，“递延所得税资产”账户余额为1 840元，影响计税基础的有关账户余额为：坏账准备为4 000元，存货跌价准备6 000元，“无形资产”账户中有自行开发的非专利技术90 000元，已摊销了36 000元。按25%税率确认本年度所得税费用，前11个月已计提了所得税费用152 690元，清算本年度应交所得税额。(列出算式)

18. 按净利润的72%计提应分配给投资者的利润。

19. 第17笔业务的应交所得税已预缴了12 500元，清缴上年度应交所得税。

20. 年初从东昌房地产公司股东中购入该公司 40%的股权，取得了对该公司的共同控制权，而对价付出资产的账面价值为 3 750 000 元，其中：固定资产 1 000 000 元，已提折旧 150 000 元，其公允价值为 845 000 元，其余 2 500 000 元签发转账支票付讫，东昌房地产公司接受本公司投资后，可辨认净资产公允价值为 8 500 000 元，按本公司享有的份额予以调整。

21. 年末东昌房地产公司利润表的净利润为 780 000 元，按本公司应享有的份额予以调整。

22. 为建造办公室，发行面值 450 000 元的债券，其票面利率为 9%，期间 2 年，每年付息一次，而金融市场实际利率为 8%，现收到溢价发行债券的全部款项，存入银行（查表得复利现值系数为 0.857 3，年金现值系数为 1.783 3）。

23. 按票面利率计提上月份发行的 450 000 元债券利息，并摊销本月份利息调整额。

部分课后练习题和施工企业会计测试题参考答案

部分课后练习题参考答案

第一章　总论

一、判断题

1.×　2.√　3.√　4.×　5.×

第二章　基本建设项目资金来源的核算

一、单项选择题

1.B　2.B　3.D　4.B　5.C　6.C　7.D

二、多项选择题

1.AB　2.ABCD　3.ACD　4.ABD　5.ABCD　6.ABCD　7.BD　8.ABD　9.ABD　10.BD

三、判断题

1.×　2.×　3.×　4.×　5.√　6.×　7.×

第三章　基本建设单位设备、材料和工资的核算

一、判断题

1.√　2.√　3.√　4.×　5.√　6.×

第四章　基本建设投资的核算

一、判断题

1.√　2.√　3.√　4.√　5.√　6.×　7.√　8.×　9.×

二、实务题

习题三

1. 借:设备投资——电梯　800 000

　　贷:应付器材款——杭州西子电梯有限公司　800 000

2. (1)银行转账支付备料款

　借:预付备料款——汉州建筑工程有限公司　15 000 000

　　贷:银行存款　15 000 000

　(2)库存材料抵付备料款

借:预付备料款——汉州建筑工程有限公司	500 000	
贷:库存材料——钢材		500 000
3. 借:应收票据——银行承兑汇票(温州市建材有限公司)	80 000	
——商业承兑汇票(杭州市建筑工程公司)	100 000	
贷:库存材料		180 000
4. 借:采购保管费——运杂费	10 000	
贷:银行存款		10 000
5. 借:采购保管费	5 000	
贷:库存现金		5 000
6. 借:采购保管费	2 900	
贷:库存现金		2 900
7. 借:采购保管费	2 400	
贷:库存现金		2 400
8. 借:设备投资——电梯	482 450	
贷:库存设备——B电梯		482 450
9. 借:交付使用资产——B电梯	482 450	
贷:库存设备——电梯		482 450
10. 借:待摊投资——土地征用及迁移补偿费	2 550 000	
贷:银行存款		2 550 000
11. 借:待摊投资——勘察设计费	150 000	
贷:银行存款		150 000
12. 借:待摊投资——可行性研究费	20 000	
贷:银行存款		20 000
13. 借:待摊投资——临时设施费	39 000	
贷:银行存款		39 000
14. 借:待摊投资——设备检验费	6 000	
贷:银行存款		6 000
15. 借:待摊投资——工程质量检测费	120 000	
贷:银行存款		120 000
16. 借:待摊投资——合同公证费	4 000	
贷:银行存款		4 000
17. 借:待摊投资——工程质量检测费	6 000	
贷:银行存款		6 000

第五章 交付使用资产

一、判断题

1. √ 2. √ 3. × 4. × 5. ×

第六章　基建资金转销的核算

一、判断题

1. × 2. × 3. √ 4. ×

第七章　基建收入、基建包干节余、留成收入的核算

一、判断题

1. √ 2. × 3. √ 4. × 5. √

第八章　会计报表

略

第九章　施工企业会计

一、单项选择题

1. C 2. D 3. B 4. D

二、多项选择题

1. ABCD 2. AD 3. ABC

三、判断题

1. √ 2. × 3. √

第十章　施工企业工资的核算

实务题

借:工程施工——商品房工程	51 920.00	
工程施工——商务楼工程	21 830.00	
机械作业	5 310.00	
生产成本——辅助生产成本	4 130.00	
工程施工——间接费用	4 425.00	
贷:应付职工薪酬——福利费		41 580.00
——工会经费		5 940.00
——职工教育经费		4 455.00
——养老保险费		8 910.00
——失业保险费		5 940.00
——住房公积金		20 790.00

第十一章　施工企业材料的核算

一、单项选择题

1. A 2. C 3. D

二、多项选择题

1. ACD　2. ABCD　3. ABCD　4. ACD

三、判断题

1. √　2. ×　3. √　4. ×

四、实务题

习题一

会计分录

单位:元

20××年 月	日	凭证号数	摘要	科目及子细目	借方金额	贷方金额
6	1	1	冲转上月末计划成本入账的石子	原材料——主要材料(硅酸盐材料) 其他应付款——暂估应付款	31 050.00	 31 050.00
	3	2—1	承付购进石子账款,运费及装卸费	材料采购——主要材料(硅酸盐材料) 银行存款	30 510.00	 30 510.00
		2—2	验收石子入库	原材料——主要材料(硅酸盐材料) 材料采购——主要材料(硅酸盐材料)	31 050.00	 31 050.00
	8	3	承付购进钢筋账款,运费及装卸费	材料采购——主要材料(金属材料) 银行账款	113 800.00	 113 800.00
	11	4	8日购入钢筋已入库	原材料——主要材料(金属材料) 材料采购——主要材料(金属材料)	115 680.00	 115 680.00
	16	5	承付购进水泥账款,运费及装卸费	材料采购——主要材料(硅酸盐材料) 银行存款	65 780.00	 65 780.00
	18	6	16日购入水泥已入库	原材料——主要材料(硅酸盐材料) 材料采购——主要材料(硅酸盐材料)	66 600.00	 66 600.00
	25	7	承付购进黄砂账款,运费及装卸费	材料采购——主要材料(硅酸盐材料) 银行存款	19 400.00	 19 400.00
	28	8	25日购入黄砂已入库	原材料——主要材料(硅酸盐材料) 材料采购——主要材料(硅酸盐材料)	19 500.00	 19 500.00
	30	9	结转材料成本差异	材料采购——主要材料(硅酸盐材料) 材料采购——主要材料(金属材料) 材料成本差异——主要材料(硅酸盐材料) 材料成本差异——主要材料(金属材料)	1 460.00 1 880.00	 1 460.00 1 880.00
	30	10	领用材料	工程施工——商务楼工程 工程施工——商品房工程 原材料——主要材料(金属材料) 原材料——主要材料(硅酸盐材料)	110 200.00 72 400.00	 118 800.00 63 800.00
	30	11	分摊本月发出的材料的材料成本差异	材料成本差异——主要材料(金属材料) 材料成本差异——主要材料(硅酸盐材料) 工程施工——商务楼工程 工程施工——商品房工程	35.64 931.48	 579.32 387.80

金属材料成本差异率 $= \frac{1\ 798 - 1\ 880}{120\ 150 + 115\ 680} = -0.000\ 3$

本期发出金属材料应分摊的材料成本差异＝118 800×0.000 3＝35.64(元)

硅酸盐材料成本差异率 $= \frac{-1\ 102 - 1\ 460}{57\ 800 + 117\ 150} = -0.014\ 6$

本期发出硅酸盐应分摊的材料成本差异＝63 800×(－0.014 6)＝931.48(元)

原材料——主要材料明细分类账

材料类别:金属材料　　　　单位:元

20××年		凭证号数	摘要	收入	发出	结存
月	日					
6	1		期初结存			120 150.00
	11	4	购进钢筋	115 680.00		235 830.00
	30	10	领用		118 800.00	117 030.00
6	30		本期发生额及余额	115 680.00	118 800.00	117 030.00

材料类别:硅酸盐材料　　　　单位:元

20××年		凭证号数	摘要	收入	发出	结存
月	日					
6	1		期初结存			57 800.00
	3	2－2	购进石子	31 050.00		88 850.00
	18	6	购进水泥	66 600.00		155 450.00
	28	8	购进黄砂	19 500.00		174 950.00
	30	10	领用		63 800.00	111 150.00
6	30		本期发生额及余额	117 150.00	63 800.00	111 150.00

材料成本差异——主要材料明细分类账

材料类别:金属材料　　　　单位:元

20××年		凭证号数	摘要	借方	贷方	借或贷	余额
月	日						
6	1		期初余额			借	1 798.00
	30	9	结转材料成本差异		1 880.00	贷	82.00
	30	11	分摊发出材料成本差异	35.64		贷	46.36
6	30		本期发生额及余额	35.64	1 880.00	贷	46.36

材料类别:硅酸盐材料　　单位:元

20××年 月	日	凭证号数	摘要	借方	贷方	借或贷	余额
6	1		期初余额			贷	1 102.00
	30	9	转账材料成本差异		1 460.00	贷	2 562.00
	30	11	分摊发出材料成本差异	931.48		贷	1 630.52
6	30		本期发生额及余额	931.48	1 460.00	贷	1 630.52

材料采购——主要材料明细分类账

材料类别:金属材料　　单位:元

20××年 月	日	凭证号数	摘要	借方	贷方	借或贷	余额
6	8	3	购进钢筋	113 800.00		借	113 800.00
	11	4	钢筋入库		115 680.00	贷	1 880.00
	30	9	结转材料成本差异	1 880.00		平	—0—
6	30		本期发生额及余额	115 680.00	115 680.00	平	—0—

材料类别:硅酸盐材料　　单位:元

20××年 月	日	凭证号数	摘要	借方	贷方	借或贷	余额
6	3	2—1	购进石子	30 510.00		借	30 510.00
		2—2	石子入库		31 050.00	贷	540.00
	16	5	购进水泥	65 780.00		借	65 240.00
	18	6	水泥入库		66 600.00	贷	1 360.00
	25	7	购进黄砂	19 400.00		借	18 040.00
	28	8	黄砂入库		19 500.00	贷	1 460.00
	30	9	结转材料成本差异	1 460.00		平	—0—
6	30		本期发生额及余额	117 150.00	117 150.00	平	—0—

习题二　练习委托加工材料的核算

20××年 月	日	凭证号数	摘要	科目及子细目	借方金额	贷方金额
4	1	1—1	发出钢锭委托加工钢筋	委托加工物资——钢筋	94 600.00	
				原材料——主要材料(金属材料)		94 600.00

续 表

20××年 月	日	凭证号数	摘要	科目及子细目	借方金额	贷方金额
		1—2	将发出钢调整为实际成本	委托加工物资——钢筋 材料成本差异——主要材料(金属材料)	946.00	 946.00
	10	2	支付钢筋加工费,增值税及运费,装卸费	委托加工物资——钢筋 银行存款	6 245.00	 6 245.00
	12	3	加工钢筋验收入库	原材料——主要材料(金属材料) 材料成本差异——主要材料(金属材料) 委托加工物资——钢筋	101 355.00 436.00	 101 791.00
	18	4—1	发出钢锭委托加工钢筋	委托加工物资——钢筋 原材料——主要材料(金属材料)	64 500.00	 64 500.00
		4—2	将发出钢调整为实际成本	委托加工物资——钢筋 材料成本差异——主要材料(金属材料)	645.00	 645.00
	27	5	支付钢筋加工费,增值税及运费,装卸费	委托加工物资——钢筋 银行存款	4 892.00	 4 892.00
	30	6	加工钢筋验收入库	原材料——主要材料(金属材料) 材料成本差异——主要材料(金属材料) 委托加工物资——钢筋	68 904.00 1 133.00	 70 037.00

第十二章　工程费用的核算

一、单项选择题

1. C　2. D　3. D

二、多项选择题

1. ABD　2. ABCD

三、判断题

1. √　2. ×

第十三章　工程成本的核算

一、单项选择题

1. B　2. B

二、多项选择题

1. ACDEF　2. ABD　3. BCD

三、判断题

1. √　2. √　3. √

第十四章　工程收入的核算

一、单项选择题

1. B　2. D　3. B　4. C

二、多项选择题

1. ABCD　2. ABCD　3. ACD　4. BC　5. BC

三、判断题

1. √　2. ×　3. ×　4. √　5. √　6. ×

四、实务题

习题一 练习工程价款结算的核算

会计分录

单位:元

20×2年 月	日	凭证号数	摘要	科目及子细目	借方金额	贷方金额
10	25	1	预收建造商品房工程款	银行存款	6 900 000.00	
				预收账款——长安房地产公司		6 900 000.00
11	30	2	办理结算工程价款	预收账款——长安房地产公司	274 200.00	
				应收账款——长安房地产公司	2 010 800.00	
				工程结算——长安房地产公司		2 285 000.00
12	5	3	收到商品房工程价款	银行存款	2 010 800.00	
				应收账款——长安房地产公司		2 010 800.00
	31	4	办理结算工程价款	预收账款——长安房地产公司	277 200.00	
				应收账款——长安房地产公司	2 032 800.00	
				工程结算——长安房地产公司		2 310 000.00
20×3年						
1	3	5	收到商品房工程价款	银行存款	2 032 800.00	
				应收账款——长安房地产公司		2 032 800.00
20×4年						
10	20	6	办理结算工程价款的清算	预收账款——长安房地产公司	255 120.00	
				应收账款——长安房地产公司	1 870 880.00	
				工程结算——长安房地产公司		2 126 000.00

习题二　练习其他业务收入的核算

会计分录

单位:元

20××年月	日	凭证号数	摘要	科目及子细目	借方金额	贷方金额
9	9	1	销售空心板,款项尚未收到	应收账款——绍兴建筑公司	78 795.00	
				其他业务收入——产品销售收入		76 500.00
				应交税费——应交增值税		2 295.00
	15	2	销售空心板,款项收到当即存入银行	银行存款	52 530.00	
				其他业务收入——产品销售收入		51 000.00
				应交税费——应交增值税		1 530.00
	25	3	收到挖掘土方款,存入银行	银行存款	39 600.00	
				其他业务收入——提供劳务收入		39 600.00
	29	4	收到本月出租载重汽车租金存入银行	银行存款	7 800.00	
				其他业务收入——让渡资产使用权收入		7 800.00
	30	5	结转本月出售空心板的销售成本	其他业务成本——产品销售成本	108 600.00	
				库存商品		108 600.00
	30	6	分摊挖掘土方成本	其他业务成本——提供劳务成本	33 150.00	
				机械作业		33 150.00
	30	7	计提本月出租载重汽车的折旧费	其他业务成本——让渡资产使用权成本	5 070.00	
				累计折旧		5 070.00

第十五章　专项工程和临时设施的核算

实务题

练习临时设施的核算

会计分录

单位:元

20×2年月	日	凭证号数	摘要	科目及子细目	借方金额	贷方金额
1	2	1	购置简易房屋,已验收使用	临时设施——办公室	196 000.00	
				银行存款		196 000.00
	3	2	领用材料自行搭建仓库、职工宿舍和工地收发室	在建工程——搭建临时仓库	125 000.00	
				在建工程——搭建临时职工宿舍	160 000.00	
				在建工程——搭建工地收发室	32 000.00	
				原材料		317 000.00

	31	3	分配搭建仓库、职工宿舍和工地收发室应负担的职工薪酬	在建工程——搭建临时仓库	12 600.00	
				在建工程——搭建临时职工宿舍	15 500.00	
				在建工程——搭建工地收发室	2 500.00	
				应付职工薪酬		30 600.00
	31	4	搭建仓库、职工宿舍和工地收发室已竣工，验收使用	临时设施——临时仓库	137 600.00	
				临时设施——临时职工宿舍	175 500.00	
				临时设施——工地收发室	34 500.00	
				在建工程——搭建临时仓库		137 600.00
				在建工程——搭建临时职工宿舍		175 500.00
				在建工程——搭建工地收发室		34 500.00
2	28	5	计提购置简易房屋本月摊销额	工程施工——间接费用	2 940.00	
				临时设施摊销——办公费		2 940.00
	28	6	计提临时仓库，职工宿舍和工地收发室本月摊销额	工程施工——间接费用	9 900.50	
				临时设施摊销——临时仓库		4 128.00
				临时设施摊销——临时职工宿舍		4 680.00
				临时设施摊销——工地收发室		1 092.50
20×4年						
7	31	7	今批准将各相关临时设施进行清理转账	临时设施清理——办公室	107 800.00	
				临时设施清理——仓库	13 760.00	
				临时设施清理——职工宿舍	35 100.00	
				临时设施清理——工地收发室	1 725.00	
				临时设施摊销——办公室	88 200.00	
				临时设施摊销——仓库	123 840.00	
				临时设施摊销——职工宿舍	140 400.00	
				临时设施摊销——工地收发室	32 775.00	
				临时设施——办公室		196 000.00
				临时设施——仓库		137 600.00
				临时设施——职工宿舍		175 500.00
				临时设施——工地收发室		34 500.00
8	6	8	出售简易房屋收入	银行存款	110 000.00	
				临时设施清理——办公室		110 000.00
	8	9	简易房屋清理完毕转账	临时设施清理——办公室	2 200.00	
				营业外收入		2 200.00
	10	10	分配拆除临时仓库、职工宿舍和工地收发室人员的职工薪酬	临时设施清理——仓库	4 500.00	
				临时设施清理——职工宿舍	4 750.00	
				临时设施清理——工地收发室	900.00	
				应付职工薪酬		10 150.00
	11	11	拆除临时仓库，职工宿舍和工地收发室的残料已验收入库	原材料	59 920.00	
				临时设施清理——仓库		18 500.00
				临时设施清理——施工宿舍		38 920.00
				临时设施清理——工地收发室		2 500.00

续 表

20×2年 月	日	凭证号数	摘要	科目及子细目	借方金额	贷方金额
	12	12－1	临时仓库清理完毕转账	临时设施清理——仓库 营业外收入	240.00	 240.00
		12－2	临时职工宿舍、工地收发室已清理完毕	营业外支出 临时设施清理——职工宿舍 临时设施清理——工地收发室	1 055.00	 930.00 125.00

第十六章　施工企业财务报告

一、单项选择题

1.B　2.B　3.A　4.D

二、多项选择题

1.ABCD　2.ACD　3.ABD　4.ACD　5.BCD

三、判断题

1.√　2.×　3.√　4.×　5.×　6.×　7.√　8.×　9.√

施工企业会计测试题参考答案

测试题一

一、单项选择题

1.B　2.D　3.C　4.B　5.C　6.A　7.B

二、多项选择题

1.ABCD　2.ACD　3.ABD　4.AC　5.BCD　6.ABD　7.AD　8.ABC

三、判断题

1.√　2.√　3.√　4.√　5.√　6.√　7.×　8.×　9.√

四、实务题

1.借:材料采购——主要材料　357 885.45
　应交税费——应交增值税(进项税额)　60 614.55
　贷:银行存款　418 500.00

2.借:原材料——主要材料　415 080.00
　材料成本差异——主要材料　3 420.00
　贷:材料采购——主要材料　418 500.00

3-1.借:工程施工——商品房工程(材料费)　380 000.00
　工程施工——商务楼工程(材料费)　295 000.00
　贷:原材料——主要材料　570 000.00

原材料——结构件　105 000.00

3-2.借:工程施工——商品房工程(材料费)　3 160.00

工程施工——商务楼工程(材料费)　2 450.00

贷:材料成本差异——主要材料　4 560.00

材料成本差异——结构件　1 050.00

4-1.借:周转材料——在用周转材料　78 000.00

贷:周转材料——在库周转材料　78 000.00

4-2.借:材料成本差异——周转材料　468.00

贷:工程施工——商品房工程(材料费)　468.00

4-3.借:工程施工——商品房工程(材料费)　11 629.8

贷:工程施工——周转材料摊销　11 629.8

5.借:周转材料——低值易耗品摊销　175.00

原材料　25.00

工程施工——商务楼工程(材料费)　150.00

贷:低值易耗品——在用低值易耗品　350.00

6.借:工程施工——商品房工程(人工费)　102 600.00

工程施工——商务楼工程(人工费)　79 800.00

机械作业——挖掘机作业组　7 800.00

机械作业——混凝土搅拌机作业组　5 000.00

机械作业——共同费用　3 200.00

生产成本——辅助生产成本　12 600.00

工程施工——间接费用　13 800.00

贷:应付职工薪酬——工资　224 800.00

7.借:工程施工——商品房工程(人工费)　32 319.00

工程施工——商务楼工程(人工费)　25 137.00

机械作业——挖掘机作业组　2 457.00

机械作业——混凝土搅拌机作业组　1 575.00

机械作业——共同费用　1 008.00

生产成本——辅助生产成本　3 969.00

工程施工——间接费用　4 347.00

贷:应付职工薪酬——职工福利　31 472.00

应付职工薪酬——工会经费　4 496.00

应付职工薪酬——职工教育经费　3 372.00

应付职工薪酬——养老保险费　11 240.00

应付职工薪酬——住房公积金　15 736.00

应付职工薪酬——失业保险费　4 496.00

8.借:机械作业——挖掘机作业组　10 080.00

机械作业——混凝土挖掘机作业组　7 020.00

生产成本——辅助生产成本　1 760.00

工程施工——间接费用 5 780.00

贷:累计折旧 24 640.00

9.借:工程施工——商品房工程(其他直接费) 14 760.00

工程施工——商务楼工程(其他直接费) 10 045.00

贷:应付票据 24 805.00

10.借:工程施工——商品房工程(其他直接费) 7 206.00

工程施工——商务楼工程(其他直接费) 5 514.00

工程施工——间接费用 1 740.00

贷:银行存款 14 460.00

11.借:工程施工——间接费用 3 750.00

贷:临时设施摊销 3 750.00

12.借:机械作业——挖掘机作业组 3 300.00

机械作业——混凝土搅拌机作业组 1 700.00

贷:机械作业——共同费用 5 000.00

13.借:机械作业——挖掘机作业组 9 800.00

机械作业——混凝土挖掘机作业组 5 600.00

工程施工——共同费用 1 400.00

其他业务成本 10 920.00

贷:生产成本——辅助生产成本 27 720.00

14.借:工程施工——商品房工程(机械使用费) 39 000.00

工程施工——商务楼工程(机械使用费) 26 000.00

贷:机械作业——挖掘机作业组 44 000.00

机械作业——混凝土挖掘机作业组 21 000.00

15.借:工程施工——商品房工程(间接费用) 28 875.00

工程施工——商务楼工程(间接费用) 22 125.00

贷:工程施工——间接费用 51 000.00

16.借:主营业务成本——商品房工程 3 294 000.00

工程施工——商品房工程合同毛利 379 000.00

贷:主营业务收入——商品房工程 3 673 000.00

17.借:预收账款——汇浦房地产公司 736 000.00

应收账款——汇浦房地产公司 2 937 000.00

贷:工程结算——汇浦房地产公司 3 673 000.00

18.借:工程结算——汇浦房地产公司 7 811 000.00

贷:工程施工——商品房工程(材料费) 4 628 000.00

工程施工——商品房工程(人工费) 1 405 000.00

工程施工——商品房工程(机械使用费) 473 000.00

工程施工——商品房工程(其他直接费) 220 000.00

工程施工——商品房工程(间接费用) 280 000.00

工程施工——商品房工程(毛利) 805 000.00

19.借:交易性金融资产——成本(光华公司股票)　78 500.00
　　应收股利——光华公司　1 500.00
　　投资收益　320.00
　　贷:银行存款　80 320.00

20.借:银行存款　120 339.73
　　贷:应付票据　120 000.00
　　　财务费用　339.73

21.本年所得税额=[680 000+20 000×40%+10 000−8 000+3 800+60 000−(110 000−44 000)]×25%=171 950(元)

本年所得税额=171 950−152 150=19 800(元)

递延所得税负债=(110 000−44 000)×25%=16 500(元)

递延所得税资产=(3 800+60 000)×25%=15 950(元)

借:所得税费用(19 800−2 750−1 050)　11 000.00
　递延所得税负债(16 500−19 250)　2 750.00
　递延所得税资产(15 950−9 900)　6 050.00
　贷:应交税费——应交所得税　19 800.00

22.借:利润分配——提取法定盈余公积　50 805.00
　　利润分配——提取任意公积　40 644.00
　　贷:盈余公积——法定盈余公积　50 805.00
　　　盈余公积——任意盈余公积　40 644.00

测试题二

一、单项选择题

1.D　2.B　3.C　4.C　5.A　6.B

二、多项选择题

1.ABCD　2.ABCD　3.ABC　4.BC　5.BCD　6.ABCD

三、判断题

1.×　2.√　3.√　4.×　5.√　6.√　7.×　8.√　9.√

四、实务题

1-1.借:工程施工——商品房工程(材料费)　422 000.00
　　工程施工——商务楼工程(材料费)　328 000.00
　　贷:原材料——主要材料　630 000.00
　　　原材料——结构件　120 000.00

1-2.借:材料成本差异——主要材料　3 780.00
　　材料成本差异——结构件　600.00
　　贷:工程施工——商品房工程(材料费)　2 460.00
　　　工程施工——商务楼工程(材料费)　1 920.00

2.借:工程施工——商品房工程(材料费)　900.00
　工程施工——商务楼工程(材料费)　850.00

贷:周转材料——周转材料摊销	1 750.00
3-1.借:低值易耗品——在用低值易耗品	1 900.00
贷:低值易耗品——在库低值易耗品	1 900.00
3-2.借:工程施工——商品房工程(材料费)	570.00
工程施工——商务楼工程(材料费)	380.00
贷:低值易耗品——低值易耗品摊销	950.00
4.借:工程施工——商品房工程(人工费)	105 000.00
工程施工——商务楼工程(人工费)	81 000.00
机械作业——挖掘机作业组	8 200.00
机械作业——混凝土搅拌机作业组	5 400.00
机械作业——共用费用	3 400.00
工程施工——间接费用	14 200.00
贷:应付职工薪酬——工资	217 200.00
5.借:工程施工——商品房工程	33 075.00
工程施工——商务楼工程	22 515.00
机械作业——挖掘机作业组	2 583.00
机械作业——混凝土搅拌机作业组	1 701.00
机械作业——共同费用	1 071.00
工程施工——间接费用	4 473.00
贷:应付职工薪酬——职工福利	30 408.00
应付职工薪酬——工会经费	4 344.00
应付职工薪酬——职工教育经费	3 258.00
应付职工薪酬——养老保险费	10 860.00
应付职工薪酬——住房公积金	15 204.00
应付职工薪酬——失业保险费	4 344.00
6.借:固定资产	108 316.20
应交税费——应交增值税(进项税额)	18 383.80
贷:银行存款	126 700.00
7.借:机械作业——挖掘机作业组	10 800.00
机械作业——混凝土搅拌机组	7 200.00
工程施工——间接费用	1 600.00
贷:累计折旧	19 600.00
8.借:工程施工——间接费用	9 720.00
贷:临时设施摊销	9 720.00
9.借:工程施工——商品房工程(其他直接费)	7 440.00
工程施工——商务楼工程(其他直接费)	5 940.00
工程施工——间接费用	1 710.00
贷:银行存款	15 090.00
10.借:机械作业——挖掘机作业组	3 640.00

机械作业——混凝土搅拌机作业组　　1 960.00
贷:机械作业——共同费用　　5 600.00
11.借:工程施工——商品房工程(机械使用费)　　41 085.00
工程施工——商务楼工程(机械使用费)　　28 440.00
贷:机械作业——挖掘机作业组　　47 925.00
机械作业——混凝土搅拌机作业组　　21 600.00
12.借:工程施工——商品房工程(其他直接费)　　15 390.00
工程施工——商务楼工程(其他直接费)　　11 340.00
贷:银行存款　　26 730.00
13.借:工程施工——商品房工程(间接费用)　　51 062.72
工程施工——商务楼工程(间接费用)　　3 877.28
贷:工程施工——间接费用　　54 940.00
14.借:主营业务成本——商品房工程　　2 888 450.00
工程施工——商品房工程合同毛利　　342 550.00
贷:主营业务收入——商品房工程　　3 231 000.00
15.借:预收账款——兴达房地产公司　　807 750.00
应收账款——兴达房地产公司　　2 423 250.00
贷:工程结算——兴达房地产公司　　3 231 000.00
16.借:工程结算——兴达房地产公司　　8 056 000.00
贷:工程施工——商品房工程(材料费)　　4 757 500.00
工程施工——商品房工程(人工费)　　1 445 000.00
工程施工——商品房工程(机械使用费)　　486 000.00
工程施工——商品房工程(其他直接费)　　226 200.00
工程施工——商品房工程(间接费用)　　287 300.00
工程施工——商品房工程合同毛利　　854 000.00

17.本年所得税额=[700 000+22 000×40%+10 800−9 000+4 000+6 000−(90 000−36 000)]×25%=166 650(元)

本月所得税额=166 650−152 690=13 960(元)

递延所得税负债=(90 000−36 000)×25%=13 500(元)

递延所得税资产=(4 000+6 000)×25%=2 500(元)

借:所得税费用　　11 050.00
递延所得税负债　　2 250.00
递延所得税资产　　660.00
贷:应交税费——应交所得税　　13 960.00
18.借:利润分配——应付现金股利或利润　　384 012.00
贷:应付股利　　384 012.00
19.借:应交税费——应交所得税　　1 460.00
贷:银行存款　　1 460.00
20-1.借:长期股权投资——成本　　3 350 000.00

营业外支出　5 000.00
贷:固定资产清理　845 000.00
银行存款　2 500 000.00
借:固定资产清理　850 000.00
累计折旧　150 000.00
贷:固定资产　1 000 000.00
借:营业外支出　5 000.00
贷:固定资产清理　5 000.00
20-2.借:长期股权投资——成本　50 000.00
贷:营业外收入　50 000.00
21.借:长期股权投资——损益调整　312 000.00
贷:投资损益　312 000.00
22.借:银行存款　458 008.65
贷:应付债券——面值　450 000.00
应付债券——利息调整　8 008.65
23-1.借:在建工程——建筑工程(建造办公楼)　3 375.00
贷:应付利息　3 375.00
23-2.借:应付债券——利息调整　333.69
贷:在建工程——建筑工程(建造办公楼)　333.69

附　　录

附录一　基本建设财务管理规定

财政部关于印发《基本建设财务管理规定》的通知

党中央有关部门，国务院各部委、各直属机构，全国人大常委会办公厅，全国政协办公厅，高法院，高检院，各人民团体，中央管理企业，各省、自治区、直辖市、计划单列市财政厅（局），新疆生产建设兵团财务局：

为了适应新形势下基本建设财务管理的需要，有利于各部门、各地区及项目建设单位加强基本建设财务管理，有效节约建设资金，控制建设成本，提高投资效益，针对基本建设财务管理中反映出的问题，我部对《基本建设财务管理若干规定》（财基字〔1998〕4 号）的有关内容进行了修订。现印发你们，请认真贯彻执行。并结合各部门、各地区的实际情况，及时贯彻落实到建设单位。

第一条　为了适应社会主义市场经济体制和投融资体制改革的需要，规范基本建设投资行为，加强基本建设财务管理和监督，提高投资效益。根据《中华人民共和国预算法》《会计法》和《政府采购法》等法律、行政法规、规章，制定本规定。

第二条　本规定适用于国有建设单位和使用财政性资金的非国有建设单位，包括当年安排基本建设投资、当年虽未安排投资但有在建工程、有停缓建项目和资产已交付使用但未办理竣工决算项目的建设单位。其他建设单位可参照执行。

实行基本建设财务和企业财务并轨的单位，不执行本规定。

第三条　基本建设财务管理的基本任务是：贯彻执行国家有关法律、行政法规、方针政策；依法、合理、及时筹集、使用建设资金；做好基本建设资金的预算编制、执行、控制、监督和考核工作，严格控制建设成本，减少资金损失和浪费，提高投资效益。

第四条　各级财政部门是主管基本建设财务的职能部门，对基本建设的财务活动实施财政财务管理和监督。

第五条　使用财政性资金的建设单位，在初步设计和工程概算获得批准后，其主管部门要及时向同级财政部门提交初步设计的批准文件和项目概算，并按照预算管理的要求，及时向同级财政部门报送项目年度预算，待财政部门审核确认后，作为安排项目年度预算的依据。

建设项目停建、缓建、迁移、合并、分立以及其他主要变更事项，应当在确立和办理变更手续之日起 30 日内，向同级财政部门提交有关文件、资料的复制件。

第六条　建设单位要做好基本建设财务管理的基础工作，按规定设置独立的财务管理机构或指定专人负责基本建设财务工作；严格按照批准的概预算建设内容，做好账务设置和账务管理，建立健全内部财务管理制度；对基本建设活动中的材料、设备采购、存货、各项财产物资及时做好原始记录；及时掌握工程进度，定期进行财产物资清查；按规定向财政部门报送基建财务报表。

主管部门应指导和督促所属的建设单位做好基本建设财务管理的基础工作。

第七条　经营性项目，应按照国家关于项目资本金制度的规定，在项目总投资(以经批准的动态投资计算)中筹集一定比例的非负债资金作为项目资本金。

本规定中有关经营性项目和非经营性项目划分，由财政部门根据国家有关规定确认。

第八条　经营性项目筹集的资本金，须聘请中国注册会计师验资并出具验资报告。投资者以实物、工业产权、非专利技术、土地使用权等非货币资产投入项目的资本金，必须经过有资格的资产评估机构依照法律、行政法规评估作价。

经营性项目筹集的资本金，在项目建设期间和生产经营期间，投资者除依法转让外，不得以任何方式抽走。

第九条　经营性项目收到投资者投入项目的资本金，要按照投资主体的不同，分别以国家资本金、法人资本金、个人资本金和外商资本金单独反映。项目建成交付使用并办理竣工财务决算后，相应转为生产经营企业的国家资本金、法人资本金、个人资本金、外商资本金。

第十条　凡使用国家财政投资的建设项目，应当执行财政部有关基本建设资金支付的程序，财政资金按批准的年度基本建设支出预算到位。

实行政府采购和国库集中支付的基本建设项目，应当根据政府采购和国库集中支付的有关规定办理资金支付。

第十一条　经营性项目对投资者实际缴付的出资额超出其资本金的差额(包括发行股票的溢价净收入)、接受捐赠的财产、外币资本折算差额等，在项目建设期间，作为资本公积金，项目建成交付使用并办理竣工财务决算后，相应转为生产经营企业的资本公积金。

第十二条　建设项目在建设期间的存款利息收入计入待摊投资，冲减工程成本。

第十三条　经营性项目在建设期间的财政贴息资金，作冲减工程成本处理。

第十四条　建设项目在编制竣工财务决算前要认真清理结余资金。应变价处理的库存设备、材料以及应处理的自用固定资产要公开变价处理，应收、应付款项要及时清理，清理出来的结余资金按下列情况进行财务处理：

经营性项目的结余资金，相应转入生产经营企业的有关资产。

非经营性项目的结余资金，首先用于归还项目贷款。如有结余，30%作为建设单位留成收入，主要用于项目配套设施建设、职工奖励和工程质量奖，70%按投资来源比例归还投资方。

第十五条　项目建设单位应当将应交财政的竣工结余资金在竣工财务决算批复后 30 日内上交财政。

第十六条　建设成本包括建筑安装工程投资支出、设备投资支出、待摊投资支出和其他投资支出。

第十七条　建筑安装工程投资支出是指建设单位按项目概算内容发生的建筑工程和安装工程的实际成本，其中不包括被安装设备本身的价值以及按照合同规定支付给施工企业的预付备料款和预付工程款。

第十八条　设备投资支出是指建设单位按照项目概算内容发生的各种设备的实际成本，包括需要安装设备、不需要安装设备和为生产准备的不够固定资产标准的工具、器具的实际成本。

需要安装设备是指必须将其整体或几个部位装配起来，安装在基础上或建筑物支架上才能使用的设备；不需要安装设备是指不必固定在一定位置或支架上就可以使用的设备。

第十九条　待摊投资支出是指建设单位按项目概算内容发生的，按照规定应当分摊计入交付使用资产价值的各项费用支出，包括：建设单位管理费、土地征用及迁移补偿费、土地复垦及补偿费、勘察设计费、研究试验费、可行性研究费、临时设施费、设备检验费、负荷联合试车费、合同公证及工程质量监理费、（贷款）项目评估费、国外借款手续费及承诺费、社会中介机构审计（查）费、招投标费、经济合同仲裁费、诉讼费、律师代理费、土地使用税、耕地占用税、车船使用税、汇兑损益、报废工程损失、坏账损失、借款利息、固定资产损失、器材处理亏损、设备盘亏及毁损、调整器材调拨价格折价、企业债券发行费用、航道维护费、航标设施费、航测费、其他待摊投资等。

建设单位要严格按照规定的内容和标准控制待摊投资支出，不得将非法的收费、摊派等计入待摊投资支出。

第二十条　其他投资支出是指建设单位按项目概算内容发生的构成基本建设实际支出的房屋购置和基本畜禽、林木等购置、饲养、培育支出以及取得各种无形资产和递延资产发生的支出。

第二十一条　建设单位管理费是指建设单位从项目开工之日起至办理竣工财务决算之日止发生的管理性质的开支。包括：不在原单位发工资的工作人员工资、基本养老保险费、基本医疗保险费、失业保险费，办公费、差旅交通费、劳动保护费、工具用具使用费、固定资产使用费、零星购置费、招募生产工人费、技术图书资料费、印花税、业务招待费、施工现场津贴、竣工验收费和其他管理性质开支。

业务招待费支出不得超过建设单位管理费总额的10%。

施工现场津贴标准比照当地财政部门制定的差旅费标准执行。

第二十二条　建设单位管理费实行总额控制，分年度据实列支。

建设单位管理费的总额控制数以项目审批部门批准的项目投资总概算为基数，并按投资总概算的不同规模分档计算。

特殊情况确需超过上述开支标准的，须事前报同级财政部门审核批准。

第二十三条　建设单位发生单项工程报废，必须经有关部门鉴定。报废单项工程的净损失经财政部门批准后，作增加建设成本处理，计入待摊投资。

第二十四条　非经营性项目发生的江河清障、航道清淤、飞播造林、补助群众造林、退耕还林(草)、封山(沙)育林(草)、水土保持、城市绿化、取消项目可行性研究费、项目报废及其他经财政部门认可的不能形成资产部分的投资,作待核销处理。在财政部门批复竣工决算后,冲销相应的资金。形成资产部分的投资,计入交付使用资产价值。

第二十五条　非经营性项目为项目配套的专用设施投资,包括专用道路、专用通信设施、送变电站、地下管道等,产权归属本单位的,计入交付使用资产价值;产权不归属本单位的,作转出投资处理,冲销相应的资金。

经营性项目为项目配套的专用设施投资,包括专用铁路线、专用公路、专用通信设施、送变电站、地下管道、专用码头等,建设单位必须与有关部门明确界定投资来源和产权关系。由本单位负责投资但产权不归属本单位的,作无形资产处理;产权归属本单位的,计入交付使用资产价值。

第二十六条　建设项目隶属关系发生变化时,应及时进行财务关系划转,要认真做好各项资产和债权、债务清理交接工作,主要包括各项投资来源、已交付使用的资产、在建工程、结余资金、各项债权和债务等,由划转双方的主管部门报同级财政部门审批,并办理资产、财务划转手续。

第二十七条　基建收入是指在基本建设过程中形成的各项工程建设副产品变价净收入、负荷试车和试运行收入以及其他收入。

(一)工程建设副产品变价净收入包括:煤炭建设中的工程煤收入,矿山建设中的矿产品收入,油(汽)田钻井建设中的原油(汽)收入和森工建设中的路影材收入等。

(二)经营性项目为检验设备安装质量进行的负荷试车或按合同及国家规定进行试运行所实现的产品收入包括:水利、电力建设移交生产前的水、电、热费收入,原材料、机电轻纺、农林建设移交生产前的产品收入,铁路、交通临时运营收入等。

(三)其他收入包括:①各类建设项目总体建设尚未完成和移交生产,但其中部分工程简易投产而发生的营业性收入等;②工程建设期间各项索赔以及违约金等其他收入。

第二十八条　各类副产品和负荷试车产品基建收入按实际销售收入扣除销售过程中所发生的费用和税金确定。负荷试车费用计入建设成本。

试运行期间基建收入以产品实际销售收入减去销售费用及其他费用和销售税金后的纯收入确定。

第二十九条　试运行期按照以下规定确定:引进国外设备项目按建设合同中规定的试运行期执行;国内一般性建设项目试运行期原则上按照批准的设计文件所规定期限执行。个别行业的建设项目试运行期需要超过规定试运行期的,应报项目设计文件审批机关批准。

第三十条　建设项目按批准的设计文件所规定的内容建成,工业项目经负荷试车考核(引进国外设备项目合同规定试车考核期满)或试运行期能够正常生产合格产品,非工业项目符合设计要求,能够正常使用时,应及时组织验收,移交生产或使用。凡已超过批准的试运行期,并已符合验收条件但未及时办理竣工验收手续的建设项目,视同项目已正式投产,其费用不得从基建投资中支付,所实现的收入作为生产经营收入,不再作为基建收入。试运行期一经确定,各建设单位应严格按规定执行，不得擅自缩短或延长。

第三十一条　各项索赔、违约金等收入，首先用于弥补工程损失，结余部分按本规定第三十二条处理。

第三十二条　基建收入应依法缴纳企业所得税，税后收入按以下规定处理：

经营性项目基建收入的税后收入，相应转为生产经营企业的盈余公积。

非经营性项目基建收入的税后收入，相应转入行政事业单位的其他收入。

第三十三条　试生产期间一律不得计提固定资产折旧。

第三十四条　建设单位应当严格执行工程价款结算的制度规定，坚持按照规范的工程价款结算程序支付资金。建设单位与施工单位签订的施工合同中确定的工程价款结算方式要符合财政支出预算管理的有关规定。工程建设期间，建设单位与施工单位进行工程价款结算，建设单位必须按工程价款结算总额的5%预留工程质量保证金，待工程竣工验收一年后再清算。

第三十五条　基本建设项目竣工时，应编制基本建设项目竣工财务决算。建设周期长、建设内容多的项目，单项工程竣工，具备交付使用条件的，可编制单项工程竣工财务决算。建设项目全部竣工后应编制竣工财务总决算。

第三十六条　基本建设项目竣工财务决算是正确核定新增固定资产价值，反映竣工项目建设成果的文件，是办理固定资产交付使用手续的依据。各编制单位要认真执行有关的财务核算办法，严肃财经纪律，实事求是地编制基本建设项目竣工财务决算，做到编报及时，数字准确，内容完整。

第三十七条　建设单位及其主管部门应加强对基本建设项目竣工财务决算的组织领导，组织专门人员，及时编制竣工财务决算。设计、施工、监理等单位应积极配合建设单位做好竣工财务决算编制工作。建设单位应在项目竣工后3个月内完成竣工财务决算的编制工作。在竣工财务决算未经批复之前，原机构不得撤销，项目负责人及财务主管人员不得调离。

第三十八条　基本建设项目竣工财务决算的依据，主要包括：可行性研究报告、初步设计、概算调整及其批准文件；招投标文件（书）；历年投资计划；经财政部门审核批准的项目预算；承包合同、工程结算等有关资料；有关的财务核算制度、办法；其他有关资料。

第三十九条　在编制基本建设项目竣工财务决算前，建设单位要认真做好各项清理工作。清理工作主要包括基本建设项目档案资料的归集整理、账务处理、财产物资的盘点核实及债权债务的清偿，做到账账、账证、账实、账表相符。各种材料、设备、工具、器具等，要逐项盘点核实，填列清单，妥善保管，或按照国家规定进行处理，不准任意侵占、挪用。

第四十条　基本建设项目竣工财务决算的内容，主要包括以下两个部分：

（一）基本建设项目竣工财务决算报表

主要有以下报表：

1. 封面

2. 基本建设项目概况表

3. 基本建设项目竣工财务决算表

4.基本建设项目交付使用资产总表

5.基本建设项目交付使用资产明细表

(二)竣工财务决算说明书

主要包括以下内容:

1.基本建设项目概况

2.会计账务的处理、财产物资清理及债权债务的清偿情况

3.基建结余资金等分配情况

4.主要技术经济指标的分析、计算情况

5.基本建设项目管理及决算中存在的问题、建议

6.决算与概算的差异和原因分析

7.需说明的其他事项

第四十一条　基本建设项目的竣工财务决算,按下列要求报批:

(一)中央级项目

1.小型项目

属国家确定的重点项目,其竣工财务决算经主管部门审核后报财政部审批,或由财政部授权主管部门审批;其他项目竣工财务决算报主管部门审批。

2.大、中型项目

中央级大、中型基本建设项目竣工财务决算,经主管部门审核后报财政部审批。

(二)地方级项目

地方级基本建设项目竣工财务决算的报批,由各省、自治区、直辖市、计划单列市财政厅(局)确定。

第四十二条　财政部对中央级大中型项目、国家确定的重点小型项目竣工财务决算的审批实行"先审核、后审批"的办法,即先委托投资评审机构或经财政部认可的有资质的中介机构对项目单位编制的竣工财务决算进行审核,再按规定批复。对审核中审减的概算内投资,经财政部审核确认后,按投资来源比例归还投资方。

第四十三条　基本建设项目竣工财务决算大中小型划分标准。经营性项目投资额在5 000万元(含5 000万元)以上、非经营性项目投资额在3 000万元(含3 000万元)以上的为大中型项目。其他项目为小型项目。

第四十四条　已具备竣工验收条件的项目,3个月内不办理竣工验收和固定资产移交手续的,视同项目已正式投产,其费用不得从基建投资中支付,所实现的收入作为生产经营收入,不再作为基建收入管理。

第四十五条　各省、自治区、直辖市、计划单列市财政厅(局)可以根据本规定,结合本地区建设项目的实际,制定实施细则并报财政部备案。

第四十六条　本规定自发布之日起30日后施行。财政部1998年印发的《基本建设财务管理若干规定》(财基字〔1998〕4号文)同时废止。

附录二 国有建设单位会计制度

一、总说明

1.本制度适用于中华人民共和国境内的实行独立核算的国有建设单位,包括当年虽未安排本建设投资,但有维护费拨款、基本建设结余资金和在建工程的停、缓建单位。

凡是符合规定条件,并报主管财政机关审核批准,建设单位财务会计与生产企业财务会计已经合并的,不再执行本制度,应执行相应行业的企业会计制度。

2.各省、自治区、直辖市财政部门在符合本制度统一要求的原则下,可以结合本地区的具体情况,对本制度作必要的补充,并报财政部备案。国务院主管部门根据本制度,对其直属建设单位所做的补充规定,也应报财政部备案。

3.建设单位应根据本制度规定和各省、自治区、直辖市财政部门、国务院主管部门的补充规定,设置和使用会计科目。

本制度规定的总账科目,建设单位在不违反概(预)算和财务制度等规定,不影响会计核算的要求和会计报表指标汇总的前提下,可以根据实际情况,作必要的增加、减少和合并。

对明细科目的设置,除本制度已有规定外,建设单位在不违反财务制度规定和会计核算要求的前提下,可以根据需要,自行规定。

本制度统一规定会计科目的编号,以便于编制会计凭证、登记账簿、查阅账目,实行会计电算化。各建设单位不要随意改变或打乱重编。在某些会计科目之间留有空号,供增设会计科目之用。

建设单位在填制会计凭证、登记账簿时,应填列会计科目的名称,或者同时填列会计科目的名称和编号,不能只填科目编号,不填科目名称。

4.建设单位对外报送的财务会计报表的具体格式和编制说明,由本制度规定;建设单位内部管理需要的财务会计报表由建设单位自行规定。

基层建设单位会计报表的报送时间,由国务院各主管部门和各省、自治区、直辖市财政部门自行规定。

财务会计报表的填列以人民币“元”为金额单位,“元”以下填至“分”。

向外报出的财务会计报表应依次编定页数,加具封面,装订成册,加盖公章。封面上应注明:建设单位名称、地址、报表所属年度、月份、送出日期等。并由单位领导、总会计师(或代行总会计师职权的人员)和会计主管人员签名或盖章。

5.建设单位的财务会计报表应报送当地财税机关、开户银行和主管部门。其他需要报送的单位,由各级财政部门或主管部门规定。

同时有中央和地方两级财政预算拨款的建设单位,应按项目隶属关系将会计报表报送上级主管部门,并同时抄送拨出款项的其他部门。

国内合资建设的基建项目,应按项目隶属关系将会计报表主送上级主管部门,同时抄送拨出款项的其他部门。各部门、各地区在汇编会计报表时,应分别汇总各自投资部分,所投资金完成的交付使用资产和各项投资支出以及各种结余资金，均按投资比例计算确定。

中央主管部门对地方项目的补助性投资，划转预算的，由地方项目统一编报会计报表；不划转预算的，仍应由中央主管部门编报会计报表。

6.本制度由中华人民共和国财政部负责解释，需要变更时，由财政部修订。

二、国有建设单位会计科目

为了核算与监督建设单位会计对象，完成建设单位会计任务，需采取科学的会计方法，合理设置会计科目就是会计方法中的一个重要方法。在社会主义制度下，建设单位会计科目的设置由国家统一规定。这样，就能保证建设单位会计资料的记录和内容的统一。按照各地区、部门统一的会计报表进行汇总，有利于考核各个地区、部门基本建设投资计划的完成情况。

目前，建设单位一般应设置的会计科目见下表。

三、会计报表

基本建设单位需要报送的报表，包括以下八种：

(1)基建财务快速月报(月报)；

(2)资金平衡表(月报、年报)；

(3)基建投资表(年报)；

(4)待摊投资明细表(年报)；

(5)基建借款情况表(年报)；

(6)投资包干情况表(年报)；

(7)自营工程成本表；

(8)建设项目竣工决算。

国有建设单位会计科目表

序　号	编　号	资金占用类科目	序　号	编　号	资金来源类科目
1	101	建筑安装工程投资	11	212	采购保管费
2	102	设备投资	12	213	库存设备
3	103	待摊投资	13	214	库存材料
4	104	其他投资	14	218	材料成本差异
5	111	交付使用资产	15	219	委托加工器材
6	121	应收生产单位投资借款	16	231	限额存款
7	201	固定资产	17	232	银行存款
8	202	累计折旧	18	233	库存现金
9	203	固定资产清理	19	241	预付备料款
10	211	器材采购	20	242	预付工程款

续表

序　号	编　号	资金占用类科目	序　号	编　号	资金来源类科目
21	251	应收有偿调出器材及工程款	34	321	上级拨入资金
22	252	其他应收款	35	331	应付器材款
23	253	应收票据	36	332	应付工程款
24	261	拨付所属投资借款	37		应付职工薪酬
25	271	待处理财产损失	38	351	应付有偿调入器材及工程款
26	281	有价证券	39	352	其他应付款
27	301	基建拨款	40	353	应付票据
28	302	联营拨款	41	361	应交税金
29	303	企业债券资金	42	362	应交基建包干节余
30	304	基建投资借款	43	363	应交基建收入
31	305	上级拨入投资借款	44	364	其他应交款
32	306	其他借款	45	401	留成收入
33	311	待冲基建支出			

注：1.上列会计科目，建设单位没有业务事项的，可以不设。

2.建设单位可以根据实际需要，增删下列会计科目：①个别大型自营建设单位，可以增设“221 工程施工”“223 施工管理费”“225 待摊费用”“215 低值易耗品”“216 周转材料”“217 临时设施”等有关科目，并将“库存材料”科目按照主要材料、结构件、其他材料等类别设置总账科目进行核算。②经批准的停、缓建单位，可在“基建拨款”科目下设置“本年维护费拨款”明细科目，实行停缓建维护费贷款办法的停、缓建单位，可设置“308 停缓建维护费借款”科目。实行生产自立的缓建单位，可以增设“222 自立生产支出”“402 自立生产收入”等科目，并在“其他借款”科目下，增设“自立生产借款”明细科目。③采用实际成本进行材料日常核算的建设单位，可以不设“218 材料成本差异”科目。④建设单位因安置动拆迁而购进的商品房可以增设“220 未使用安置房”，专项核算建设单位因动迁而购入的安置房。

附录三　施工企业会计制度

一、总说明

(一)为了贯彻执行《企业会计准则》，规范施工企业的会计核算，特制定本制度。

(二)本制度适用于设在中华人民共和国境内的所有施工企业。

(三)企业应按本制度的规定，设置和使用会计科目。在不影响会计核算要求和会计报表指标汇总，以及对外提供统一的会计报表格式的前提下，可以根据实际情况自行增设、减少或合并某些会计科目。

本制度统一规定会计科目的编号，以便于编制会计凭证，登记账簿，查阅账目，实行会计电算化。各企业不要随意改变或打乱重编。在某些会计科目之间留有空号，供增设会计科目之用。

企业在填制会计凭证、登记账簿时，应填列会计科目的名称，或者同时填列会计科目的名称和编号，不应只填科目编号，不填科目名称。

（四）企业向外报送的会计报表的具体格式和编制说明，由本制度规定；企业内部管理需要的报表由企业自行规定。

企业会计报表应按月或按年报送当地财税机关、开户银行、主管部门。国有企业的年度会计报表应同时报送同级国有资产管理部门。

月份会计报表应于月份终了后15天内报出；年度会计报表应于年度终了后45天内报出。国家另有规定的，从其规定。

会计报表的填列以人民币“元”为金额单位，“元”以下填至“分”。

向外报出的会计报表应依次编定页数，加具封面，装订成册，加盖公章。封面上应注明：企业名称、地址、开业年份，报表所属年度、月份、送出日期等，并由企业领导、总会计师（或代行总会计师职权的人员）和会计主管人员签名或盖章。

企业对外投资如占被投资企业资本半数以上，或者实质上拥有被投资企业控制权的，应当编制合并会计报表。特殊行业的企业不宜合并的，可不予合并，但应当将其会计报表一并报送。

（五）本制度由中华人民共和国财政部负责解释，需要变更时，由财政部修订。

（六）本制度自1993年7月1日起执行。

二、会计科目

（一）会计科目表（略）

附注：

1.有调进外汇业务的企业，应增设外汇价差科目；

2.有发行不超过一年期债券的企业，应增设应付短期债券科目；

3.企业其他业务中经营规模较大、收入较多的业务，可参照相应行业的会计制度，增设有关资产、成本、费用等科目进行核算。

（二）会计科目使用说明

三、会计报表

施工企业需要报送的报表，包括资产负债表、损益表、现金流量表，具体格式见第十六章。

参考文献

[1] 陈力生，沃建荣．新编基本建设单位会计[M]．上海：立信出版社，2003.
[2] 俞文青．施工企业会计[M]．5版．上海：立信出版社，2007.